液压与气动

主　编　刘志勤　张　丽
副主编　马秀花　秦建叶　张进军　周　华
参　编　赵　振　刘　鑫　殷庆政　杨淑丽
　　　　尤丽茹　初政宏　万淑梅
主　审　梁建和

合肥工业大学出版社

图书在版编目(CIP)数据

液压与气动/刘志勤,张丽主编．--合肥:合肥工业大学出版社,2025．--ISBN 978-7-5650-6966-6

Ⅰ．TH137;TH138

中国国家版本馆 CIP 数据核字第 2024PJ2360 号

液压与气动

YEYA YU QIDONG

主编 刘志勤 张 丽

责任编辑 毕光跃 郭 敬

出 版 合肥工业大学出版社

地 址 合肥市屯溪路 193 号

邮 编 230009

电 话 理工图书出版中心:0551-62903204

营销与储运管理中心:0551-62903198

网 址 press.hfut.edu.cn

E-mail hfutpress@163.com

版 次 2025 年 5 月第 1 版

印 次 2025 年 5 月第 1 次印刷

开 本 787 毫米×1092 毫米 1/16

印 张 12.75

字 数 302 千字

印 刷 安徽联众印刷有限公司

发 行 全国新华书店

ISBN 978-7-5650-6966-6

定价: 39.00 元

前　言

本书依据教育部2025年修（制）订的《职业教育专业教学标准》，紧密对接《关于推动现代职业教育高质量发展的意见》相关内容。本书主要内容包括典型流体传动系统认识、液压传动方向控制、液压传动压力控制、速度控制、液压系统装调及故障诊断与排除、气压传动典型应用系统装调与分析。

党的二十大报告指出“实施科教兴国战略，强化现代化建设人才支撑”，将“大国工匠”和“高技能人才”纳入国家战略人才行列。为适应新时代职业教育教学改革中出现的新情况、新要求，本书倡导开放式、探究式教学模式，鼓励培养师生互动、生生互动的教学氛围，积极引导学生开展课外活动，开展探究式教学活动，培养学生的核心素养、职业能力、信息素养和工匠精神；培养学生良好的自学能力和思维方法，提升学生的可持续发展能力和终身学习能力。

本书在比较全面地阐述液压与气动技术基本概念的基础上，依据“以应用为目的，以必需、够用为度，以讲清概念、强化应用为教学重点”的原则，体现职业教育教学内容的实用性、先进性和实践性，突出对学生应用能力和综合素质的培养。

本书的特色如下。

（1）在每个项目开始给出“项目目标”，使学生在学习过程中明确要达到的知识目标、素质目标和能力目标，提高学生学习的主动性；在项目最后设置“项目小结”和“复习思考题”。

（2）以任务为主线，便于理论与实践一体化教学法的应用，使本书更具实用性、先进性和实践性。每个任务给出“任务描述”，以生活现象或生活实践作为导入问题，用任务实践成果解决实际问题，保证本书的通俗性和可读性；后面依次设置“任务要求”“知识准备”“任务实施”“任务评价”。

（3）本书精选教学资源，以二维码的形式嵌入书中，读者通过智能手机扫描，便可观看相关的多媒体内容，方便读者理解相关知识，进行更深入的学习。

由于编者水平有限，书中难免有疏漏或不妥之处，恳请广大读者批评指正。

编　者

2025年2月

前 言

目　　录

二维码索引

项目 1　典型流体传动系统认识

项目目标

知识目标
（1）了解液压系统的基本组成。
（2）了解方向控制阀的基础原理。
（3）了解液压缸的工作原理。
（4）了解方向控制回路的类型和应用。

素质目标
（1）遵守现场操作的职业规范，具备安全、整洁、规范实施工作任务的能力。
（2）具有良好的职业道德、职业责任感和不断学习的精神。
（3）具有不断开拓创新的意识。
（4）以积极的态度对待训练任务，具有团队交流和协作的能力。

能力目标
（1）具有正确识别液压系统各组成部分的能力。
（2）具备正确选用方向控制阀的能力。
（3）具备正确选用液压缸的能力。
（4）具备根据任务要求，设计和调试简单方向控制回路的能力。

【微课】认识液压与气动

【微课】认识液压千斤顶

【课件】任务 1.1

任务 1.1　液压千斤顶的使用与拆装

任务目标

了解千斤顶液压传动系统的基本组成、工作原理及重要零件的材料、工艺、技术要求，认识相关液压元件的结构和各个零件外形及安装部位，初步了解液压系统的基本组成原理，掌握液压千斤顶的操作步骤，在机械拆装方面获得初步的职业训练。

任务描述

小李的汽车在路上爆胎了，同行的小张从后备厢中取出液压千斤顶，协助小李把备胎换上。两人在休息过程中讨论一个共同关心的问题：这小小的液压千斤顶，怎么就有那么大的力气能把上吨的汽车顶起？回去一定要马上搞清楚液压千斤顶的结构原理。

任务要求

1. 正确、安全使用液压千斤顶

（1）空载操作。关闭卸荷阀，用操作杠杆反复泵油使液压缸柱塞伸出一定高度；然后，打开卸荷阀，用外力将液压缸柱塞压回原位。

（2）带载操作。①液压缸活塞杆负载伸出：关闭卸荷阀，用操作杠杆反复提压泵油，使液压缸活塞伸出一定长度将重物顶起。②液压缸活塞空载回位：卸去顶起的重物，打开卸荷阀，用外力将液压缸柱塞压回位。

（3）注意安全。把重物顶到需要的位置后，要用其他物品顶牢重物方可进行其他操作，以防因千斤顶故障造成严重事故。

液压千斤顶如图 1－1 所示。

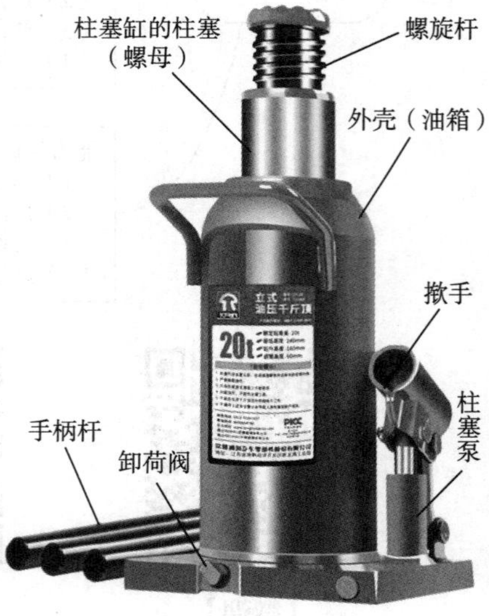

图 1－1　液压千斤顶

2. 正确拆装液压千斤顶

（1）拆卸前首先分析产品铭牌，了解型号和基本参数，根据结构特点制定出拆卸工艺过程并且按此进行拆卸。

（2）卸下千斤顶里原有的液压油并用干净的容器装好备用，然后进行拆卸，注意记录元件或零部件的拆卸顺序和方向。

（3）拆卸下来的零部件按顺序分类放置，并要做到不落地、不划伤、不沾水。

（4）拆卸卡环等个别零件时需要用卡钳等专用工具；切忌用铁锤或钢棒直接敲打零件，需要敲打时应使用比待打零件软的铜棒或低碳钢棒。

（5）卸下的零件用柴油清洗干净，并去除各工作面的毛刺。

（6）元件装配按与拆卸相反的顺序进行，安装时要注意零件的安装位置、方向和对准定位槽孔。

（7）最后检查现场有无漏装元件，确认安装无误后注入液压油。手动检查运动部位，运动部位应灵活动作。

（8）在拆装中，要注意理论联系实际，抓住元件的结构要素和工作特性。

知识准备

1.1.1　液压与气动技术基本原理及系统图形符号

液压与气动技术是一门研究以有压流体为传动介质，来实现能量传递和控制的学科。由于流体这种工作介质具有独特的物理性能和低污染、低成本的特点，液压传动系统和气压传动系统在能量传递、系统构成及其控制等方面有诸多优势。液压与气动技术发展迅速，在国民经济的各个领域，在工程机械、冶金、军工、农机、汽车、轻纺、船舶、石油、航空和自动化生产线中，得到了普遍的应用。

目前，我国机械工业在认真消化、推广从国外引进的先进液压技术的同时，大力研制开发国产液压元件新产品，加强产品质量可靠性和对新技术应用的研究，积极采用国际标准和执行新的国家标准，合理调整产品结构，对一些性能较差的不符合国家标准的液压元件产品采取逐步淘汰的措施。

1. 液压传动

液压千斤顶如图 1－2 所示，图 1－2（a）为液压千斤顶的结构原理图。图中液压缸 7 和液压泵 2 分别装有柱塞 8 和柱塞 1，柱塞和缸体之间采用间隙配合、橡胶密封圈密封方式，柱塞与泵体之间的配合间隙较小，采用间隙密封方式，也有的加橡胶密封圈。

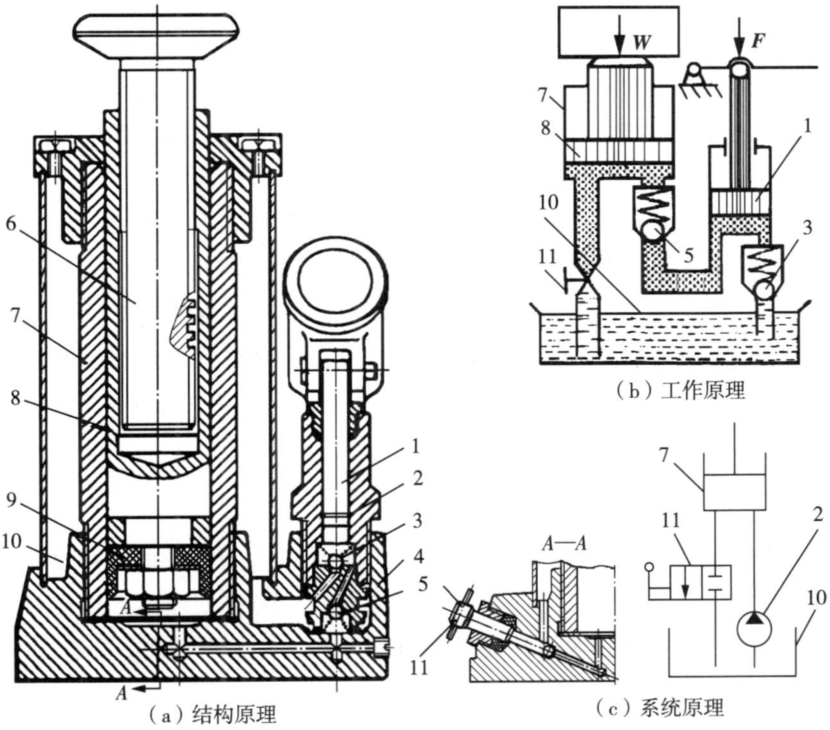

（a）结构原理　（b）工作原理　（c）系统原理

1—柱塞；2—柱塞泵（液压泵）；3 进油阀；4—底座；5—出油阀；
6—螺旋顶；7—液压缸；8—柱塞；9—密封圈；10—油箱；11—控制阀。

图 1－2　液压千斤顶

如图 1－2（b）所示为其工作原理。当用手提起杠杆时柱塞 1 就被带动上行，使柱塞泵下腔的密封容积增大、腔内压力下降形成局部真空，在大气压力的作用下，出油阀 5 关闭、油箱 10 的油液推开进油阀 3 进入柱塞泵的下腔，完成一次吸油动作；接着压下杠杆，柱塞下移、柱塞泵下腔的密封容积减小，腔内压力升高，压力油关闭进油阀 3，推开出油阀 5 挤入液压缸 7 的下腔，克服重力 W 推动柱塞 8 将重物向上顶起一段距离。如此反复地提压杠杆，就可以使重物不断升起，达到起重的目的。若将控制阀 11 旋转 90°，使液压缸下腔直接与油箱连通，在重物的自重作用下，缸内的油液流回油箱，活塞下降至最低位置。在这里，推动液压缸运动需要有一定量的压力油，缸内压强的大小取决于作用于活塞杆上的外力 W（重物的重量），柱塞的位移量和运动速度取决于进入液压缸的油量和速度；所述一定量的压力油是由柱塞泵产生的，进油阀 3 和出油阀 5 一起构成泵的配流装置；缸与油箱的通断由控制阀 11 控制；其余（如管道、油箱等）起辅助作用。可见，液压传动系统由工作介质（油）、动力元件（泵）、执行元件（液压缸）、控制元件（阀）和辅助元件（油管、油箱等）组成。

通过分析液压千斤顶的工作过程，我们可知液压与气动技术有以下几个要点：

（1）液压与气动技术是以有压流体作为工作介质来传递动力和运动的；

（2）执行元件承载能力的大小与流体压力及其有效作用面积有关，而它的运动速度取决于单位时间内进入缸内流体容积的多少；

（3）液压或气压传动装置本质上是一种能量转换装置，泵先把机械能转换为便于输送的流体压力能，通过回路后，执行元件又将流体压力能转换为机械能输出做功。

由此可知，液压传动装置的基本工作原理，是以液压油作为工作介质，通过密封工作腔容积的变化来传递运动，通过液压油内部的压力来传递动力。液压传动装置实质上是一种能量转换装置，它首先将机械能转换成液压油的压力能，然后再将液压油的压力能转换为机械能对外做功。

液压与气动系统的图形符号有结构原理图和职能符号图两种。在图 1－2（b）中，组成液压系统的各个元件是用半结构式图形画出来的。这种图形直观性强，较易理解，但较难绘制。在工程实际中，一般依据国家标准 GB 786.1—2021 用简单的图形符号来绘制液压与气动系统原理图。例如将图 1－2（b）所示的液压系统采用智能符号绘制，则其系统原理如图 1－2（c）所示。应该注意，图中的符号只表示元件的功能，不表示元件的结构和安装位置。使用这些图形符号可使系统图简单明了，绘制方便。

2. 气压传动

气压传动简称气动，气压传动系统的基本构成如图 1－3 所示。气压传动与液压传动系统基本相同，不同的是气压传动系统的介质直接取自大气，需要处理后方可得到清洁的介质供传动使用，因此，增加了一套气源处理元件。由此可见，气压传动系统的组成也是五个部分：工作介质（气）、动力元件（气泵或称空气压缩机）、执行元件（缸）、控制元件（阀）和辅助元件。

气动技术用于简单的机械操作已有相当长的时间了，最近几年随着气动自动化技术的发展，气动技术在国民经济建设中的作用日趋重要。用气动自动化控制技术实现生产过程自动化，是工业自动化中的一种重要技术手段，也是一种低成本自动化技术。气动自动化控制技术是利用压缩空气作为工作介质，以气动系统为主，配合机械、液压、电气、电子等元件，综合构成控制回路，使气动元件按工艺要求自动实现目标动作的一种自动化技术。

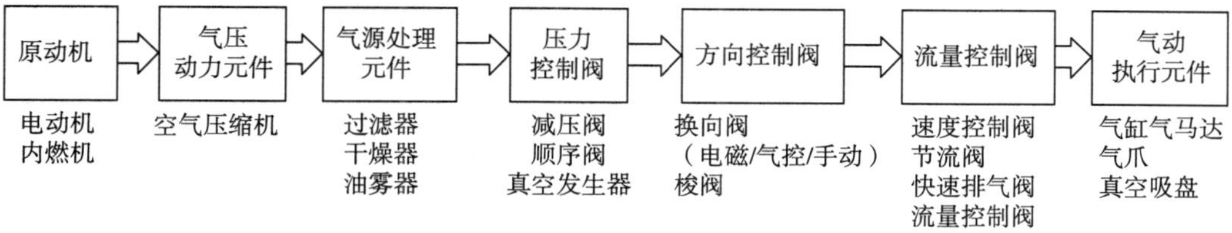

图 1－3　气压传动系统的基本构成

1.1.2　液压与气动技术的主要优缺点

1. 液压传动的主要优缺点

1）液压传动的优点

液压传动与其他传动方式相比较，其主要优点：液压传动能方便地实现无级调速，调速范围大；工作平稳，反应速度快，冲击小，能高速启动、制动和换向；便于实现过载保护；操纵简单，便于实现自动化，特别是和电气控制联合使用时，易于实现复杂的自动工作循环；元件体积较小，重量较轻，能自润滑，使用寿命长，易于实现系列化、标准化和通用化。

2）液压传动的缺点

由于泄漏使之无法保证严格的传动比，液压传动对油温变化的敏感使之工作温度范围受到限制，压力损失大不宜远距离输送动力，元件制造精度要求高、加工装配较困难且对油液的污染较敏感，发生故障不易检查。

总之，液压传动的优点是十分突出的，它的缺点将随着科学技术的发展而逐步被克服。

2. 常用传动方式的应用比较

由于液压与气动技术通常是以液压油或空气作为工作介质来进行能量传递的，因此了解液压油和空气的基本性质、掌握液体平衡和运动的主要力学规律，对于正确理解及合理使用系统都是非常必要的。表 1－1 给出了气动、液压、电气三种常用传动方式的特点及应用比较。

表 1－1　气动、液压、电气三种常用传动方式的特点及应用比较

项　目	气　动	液　压	电　气
能量的产生	由电动机或内燃机驱动空气压缩机，用于压缩的空气取之不尽，成本最高	由电动机或内燃机驱动液压泵，小功率液压装置也可手动操作。成本中等	主要是水力、火力和核能发电站，成本最低
能量的存储	存储大量能量比较经济，存储的能量可以传递（用于驱动气缸）	能量存储能力有限，仅在存储少量能量时比较经济	能量存储很困难、复杂，只宜存储很少量的能量（电池，蓄电池）

（续表）

项　目	气　动	液　压	电　气
能量的输送	较容易通过管道输送，输送距离可达1000 m（有压力损失）	可通过管道输送，输送距离可达1000 m（有压力损失）	很容易实现远距离的能量传送
泄漏	除能量损失外无其他害处。压缩空气可排放至空气中	能量有损失，液压油泄漏会造成危险事故和环境污染	漏电时有能量损失，有致命危险
环境影响	无须隔离保护措施，也不会有着火和爆炸的危险，气体中的冷凝水易结冰；有排气噪声，可安装消声器	外泄漏油液易燃；高压时泵的噪声很大且可通过硬管道传播	温敏低，易燃易爆区应附加保护措施；线圈和触点的激励噪声较大
运　动	很方便地实现直线、旋转、摆动等运动，工作行程可达2000 mm、360°，加速和减速性能较好，速度为10～1500 mm/s，转速可达500000 r/min	很方便地实现直线、旋转、摆动等运动，马达转速范围窄，低速时很容易控制	旋转实现方便；直线移动距离短，要实现长距离直线运动或摆动需借助机械机构
推力与力矩	工作压力低，推力和力矩范围窄，气缸停止不动时无能量消耗和其他危害。≤50 kN、采用最经济空载方式时能量消耗大	工作压力高，推力和力矩范围宽，保持力时有持续能量消耗	推力需通过机械机构来传递，效率低，超载能力弱，空载时能量消耗大
控制能力	在1∶10的范围内，推力很方便地通过压力来控制。低速时实现速度控制较难。无须很多专业知识就能很好地操作，便于构成和运行开环控制系统	在较宽范围内，推力很方便地通过压力来控制。低速时可很好地实现速度控制，精度较高。比气动系统复杂，高压时要考虑安全性	控制方式较复杂。需要专业知识，有偶然事故和短路的危险，错误连接很容易损坏设备和控制

任务实施

（1）全班学生按每组6～8人自由分组并推选出组长。

（2）根据学习任务要求，讨论制定出工作方案后，具体实施液压千斤顶的使用与拆装。

（3）请你与小组成员讨论后，描述图1－2所示液压千斤顶的各元器件的名称、属性和作用。

（4）撰写学习报告。应重点明确的问题：①液压千斤顶的基本组成有哪些？工作原理是什么？②采用什么样的液压泵和液压缸？采取哪些具体措施解决泄漏问题？③如何解决液压泵进出油配油？④液压缸柱塞导向套的作用是什么？

任务评价

评价表见附录3。

任务 1.2 选用液压油

【微课】
认识液压油

【课件】
任务 1.2

任务目标

了解液压油的用途和种类及主要物理性质，初步了解衡量油液黏温特性好坏的指标参数，掌握液压油黏度及黏温特性的检测方法。

任务描述

小黄到某工程机械修理厂实习。某日，进厂维修的一台液压挖掘机需要更换液压油，张师傅让小黄去采购，小黄问要什么牌号的液压油。张师傅让小黄查看使用说明书，可小黄一了解，这台挖掘机上没有使用说明书，该如何选用液压油呢？

任务要求

正确检测液压油黏温特性

石油产品运动黏度计测试仪如图 1-4 所示。

1. 测试前的准备

（1）使用本仪器前应仔细阅读使用说明书；

（2）仔细阅读中华人民共和国标准 GB/T 265—88《石油产品运动粘度测定法和动力黏度计算法》，了解并熟悉标准所阐述的试验方法、试验步骤和试验要求；

（3）按标准所规定的要求，准备好试验用的各种试验器具、材料等；

（4）检查本仪器的工作状态，使其符合说明书所规定的工作环境和工作条件；

（5）检查本仪器的外壳，必须使其处于良好的接地状态，外接电源必须有良好的接地端。

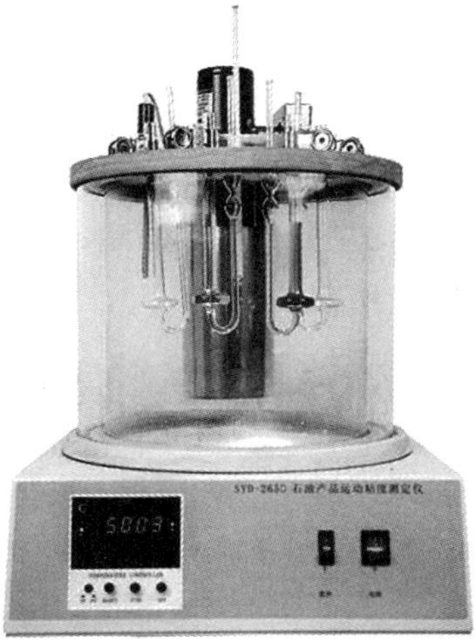

图 1-4 石油产品运动黏度计测试仪

2. 使用方法

（1）根据使用的测试温度，在浴缸内灌入油液，控制温度为 80～100 ℃。

（2）根据试验温度选用适当的毛细管黏度计。

（3）打开仪器面板上的电源开关，开关指示灯亮，此时温控仪的显示窗有数字显示，显示此时的浴温。

(4) 根据试验要求按下设定测量转换开关，显示设定值，调节设定旋钮，粗调设定温度，再用螺丝刀微旋设定旋钮，使显示值为试验要求之温度值。设计结束，按转换开关至测量，显示浴温。

(5) 当浴温升至设定值附近时，提前 2 ℃辅助加热被自动切断，浴温进入受控状态。

(6) 浴温稳定后，若发现温度计所测温度与显示温度有偏差，可调节测量值微调零旋钮，以实现高精度测温。

(7) 试验方法按照中华人民共和国标准 GB/T 265—88《石油产品运动粘度测定法和动力黏度计算法》规定的方法进行。

(8) 观察试样在管身中的流动情况，液面正好到达标线 a 时，按动计时按钮，计时开始；液面正好流到 b 时，再按计时按钮，计时停止；计下时间后，第 3 次按动计时按钮，计时复位。

知识准备

1.2.1 液压油

由于液压与气动技术通常是以液压油或空气作为工作介质来进行能量传递的，因此了解液压油和空气的基本性质、掌握液体平衡和运动的主要力学规律，对于正确理解及合理使用系统都是非常必要的。

液压油的质量直接影响液压系统的工作性能。据统计，75%以上的液压系统故障是由于液压油的使用不当而造成的，因此，我们必须对液压油有充分的了解，以便正确选择及合理使用。

1. 液压油的用途和种类

在液压系统中液压油用作传递运动与动力的介质，并有润滑、密封和冷却的作用。

液压油主要分为矿油型、乳化型和合成型三大类型。液压油的主要品种及其特性和用途见表 1-2 所列。

表 1-2 液压油的主要品种及其特性和用途

类型	名称	ISO 代号	特性和用途
矿油型	普通液压油	L-HL	精制矿油加添加剂，提高抗氧化和防锈性能，用于室内一般设备中的低压系统
	抗磨液压油	L-HM	L-HM 油加添加剂，改善抗磨性能，适用于工程机械、车辆液压系统
	低温液压油	L-HV	L-HM 油加添加剂，改善黏温特性，适用于环境温度为－20～40 ℃的高压系统
	高教度指数液压油	L-HR	L-HL 油加添加剂，改善黏温特性，V_I值达 175 以上，适用于对黏温特性有特殊要求的低压系统，如数控机床液压系统
	液压导轨油	L-HG	L-HM 油加添加剂，改善黏-滑性能，适用于机床中液压和导轨润滑合用的系统

（续表）

类　型	名　称	ISO代号	特性和用途
矿油型	全损耗系统用油	L-HH	浅度精制矿油，抗氧化性、抗泡沫性较差，主要用于机械润滑，可作液压代用油，适用于要求不高的低压系统
	汽轮机油	L-TSA	深度精制矿油加添加剂，改善抗氧化、抗泡沫等性能，为汽轮机专用油，可作液压代用油，用于一般液压系统
乳化型	水包油乳化液	L-HFA	又称高水基液，特点是难燃、黏温特性好，有一定的防锈能力，润滑性差，易泄漏，适用于有抗燃要求、油液用量大且泄漏严重的系统
	油包水乳化液	L-HFB	既具有矿油型液压油的抗磨、防锈性能，又具有抗燃性，适用于有抗燃要求的中压系统
合成型	水-乙二醇液	L-HFC	易泄漏，适用于有抗燃要求、油液用量大且泄漏严重的系统
	磷酸酯液	L-HFDR	润滑、抗磨和抗氧化性能良好，能在－54～135 ℃温度下使用。缺点是有毒，适用于有抗燃要求的高压精密液压系统

2. 液压油的主要性质

1）密度

单位体积液体的质量称为该液体的密度，即

$$\rho=\frac{m}{v} \tag{1-1}$$

式中：v为液体的体积，m^3；m为液体的质量，kg；ρ为液体的密度，kg/m^3。

密度是液体的一个重要的物理参数。液体温度或压力不同，其密度也会发生变化，但这种变化量很小，可以忽略不计。油的密度一般为900 kg/m^3，矿物油的比重为0.85～0.95，其比重越大，泵吸入性越差。

2）可压缩性

液体受压力作用而发生体积减小的性质称为液体的可压缩性。

液压油在低压、中压下一般被认为是不可压缩的，但在高压下就应该考虑可压缩性了。纯油的可压缩性是钢的100～150倍。可压缩性会降低液体运动的精度，增大压力损失，延迟传递信号时间等。

当液压油中混有空气时，其抗压缩能力将显著降低，这严重影响液压系统的工作性能。在有较高要求或压力变化较大的液压系统中，更应力求减少油液中混入的气体及其他易挥发物质（如汽油、煤油、乙醇和苯等）的含量。

3）黏性

液体在外力作用下流动时，分子间的内聚力要阻止分子间的相对运动，因而产生一种内摩擦力，这一特性被称为液体的黏性。黏性是液体的重要物理性质，也是选择液压用油的主要依据之一。

液体黏性的大小用黏度表示。常用的黏度有三种，即动力黏度、运动黏度和相对黏度。

动力黏度又称绝对黏度，是用液体流动时所产生的内摩擦力的大小来表示的黏度，用 μ 表示，法定计量单位为 Pa·s（帕·秒，N·s/m²）。

运动黏度是在相同温度下液体的动力黏度和它的密度的比值，以 v 表示，即

$$v=\frac{\mu}{\rho} \tag{1-2}$$

比值 v 无物理意义，但它却是工程实际中经常用到的物理量。运动黏度的法定计量单位是 m^2/s，它与以前沿用的非法定计量单位 cSt（厘斯）之间的关系是

$$1\ m^2/s=10^6\ mm^2/s=10^6\ cSt$$

国际标准化组织（ISO）规定统一采用运动黏度来表示油的黏度等级。我国生产的全损耗系统用油和液压油采用 40 ℃时的运动黏度值（mm^2/s）为其黏度等级标号，即油的牌号。例如牌号为 L－HL32 的液压油，就是指这种油在 40 ℃时的运动黏度平均值为 32 mm^2/s。

相对黏度又称条件黏度，是根据一定的测量条件测定的，中国、德国等都采用恩氏黏度 oE。恩氏黏度用恩氏黏度计测定，将被测油放在一个特制的容器里（恩氏黏度计），t ℃后，被测油由容器底部一个直径为 2.8 mm 的孔流出。测量出 200 cm^3 体积的油液流尽所需时间 t_1，与流出同样体积的 20 ℃的蒸馏水所需时间 t_2 之比值就是该油在温度 t ℃时的恩氏黏度，用符号 oEt 表示，即 oEt$=t_1/t_2$。

恩氏黏度与运动黏度的换算可用查表法。国际和国内常采用黏度指数 VI 值来衡量油液黏温特性的好坏。VI 值较大，表示油液黏度随温度变化的变化率较小，即黏温特性较好。VI 值一般要求在 90 以上，优异的在 100 以上。油液的黏度对温度的变化极为敏感，温度升高，油的黏度下降。黏度随温度的变化较小，因而油温变化对液压系统性能的影响较小。液压油的黏度和温度的关系可根据图 1－5 所示的典型液压油的黏温特性曲线来查找。

3. 液压油的选择

正确而合理地选用液压油是保证液压系统正常和高效率工作的条件。选用液压油时常常采用两种方法：一种是按液压元件生产厂样本或说明书所推荐的油类品种和规格选用液压油；另一种是根据液压系统的具体情况，如工作压力高低、工作温度高低、运动速度大小、液压元件的种类等，全面地考虑液压油的选择。

液压油的选择，首先是油液品种的选择。油液品种的选择是否合适，对液压系统的工作影响很大。选择油液品种时，可根据是否液压专用、有无起火危险、工作压力及工作温度范围等因素进行考虑（参照表 1－2）。

液压油的品种确定之后，接着就是选择油的黏度等级。因为黏度对液压系统工作的稳定性、可靠性、效率、温升及磨损都有显著的影响，在选择时应注意：

（1）根据工作机械的不同要求选用。精密度不同的机械对黏度要求不同。为了避免温度升高引起机件变形，影响工作精度，精密机械宜采用黏度较低的液压油；反之亦然。

（2）根据液压泵的类型选用。在液压系统中，若黏度选择不当，会使液压泵磨损加快，容积效率降低，甚至可能破坏液压泵的吸油条件。在一般情况下，我们可将液压泵要求的液

压油的黏度作为选择系统液压油的基准。按液压泵类型推荐用油运动黏度见表1-3所列。

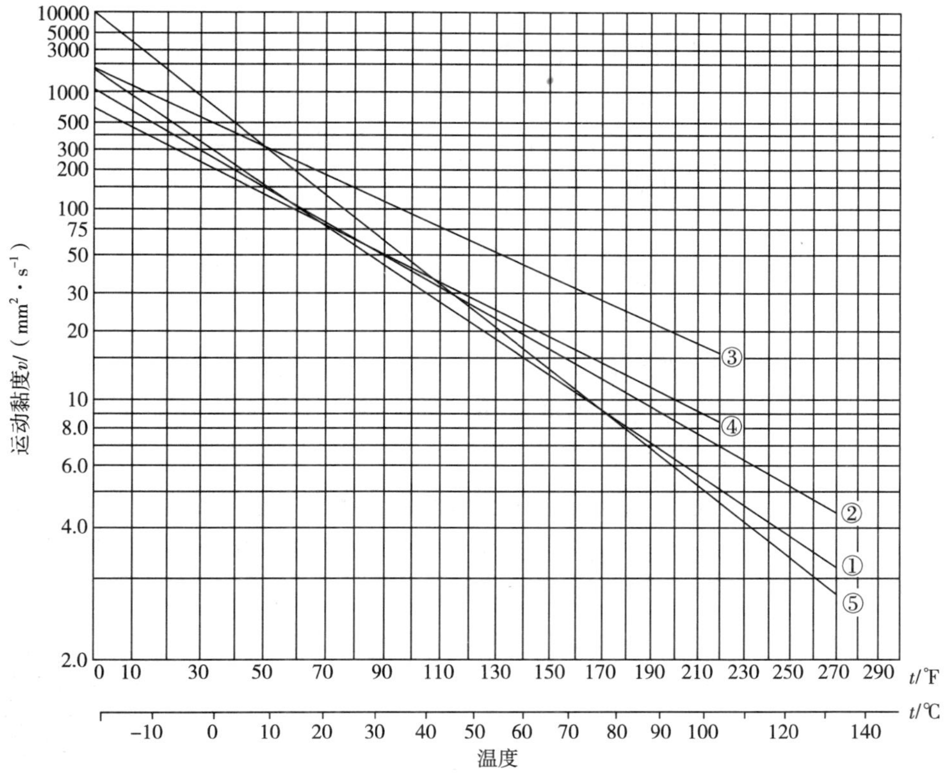

图1-5 典型液压油的黏温特性曲线

①—普通石油型；②—高黏度指数石油型；③—水-乙二醇型；④—水包油型；⑤—磷酸酯型。

表1-3 按液压泵类型推荐用油运动黏度

液压泵		条件：环境温度为5～40 ℃时/（mm^2/s）	条件：环境温度为40～80 ℃时/（mm^2/s）
叶片泵	7 MPa以下	30～50	40～75
叶片泵	7 MPa以上	50～70	55～90
齿轮泵		30～70	65～165
柱塞泵		30～80	65～240

（3）根据液压系统工作压力选用。通常，当工作压力较高时，宜选用较高的黏度，以免系统泄漏过多，效率过低，但是黏度过高会增加压力损失。例如，机床液压传动的工作压力一般低于6.3 MPa，采用（20～60）$\times 10^{-6}$ m^2/s的油液。

（4）根据工作部件的运动速度选用。当液压系统中工作部件的运动速度很快时，油液的流速也高，液压损失随之增大，而泄漏量相对减少，因此宜用较低的黏度；反之，宜选较高的黏度。

4. 液压油污染的控制

液压油污染的原因很复杂，同时液压系统自身又在不断产生脏物，因此，要彻底防止污染是很困难的。为了延长液压元件的寿命，保证液压系统正常工作，将液压油污染程度控制在某一限度以内是较为切实可行的办法。实用中常采取如下几种措施来控制污染。

(1) 力求减少外来污染。液压装置组装前后必须严格清洗，油箱通大气处要加空气过滤器，向油箱内灌油时应通过过滤器，维修拆卸元件应在无尘区进行。油箱内壁一般不要涂刷油漆，以免在泊中产生沉淀物质。

(2) 滤除系统产生的杂质。应在系统的有关部位设置适当精度的过滤器，并且要定期检查、清洗或更换滤芯。

(3) 控制液压油的工作温度。液压油的工作温度过高会加速氧化变质，缩短使用期限，危及液压装置。一般液压系统的工作温度最好控制在 65 ℃以下，机床液压系统则应控制在 55 ℃以下。

(4) 定期检查更换液压油。应根据液压设备使用说明书的要求和维护保养规程的规定，定期检查更换液压油。比较科学的方法是定期取样化验，观察油液的变质情况，来决定是否需要换油。换油时要清洗油箱，冲洗系统管道及元件。

1.2.2 空气

1. 空气的物理性质

气压传动的工作介质主要是压缩空气，而自然界的空气是由若干种气体混合而组成的。表 1-4 列出了干空气的组成。当然，空气中还含有水蒸气，这种含有水蒸气的空气称为湿空气；而水蒸气的含量如为零，则称为干空气。在空气中还会有因污染而产生的二氧化硫、碳氢化合物等气体。

【微课】
认识空气

表 1-4 干空气的组成

比值	成分				
	氮气	氧气	氩气	二氧化碳	其他气体
体积分数/%	78.03	20.93	0.932	0.03	0.078
质量分数/%	75.50	23.10	1.28	0.045	0.075

(1) 密度。单位体积气体的质量称为密度，用 ρ 表示，单位为 kg/m^3。

(2) 质量体积。单位质量气体的体积称为质量体积（比容），用 V 表示，单位为 m^3/kg。$V=1/\rho$。

(3) 压力。气体压力是由于其分子热运动而在容器壁的单位面积上产生的力的统计平均值，用 p 表示，其法定计量单位为 Pa，压力值较大时用 kPa 或 MPa。$1\ MPa=10^3\ kPa=10^6\ Pa$=10 个标准大气压。

(4) 温度。温度实质上是气体分子热运动动能的统计平均值。温度有热力学温度和摄氏温度之分。热力学温度用 T 表示，其单位为 K；摄氏温度用 t 表示，单位为摄氏度（单位符

号为 ℃），$t=T-273.15$。

（5）可压缩性与膨胀性。一定质量的气体，由于压力改变而导致气体容积发生变化的现象，称为气体的压缩性。气体容易压缩而有利于储存，但难以实现汽缸的平稳和低速运动。同时，气体受热后体积会发生膨胀。气体的这种可压缩性与膨胀性，是气压传动有别于液压传动的一个重要特征，即汽缸活塞的运动速度受负载影响很大，难以得到较为精确的运动状态。

（6）黏性。空气质点相对运动时产生阻力的性质称为空气的黏性。实际气体都具有黏性，黏性导致了它在流动时的能量损失。

（7）湿度。空气中或多或少都会含有水蒸气。所含水分的程度用湿度和含湿量来表示，湿度用绝对湿度或相对湿度表示。

（8）绝对湿度。每立方米湿空气中含有水蒸气的质量数称为绝对湿度。我们可将湿空气中的水蒸气近似看作理想气体。其各状态参数间关系服从理想气体的状态方程，即 $p_b=\rho_b RT$，式中水蒸气的气体常数 $R=461$ J/（kg·K）。

（9）饱和绝对湿度。若湿空气中水蒸气的分压力达到该湿度下水蒸气的饱和压力，此时的绝对湿度称为饱和绝对湿度。

（10）相对湿度。在确定的压力和温度下，其绝对湿度与饱和绝对湿度之比称为相对湿度，用 ϕ 表示。ϕ 值可表示湿空气吸收水蒸气的能力，ϕ 值越大吸湿能力越弱。气压传动技术规定，各种阀内空气的 ϕ 值应小于 90%（质量分数），而且越小越好。令人体感到舒适的 ϕ 值为 60%～70%（质量分数）。

（11）露点。未饱和湿空气保持绝对湿度不变而降温达到饱和状态的温度称为露点。湿空气在温度降至露点以下时会有水滴析出。降温除湿就是利用这个原理来完成的。

2. 气体在管道里的流动特性

气体在管道中以亚声速流动（气体流动速度小于声速）时，随着管道截面积的减小，流速增大，压力降低；反之，随着管道截面积的增加，流速减小，压力增高。当超声速流动时情况正好相反，速度随着管道截面积的减小而减小，压力增高；速度随着管道截面积的增加而增大，压力降低。当气体以声速流动时，流动处于临界状态，管道截面积为不变值，而此处的速度即声速。由上述可知，要想使亚声速流动变成超声速流动，管道截面形状必须先收缩，使流速在最小截面处达到声速，然后再扩张才可能获得超声速流动。上述只是获得超声速流动的必要几何条件，而要得到超声速流动，管道两端必须有足够的压差。

对空气来说，当进、出口压力比（均采用绝对压力）为 1.893 时可达声速，即存在一个收缩-扩张流道时，才可能达到超声速流动。这是必须同时具备的两个条件。

任务实施

（1）全班学生按每组 6～8 人自由分组并推选出组长。

（2）根据学习任务要求，讨论制定工作方案后，具体实施液压油黏温特性检测。

（3）请与小组成员讨论后，撰写学习报告。在报告中应注意阐述液压油的用途、种类、主要物理性质，检测并绘制1～2种典型液压油的黏温特性图，分析其油液黏温特性好坏。

任务评价

评价表见附录3。

项目小结

（1）通过液压千斤顶的使用操作和拆装的引导，本项目介绍了解了液压与气动系统的基本组成、工作原理和主要优缺点，简单介绍了机械拆装方面的基本知识。

（2）液压与气动技术是以有压流体作为工作介质来传递动力和运动的。

（3）执行元件承载能力的大小与流体压力及其有效作用面积有关，而它的运动速度取决于单位时间内进入缸内流体容积的多少。

（4）本项目介绍了液压与气动技术工作介质的用途、种类、主要性质、选择和使用。

复习思考题

1-1 组成液压与气动系统的五大元件是什么？执行元件承载能力和运动速度取决于什么？

1-2 什么是液体的黏性？常用的黏度表示方法有哪几种？说明黏度的单位。

1-3 液压油有哪些主要品种？液压油的牌号与黏度有什么关系？如何选用液压油？

1-4 液压油的污染有何危害？如何控制液压油的污染？

1-5 何谓湿度空气的绝对湿度、饱和绝对湿度、相对湿度？

1-6 某氧气瓶置于30 ℃室内，其容积为40 L，压力表指示瓶内气体的压力为0.6 MPa，设大气压为0.1 MPa。试求：瓶内所储的气体质量。已知氧气的气态常数为256 J/（kg·K）。

项目 2　液压传动方向控制

项目目标

知识目标
（1）了解液压缸和方向控制阀的类型、结构，理解其工作原理。
（2）了解油管、管接头的种类和用途。
（3）了解液压缸密封装置和缓冲装置的主要类型、功能及具体应用。
（4）掌握液压缸和方向控制阀的性能参数及应用。
（5）掌握执行元件运动方向的控制原理和方法。

素质目标
（1）培养脚踏实地、认真负责、求真务实、团结协作的工作作风。
（2）培养执着专注、科学严谨、精益求精、追求卓越的工匠精神。
（3）培养勇于探索、敢为人先、知难而进、乐于奉献的创新精神。

能力目标
（1）能正确进行液压缸、换向阀、单向阀的拆装。
（2）能正确进行换向回路、锁紧回路的组装调试。
（3）能正确进行换向阀的性能参数检测。

任务 2.1　液压缸的拆装

【微课】
认识液压缸

任务目标

了解液压缸的结构组成，了解液压缸的密封装置，了解液压缸的伸缩控制。掌握液压缸、换向阀、单向阀的拆装方法及换向回路组装。

【课件】
任务 2.1

任务描述

小黄与张师傅今天要对一批液压缸进行维护。张师傅告诉小黄：“正确使用与维护液压缸，可以延长它的使用寿命，并保证它在工作时具有良好的稳定性。因此，需要定期对液压缸内部零部件进行清洗，并更换老化的密封装置。”于是，小黄和张师傅一起开始拆卸液压缸。

器材准备

所需器材有内六角扳手、固定扳手、梅花扳手、螺丝刀、锤子、液压缸等。

双作用单杆活塞式液压缸的典型结构如图 2-1 所示。

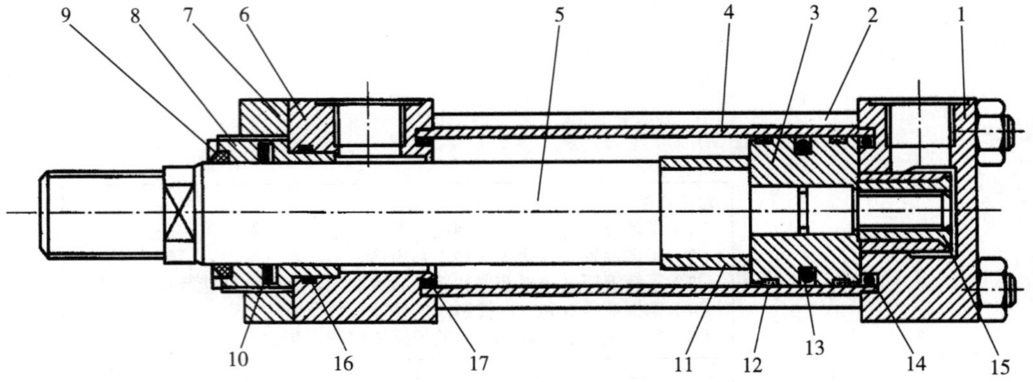

1—后端盖；2—长螺栓；3—活塞；4—缸筒；5—活塞杆；6—前端盖；7—压板；8—导向套；9—防尘圈；10—密封圈；11—前缓冲柱塞；12—支承环；13、14、16、17—O 形密封圈；15—后缓冲柱塞。

图 2-1　双作用单杆活塞式液压缸的典型结构

任务要求

正确拆装液压缸

(1) 先将如图 2-1 所示的液压缸右侧连接螺帽拆下，即可将后端盖 1 与缸筒 4 分离，将前端盖 6 连同压板 7、导向套 8、防尘圈 9、密封圈 10 一起与缸筒和活塞杆分离，然后将活塞杆 5 和活塞 3 整体从缸筒 4 中拉出，最后从前端盖 6 中向左拉出活塞杆。

(2) 将后缓冲柱塞 15、活塞 3、前缓冲柱塞 11 依次从活塞杆 5 上分离出来。

(3) 检查防尘圈 9 和密封圈 10 和 O 形密封圈 13、14、16、17，判断是否需要更换。

(4) 对以上拆卸出的零部件进行擦洗整理、修理、分类堆放，以便于检修后安装。

(5) 注意事项：①观察液压缸的内部、外部结构及组成，分析其工作原理，了解其用途；②注意应按先外后内的顺序拆卸，将零件标号并按顺序摆放在橡胶板上；③观察液压缸内各种类型的密封圈，分析它们的特点和安装方式，了解它们的用途；④其他注意事项请参考前项任务。

知识准备

液压缸是液压传动系统中的执行元件，它的作用是将液体的压力能转换成工作机构的机械能，用于驱动工作机构做往复直线运动或往复摆动。液压缸在各种机械的液压系统中得到广泛的应用。

按结构特点不同，液压缸可分为活塞缸、柱塞缸和摆动缸三类。其中，活塞缸和柱塞缸用以实现直线运动，输出推力和速度；摆动缸用以实现小于 360°的转动，输出转矩和角速度。

按作用方式和供油方向不同，液压缸可分为单作用液压缸和双作用液压缸两种。单作用液压缸只能从一个方向供油，液压力只能使活塞（或柱塞）做单方向运动，反方向运动必须靠外力（如弹簧力或自重等）来实现［图 2－2（a）、（b）、（c）］；而双作用液压缸可从两个方向供油，可由液压力实现两个方向的运动。直线液压缸的类型如图 2－2 所示。

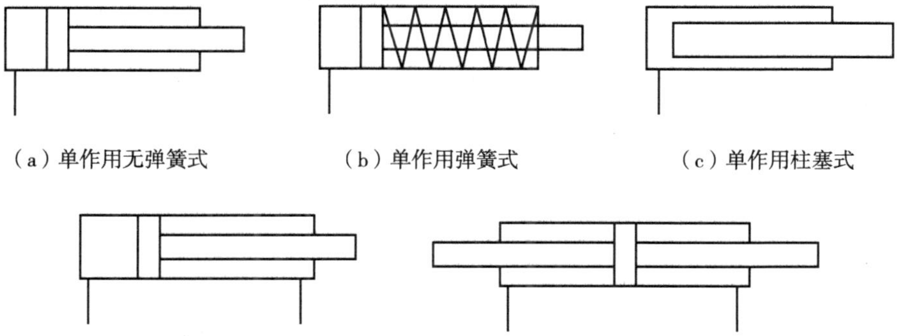

（a）单作用无弹簧式　（b）单作用弹簧式　（c）单作用柱塞式

（d）双作用单杆式　（e）双作用双杆式

图 2－2　直线液压缸的类型

2.1.1　活塞式液压缸

以上介绍的各类液压缸中，活塞式液压缸的应用最为广泛。在缸体内做相对往复运动的组件为活塞的液压缸，称为活塞式液压缸，简称活塞缸。

活塞缸可分为双杆活塞缸和单杆活塞缸两种结构。按其安装方式的不同，活塞缸又分为缸体固定式活塞缸和活塞杆固定式活塞缸两种。

1. 双杆活塞缸

双杆活塞缸是活塞两端都带有活塞杆的液压缸，其工作原理如图 2－3 所示。双杆活塞缸的特点是当两活塞杆直径相同，缸两腔的供油压力和流量都相等时，活塞（或缸体）两个方向的运动速度和推力也都相等，即具有双向等推力等速度特性。因此，这种液压缸常用于要求往复运动速度和负载相同的场合，如各种磨床主轴的直线往复运动等。

图 2－3（a）为缸体固定式结构简图。其活塞杆为实心的，缸体 1 固定在机床床身上，工作台 4 与活塞杆 3 相连。缸体的两端设有进油口、出油口，动力由活塞杆传出，进油腔位置与活塞运动方向相反。当油液从 a 口进入缸左腔时，推动活塞 2，带动工作台向右运动，缸右腔中的油液从 b 口回油；反之，右腔进压力油，左腔回油时，活塞带动工作台向左运动。

由图 2－3（a）可见，这种形式下，机床工作台的运动范围略大于活塞有效行程 L 的 3 倍，占地面积较大，一般用于小型设备的液压系统。

图 2－3（b）为活塞杆固定式结构简图。其活塞杆往往是空心的，被固定在机床床身的两个支架上，缸体则与机床工作台相连。进油口、出油口可以在活塞杆的两端（液压油从空心的活塞杆中进出），也可以在缸体两端（但要使用软管连接）。液压缸的动力由缸体

传出，进油腔位置与活塞运动方向相同。当缸的左腔进压力油，右腔回油时，缸体带动工作台向左移动；反之，右腔进压力油，左腔回油时，缸体带动工作台向右移动。在这种安装方式下，机床工作台的移动范围约等于缸体有效行程 L 的 2 倍，双杆活塞缸占地面积小，常用于大型、中型设备。

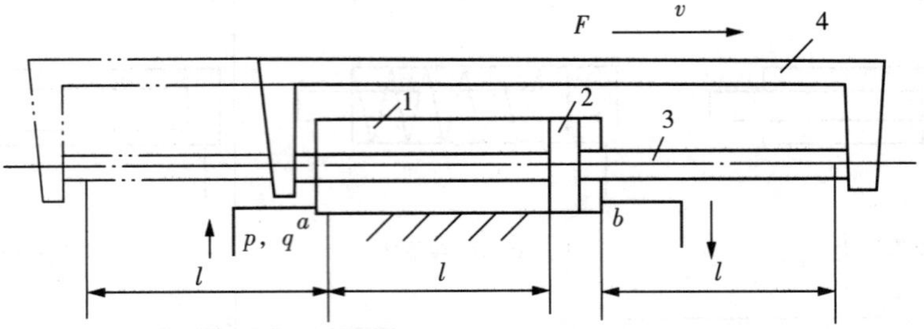

（a）缸体固定式结构简图

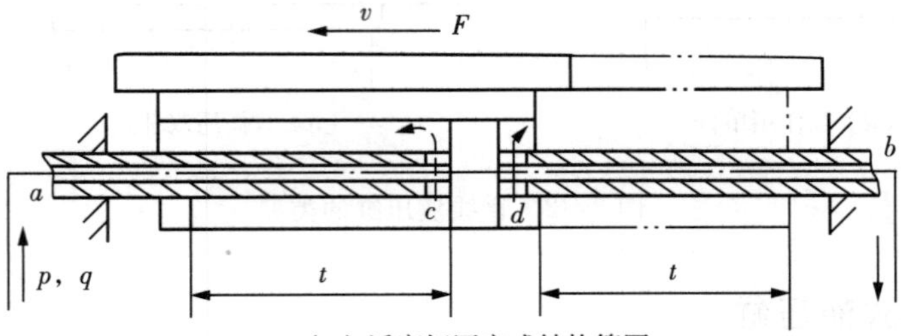

（b）活塞杆固定式结构简图

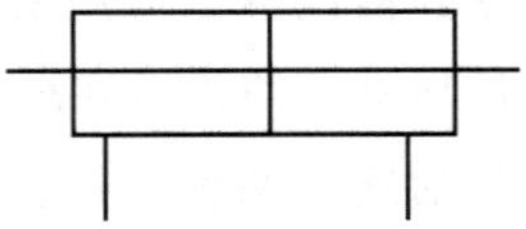

（c）图形符号

1—缸体；2—活塞；3—活塞杆；4—工作台。

图 2－3　双杆活塞缸工作原理

双杆活塞缸的推力 F 和速度可按下式计算：

$$F=Ap=\frac{\pi}{4}(D^2-d^2)p \tag{2-1}$$

$$v=\frac{q}{A}=\frac{4q}{\pi(D^2-d^2)} \tag{2-2}$$

式中：F 为液压缸的推力；v 为活塞（或缸体）的运动速度；p 为进油压力；q 为进入液压缸的流量；A 为液压缸有效工作面积；D 为液压缸内径；d 为活塞杆直径。

2. 单杆活塞缸

图 2－4 为单杆活塞缸工作原理。其活塞只有一端带活塞杆。单杆活塞缸的特点是两腔的有效工作面积不相等，当分别向缸两腔内供油，且供油压力和流量相同时，活塞（或缸体）在两个方向上的推力和运动速度不相等，即不具有双向等推力等速度特性。单杆液压缸也有缸体固定和活塞杆固定两种形式，但它们的工作台移动范围都是活塞有效行程的 2 倍。

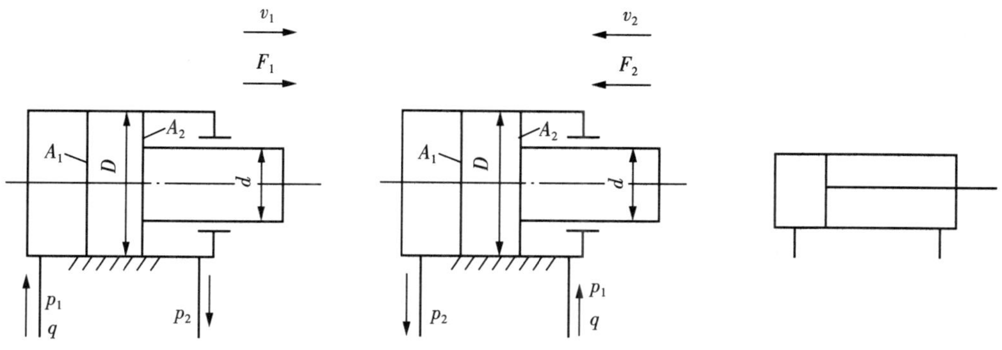

（a）无杆腔进油，有杆腔回油　　（b）有杆腔进油，无杆腔回油　　（c）图形符号

图 2－4　单杆活塞缸工作原理

3. 活塞缸的速度和推力计算

（1）当无杆腔进油，有杆腔回油［图 2－4（a）］时，活塞推力 F_1和运动速度 v_l分别为

$$F_1=p_1A-p_2A_2=\frac{\pi}{4}[p_1D^2-p_2(D^2-d^2)] \tag{2-3}$$

$$V_1=\frac{q}{A_1}=\frac{4q}{\pi D^2} \tag{2-4}$$

（2）当有杆腔进油，无杆腔回油［图 2－4（b）］时，活塞推力 F_2和运动速度 v_2分别为

$$F_2=p_1A_2-p_2A_1=\frac{\pi}{4}[p_2(D^2-d^2)-p_2D^2] \tag{2-5}$$

$$v_2=\frac{q}{A_2}=\frac{4q}{\pi(D^2-d^2)} \tag{2-6}$$

式中：A_1 为无杆腔有效工作面积；A_2 为有杆腔有效工作面积；D 为缸筒的直径；d 为活塞杆直径；q 为液压缸的输入流量；p_1 为液压缸的输入压力；P_2 为液压缸的回油压力。

比较以上公式可知：由于有效工作面积 $A_1>A_2$，所以 $v_1<v_2$，$F_1>F_2$。即无杆腔进油工作时，获得的推力大，速度低；有杆腔进油工作时，得到的推力小，速度快。也就是说，活塞杆伸出时，作用力较大，速度较慢；活塞杆缩回时，作用力较小，速度较快。因而，活塞杆伸出，适用于重载慢速；活塞杆缩回，适用于轻载快速。工业生产中，单杆活塞缸常用于一个方向要求有较大负载但运行速度较慢，而另一个方向为空载且快速退回运动的场合。例如，各种金属切削机床、起重机、压力机、注射机的液压系统即常用单杆活塞缸。

4. 活塞缸差动连接时的速度和推力计算

单杆活塞缸两腔相互连接并同时接通压力油的连接形式称为差动连接。差动连接式的单杆活塞缸如图 2－5 所示。液压缸差动连接时，左、右两腔压力相等，但是，由于无杆腔有效工作面积大于有杆腔有效工作面积，因此，无杆腔活塞受到的液压推力大于有杆腔的液压推力，迫使活塞杆做外伸运动，并使有杆腔中的油液流入无杆腔。

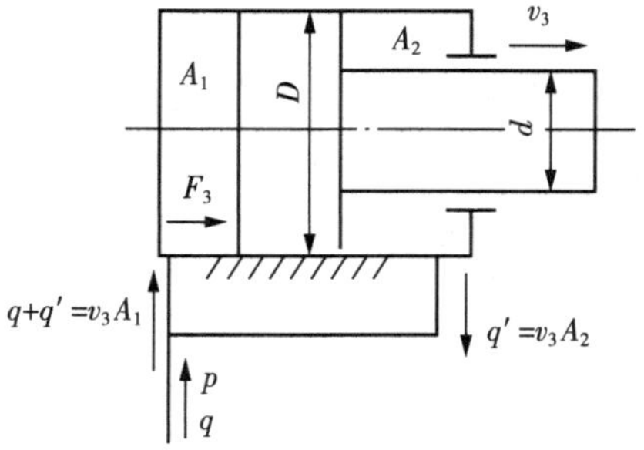

图 2－5　差动连接式的单杆活塞缸

差动连接时，活塞推力

$$F_3=A_1p-A_2p=A_3p=\frac{\pi}{4}d^2p \tag{2-7}$$

因

$$v_3A_1=q+v_3A_2$$

故

$$v_3=\frac{q}{A_1-A_2}=\frac{q}{A_3}=\frac{4q}{\pi d^2} \tag{2-8}$$

比较（2-4）和（2-8）两式可知，$v_3>v_1$；比较（2-3）和（2-7）两式可知，$F_1>F_3$。这说明单杆活塞缸差动连接，能使运动部件获得较快的速度和较小的推力。实际应用中，液压系统常通过控制阀来改变单杆活塞缸的油路连接，使其有不同的工作方式，从而实现“快进—工进—快退”的工作循环。工作情况大致如下：

快进(差动连接) →工进(无杆腔进油) →快退(有杆腔进油)

（v_3、F_3）　　（v_1、F_1）　　（v_2、F_2）

这时，通常要求“快进”和“快退”的速度相等，即 $v_3=v_2$。由（2-6）和（2-8）两式可知，$D=\eta_V=\frac{q}{q_t}=\frac{q}{Vn}=\frac{q_t-q_s}{q_t}=1-\frac{q_s}{q_t}d$。(或 $d=0.71D$)。差动连接的目的是在不增加流量的情况下获得较快的运动速度，差动连接是实现快速运动的有效方法，被广泛应用于组合机床等设备的液压系统中。

2.1.2 柱塞式液压缸

一般来说，设备中多为活塞缸，但活塞缸缸体内孔的加工精度要求很高，当行程较长时缸体加工困难。因此，在长行程的场合中，人们常采用柱塞式液压缸。

柱塞式液压缸是指在缸体内做相对往复运动的组件是柱塞的液压缸，简称柱塞缸；也有缸固式和杆固式两种形式。其结构如图 2-6（a）所示，柱塞由导向套 3 导向，与缸体内壁不接触，因而缸体内孔可不加工或只粗加工，工艺性好，结构简单，成本低。柱塞缸常被用于行程很长的龙门刨床、导轨磨床和大型拉床等设备的液压系统中。

柱塞缸是单作用液压缸，即在压力油作用下，做单方向运动。双向运动柱塞缸原理如图 2-6（c）所示，工作时压力油从左端输入缸筒内，作用在柱塞的左端面上，使之向右移动，从而带动工作台运动。它的回程则需要借助其他外力（如弹簧力）或自重（立式缸）的作用来实现。为了获得双向运动，柱塞缸常成对反向对接使用。

柱塞缸的速度和推力计算：

$$\eta=\frac{P_o}{P_i}=\frac{pq\eta_V}{2\pi T_i}=\frac{pVn}{2\pi\cdot nT_i}\eta_V=\frac{PV}{2\pi\cdot n}\eta_V=\eta_m\eta_V$$

$$v=\frac{q_P}{A}=\frac{q_t-kF/A}{A} \tag{2-9}$$

柱塞工作时总是端面受压，为了能输出较大的推力，柱塞一般较粗、较重。水平安装时易产生单边磨损，故柱塞缸适宜于垂直安装使用；为防止柱塞因自重而下垂，常将其制成空心柱塞并设置支承套和托架。

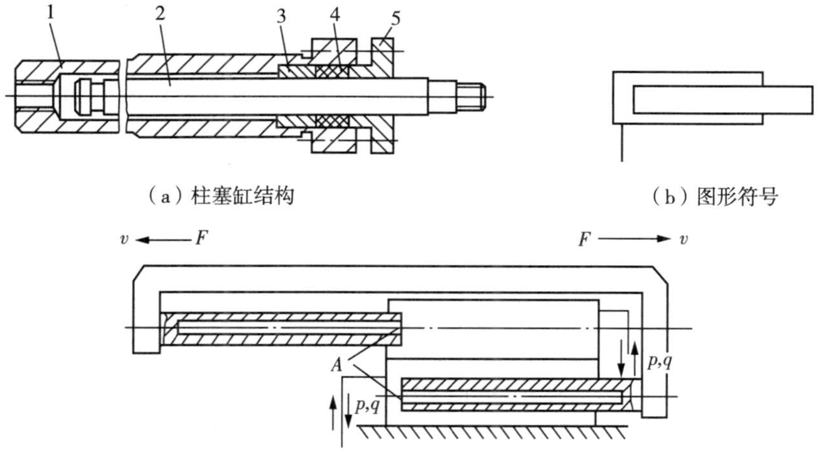

（a）柱塞缸结构　（b）图形符号

（c）双向运动柱塞缸原理

1—缸筒；2—柱塞；3—导向套；4—密封圈；5—压盖。

图 2-6　柱塞缸

2.1.3　摆动缸

摆动缸是一种将油液的压力能转变为叶片往复摆动的机械能的液压执行元件，又称摆动式液压马达。它有单叶片和双叶片两种形式，如图 2-7 所示。它们由缸体 1、叶片 2、定子块 3、输出轴 4、两端支承盘及端盖（图中未画出）等零件组成。定子块固定在缸体上，叶片和叶片轴连接在一起，当油口 A 和 B 交替输入压力油和接通油箱时，叶片即带动输出轴往复摆动，输出转矩和角速度。单叶片式摆动缸输出轴的摆角一般不超过 280°，双叶片式摆动缸输出轴的摆角不超过 150°；双叶片式摆动缸输出转矩是单叶片式摆动缸的两倍，转速则小一半。

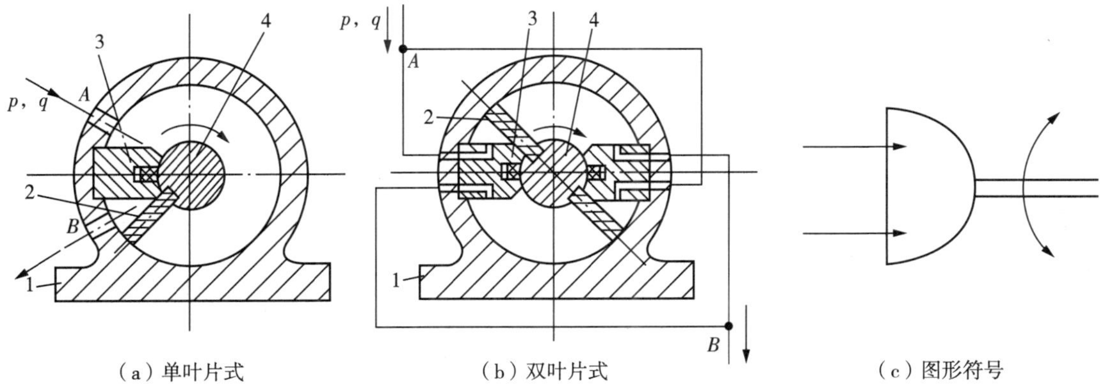

（a）单叶片式　（b）双叶片式　（c）图形符号

1—缸体；2—叶片；3—定子块；4—输出轴。

图 2-7　摆动缸

不计回油腔压力时，摆动缸输出的转矩 T 和回转角速度 ω 分别为

$$T=Zpb\frac{D-d}{2}\frac{D+d}{4}=\frac{Zpb(D^2-d^2)}{8} \qquad (2-10)$$

$$\omega=\frac{pq}{T}=\frac{8q}{Zb\ (D^2-d^2)} \tag{2-11}$$

可以证明：

$$T_{双}=2T_{单}，\omega_{双}=\frac{1}{2}\omega_{单}$$

式中：b 为叶片的宽度；D 为缸的内径；d 为输出轴直径；Z 为叶片数；p 为进油压力；q 为流量。

摆动缸结构紧凑，输出转矩大，但密封性较差，常用于机床的送料装置、间歇进给机构、回转夹具、工业机器人手臂和手腕的回转装置及工程机械回转机构等中、低压液压系统中。

2.1.4 其他液压缸

1. 增压缸

增压缸能将输入的低压油变为高压油，常用于某些局部油路需要高压油的液压系统中。它有单作用和双作用两种形式。增压缸如图 2－8 所示。其中单作用增压缸［图 2－8（a)］由大、小直径分别为 D 和 d 的复合缸筒及有特殊结构的复合活塞等零件组成。

不计摩擦阻力，根据力学平衡关系有

$$p_1A_1=p_2A_2$$

$$p_1\pi D^2/4=p_2\pi d^2/4$$

故

$$p_2=p_1A_1/A_2=p_1D^2/d^2=Kp_1 \tag{2-12}$$

式中：p_1、p_2 分别为增压缸大端输入和小端输出油的压力；$K=D_2/d_2$ 是增压比，表明其增压能力。

显然，增压缸仅仅是增大输出的压力，并不能改变其输出的功率。

单作用增压缸在活塞运动到终点时，不能再输出高压液体，需要将活塞退回到左端位置，再向右行时才又输出高压液体，即不能获得连续的高压油。为了克服这一缺点，我们可采用双作用增压缸。其原理如图 2－8（b）所示，可从缸的两端交替通入压力油，从而获得连续的高压油。

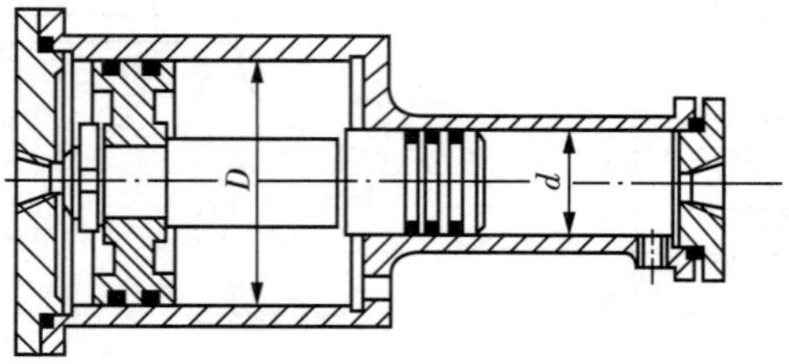

（a）单作用增压缸结构图

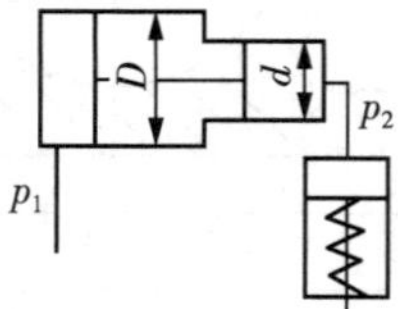

（b）图形符号

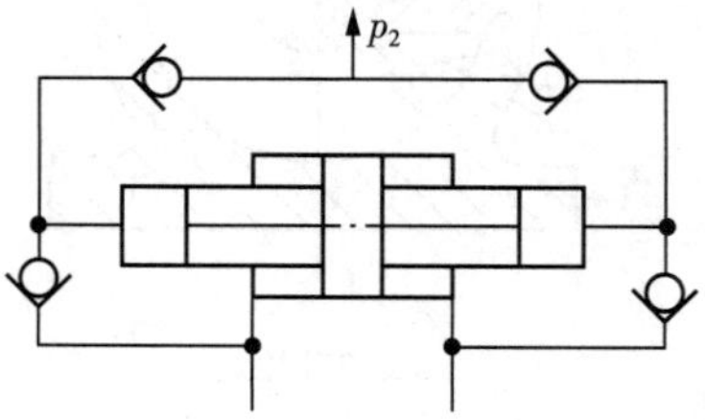

（c）双作用增压缸原理图

图 2－8　增压缸

应该指出，增压缸只能将高压端输出的油液通入其他液压缸以获取大的推力，其本身不能直接作为执行元件。所以安装时应尽量使它靠近执行元件。

增压缸常用于压铸机、造型机等设备的液压系统中。

2. 伸缩缸

伸缩缸由两个或多个活塞缸套装而成，有单作用式和双作用式之分。伸缩缸如图 2－9 所示。前一级的活塞与后一级的缸筒连为一体（图 2－9 中一级活塞 2 与二级缸筒 3 连为一体）。活塞伸出时，动作是逐级进行的。首先是最大直径的缸筒开始外伸，当到达行程终点后，稍小直径的缸筒开始外伸。其推力逐级减小，但速度逐级增大。活塞缩回时，顺序是从小到大，速度逐级减小，推力逐级增大。

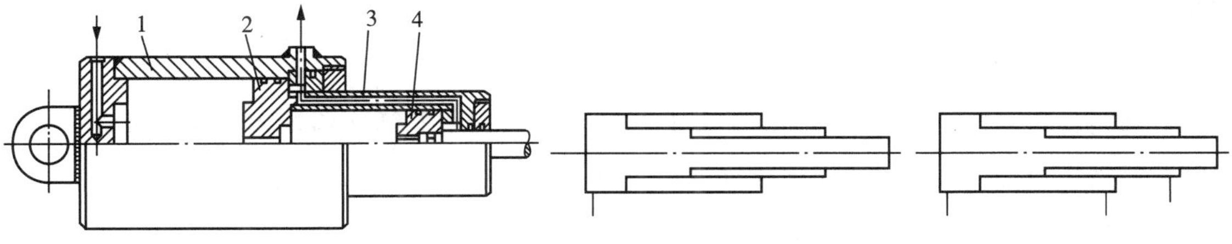

（a）伸缩缸结构简图　　（b）图形符号

1—一级缸筒；2—一级活塞；3—二级缸筒；4—二级活塞。

图 2－9　伸缩缸

伸缩缸活塞杆伸出时行程大，而收缩后结构尺寸小，适用于起重运输车辆等占空间小的机械。例如，起重机伸缩臂缸、自动倾卸卡车举升缸等。

3. 齿轮缸

齿轮缸又称无杆式活塞缸，它由带有齿条杆的双活塞缸和一套齿轮齿条传动机构组成。齿轮缸如图 2－10 所示。其工作原理是，压力油从油口 a 输入缸的左腔，右腔中的油液从油口 c 回油，则活塞及齿条活塞杆右移，齿轮带动工作台逆转；反之，则齿轮带动工作台顺转。左端盖中的泄漏油液由泄油口 b 泄掉。当压力油推动活塞左右往复直线运动时，齿条活塞杆便推动齿轮往复转动，从而使齿轮驱动工作部件做周期性的往复旋转运动。调节缸两端盖上的螺钉，可调节活塞杆移动距离，也即调节了齿轮的旋转角度。齿轮缸多用于自动线、组合机床、液压机械手等转位或分度机构上。

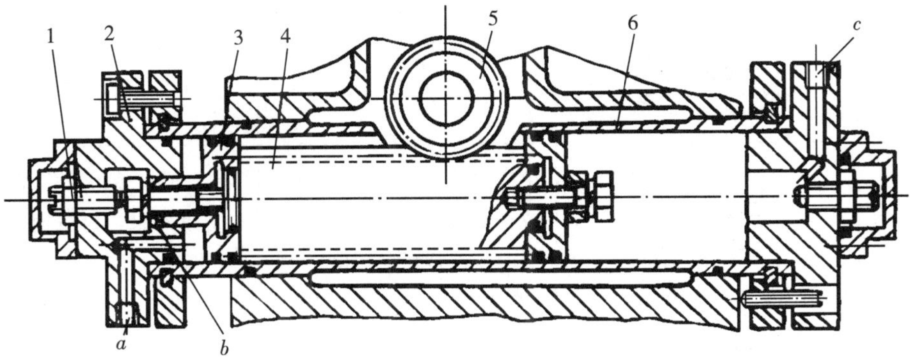

1—调节螺钉；2—端盖；3—活塞；4—齿条活塞杆；5—齿轮；6—缸筒。

图 2－10　齿轮缸

2.1.5 液压缸的典型结构

如图 2－1 所示为双作用单杆活塞式液压缸的典型结构。缸体由前端盖 6、缸筒 4、后端盖 1 组成，并用 4 根长螺栓拉紧连接成一体。两端盖为正方形或长方形，缸筒用无缝缸管，与端盖的连接处有 O 形密封圈 14。活塞杆上固定装有前缓冲柱塞 11、活塞 3 和后缓冲柱塞 15。活塞 3 上装有支承环和 O 形密封圈 13。前端盖 6 中的活塞杆导向套 8 内装有密封圈，其作用是对活塞杆密封和导向。防尘圈 9 用以清除活塞杆上的污染物。

一般来说，液压缸由缸体组件、活塞组件、密封装置和连接件等基本部分组成。此外，根据需要，液压缸还设有缓冲装置和排气装置。

1. 缸体组件

缸体组件包括缸筒、前端盖、后端盖和导向套等，它要与活塞组件构成密封油腔，并承受很大的液压力，因此，缸体组件要有足够的强度和刚度、较高的表面质量和可靠的密封性。常见的缸筒与端盖的连接形式见表 2－1 所列。

表 2－1　常见的缸筒与端盖的连接形式

组件	连接形式	图　形	特点与应用
缸体组件的连接形式	法兰连接	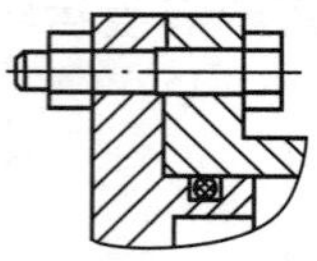	缸筒与端部一般用铸造、镦粗等方法制成法兰盘或焊接法兰盘，再用螺钉与端盖固定。该连接结构简单，易加工，易装卸，使用广泛。但重量和外形尺寸大
	半环式连接	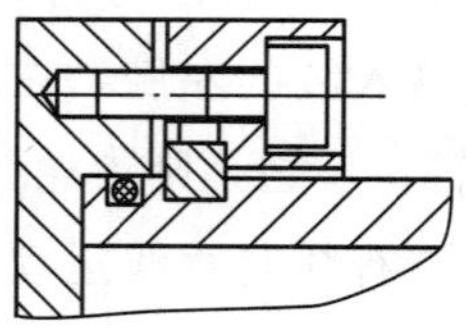	将两半环装于缸筒环形槽内，再用套或挡圈压住卡环，达到连接的目的。这种方式分外半环连接和内半环连接两种。半环式连接结构紧凑，外形尺寸小，重量较轻，易装卸，但缸筒开槽后机械强度被削弱，需加厚缸壁。半环式连接应用十分普遍，常用于由无缝钢管制成的缸筒与缸盖之间的连接
	内螺纹连　接	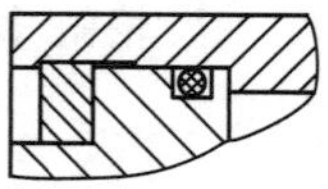	直接在缸筒内圆或外圆开螺纹，与缸盖的螺纹旋接，用双螺母防松。外形尺寸较小，重量较轻，但缸体端部结构复杂，装卸时需用专门工具。一般用于要求外形尺寸小、重量轻的场合
	外螺纹连　接	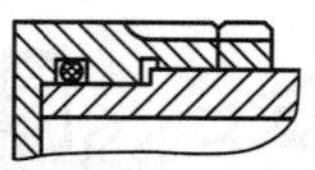	
	拉杆连接	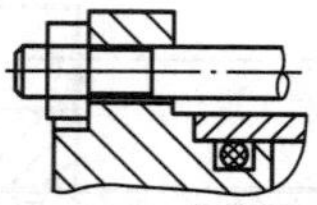	结构简单，工艺性好，通用性强，但缸盖的体积和重量较大，拉杆受力后会拉伸变长，影响密封效果，只适用于长度不大的中压、低压液压缸
	焊接连接		机械强度高，制造简单，但焊接时易引起缸筒变形。这里需要注意的是，此种连接只能用于缸筒的一端，另一端必须采用其他结构

（续表）

组件	连接形式	图形	特点与应用
活塞与活塞杆的连接形式	焊接式连接	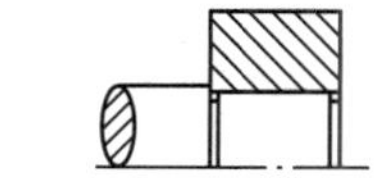	结构简单，轴向尺寸小，但损坏后需整体更换。常用于小直径液压缸
	锥销式连接	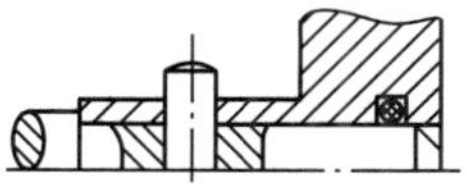	结构简单，装拆方便，但承载能力弱，且需有防止锥销脱落的措施。多用于中压、低压轻载液压缸中
	螺纹式连接	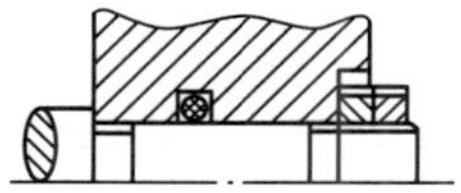	接装卸方便，连接可靠，采用双螺母防松结构，适用尺寸范围广，但因加工了螺纹，削弱了活塞杆的强度，该连接方式不适用于高压系统
	半环式连接	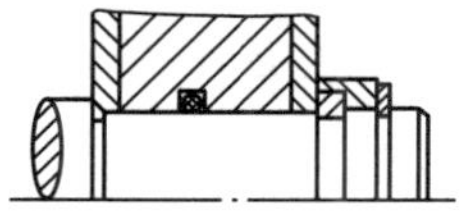	拆装简单，连接可靠，但结构比较复杂。常用于高压、大负载，特别是振动比较大的场合

2. 活塞组件

活塞组件由活塞、活塞杆和连接件等组成。随工作压力、安装方式和工作条件的不同，活塞与活塞杆的连接方式很多。常见的活塞与活塞杆的连接方式有焊接式连接、锥销式连接、螺纹式连接和半环式连接等（表 2－1）。

3. 密封装置

液压缸的密封装置用以防止液压元件和液压系统中液压油的内漏和外漏，保证建立起必要的工作压力。此外，密封装置还可以防止外漏油液污染工作环境，节省油料。

选用密封装置的基本要求：具有良好的密封性能，且其密封性能可随着压力的增加而自动提高，并在磨损后具有一定的自动补偿能力；摩擦阻力要小；耐油抗腐蚀；磨损小，使用寿命长；制造简单，拆装方便，成本低廉等。液压缸的密封主要指活塞与缸筒、活塞杆与端盖间的动密封和缸筒与端盖间的静密封。

常见的密封方法是间隙密封。间隙密封是通过精密加工，使相对运动零件的配合面之间有极微小的间隙 δ 来防止泄漏，从而实现密封。间隙密封如图 2－11 所示。δ 的大小一般为 0.01～0.05 mm，太大，则泄漏量大，工作压力变小，难以保证必要的工作压力；太小，则摩擦阻力增大。此密封属于非接触性密封，是一种最简单的密封方法。为增加泄漏油的阻力，常在圆柱面上加工几条环形小槽。环形小槽除了可储存油液，起自动润滑作用，减缓漏油速度外，还能起到使两配合件同轴，降低摩擦阻力和避免因偏心而增加漏油量等作用。因此这些槽也被称为压力平衡槽。间隙密封结构简单，摩擦阻力小，能耐高温，使用寿命长，但泄漏量较大，并且随着时间的增加而增加，加工时对配合表面的加工精度和表面粗糙度要求较高，不经济。故此种密封方式只能应用于低压、小直径、运动速度较快的活塞与缸体内孔间的密封。

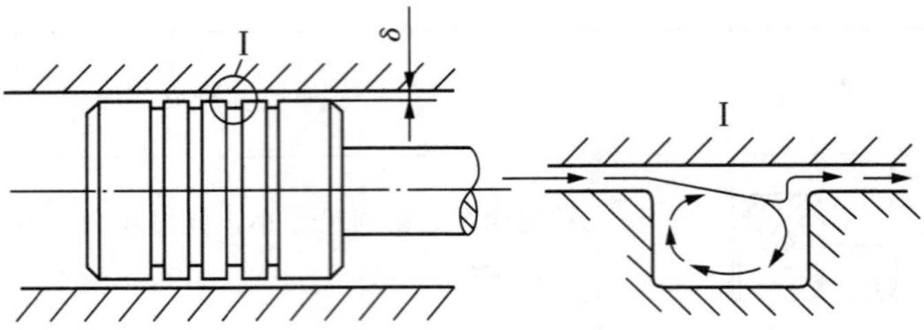

图 2-11　间隙密封

常见的密封元件有以下几种。

(1) O 形密封圈。O 形密封圈的截面形状为圆形［图 2-12 (a)］。O 形密封圈一般用耐油橡胶制成，主要依靠装配后产生的压缩变形来实现密封。它结构简单，密封性能好，动摩擦阻力小，制造容易，成本低，安装沟槽尺寸小，使用非常方便。其应用也很广泛，既可用作直线往复运动和回转运动的动密封，又可用于静密封；既可用于外径密封，又可用于内径密封和端面密封［图 2-12 (b)］。O 形密封圈安装时要有合理的预压缩量 δ_1 和 δ_2［图 2-12 (c)］，使之既保证可靠密封，又不使密封阻力过大。它在沟槽中受到油压作用变形，会紧贴槽侧及配合件的壁，其密封性能可随压力的增加而提高［图 2-13 (a)］。若工作压力大于 10 MPa，O 形密封圈可能被压力油挤入配合间隙中而损坏，为此需在密封圈低压侧设置挡圈（由塑料、尼龙制成，厚度为 1.2～2.5 mm），如图 2-13 (b) 所示；若其双向受高压，则两侧都要加挡圈，如图 2-13 (c) 所示，工作压力可达 70 MPa。O 形密封圈及其安装沟槽的尺寸均已标准化，可根据需要从液压设计手册中查取。

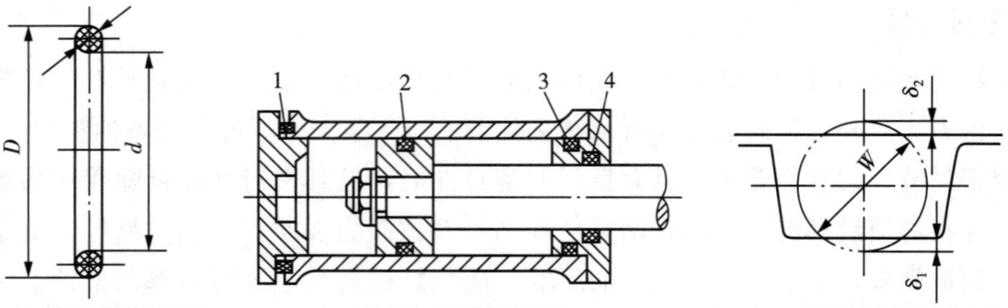

(a) O型密封圈截面形状　(b) O型密封圈安装位置　(c) O型密封圈安装尺寸

1、2、3、4—O 形密封圈。

图 2-12　O 形密封圈

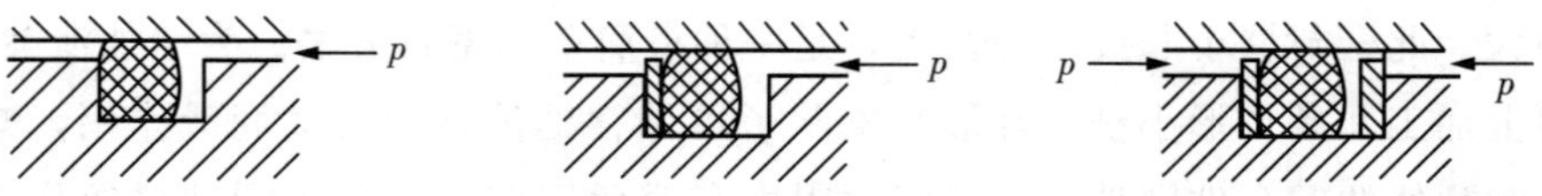

(a) 无挡圈形变　(b) 低压侧有挡圈形变　(c) 两侧有挡圈形变

图 2-13　挡圈的正确安装

(2) V 形密封圈。V 形密封圈如图 2-14 所示，由支承环、V 形密封环和压环三部分组成。V 形密封圈是利用压环压紧 V 形密封环时，通过支承环使 V 形密封环变形而起密封作用的，所以使用时必须3个环联用。但其中的支承环和压环是不起密封作用的。当工作压力高于10 MPa时，可增加密封环的数量，以提高密封效果。安装时应将密封环的开口面向压力油腔。调整压环压力时，应以不漏油为限，不能压得过紧，以防密封阻力过大。V形密封圈密封接触面大，密封性能好，承受压力可高达50 MPa。但其摩擦阻力大，体积也较大。其主要用于高压、大直径、低速的活塞（或柱塞）与其缸筒间的密封等。

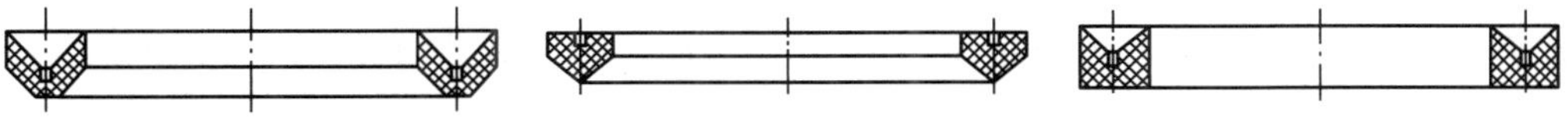

（a）支承环　　（b）V形密封环　　（c）压环

图2-14　V形密封圈

（3）Y形密封圈。普通Y形密封圈的截面形状为Y形［图2-15（a）］。它由耐油橡胶制成。与V形密封圈一样，它也属于唇形密封。它是利用油的压力使两唇边紧压在配合件的两结合面上实现密封的。其密封能力可随压力的升高而提高，并且在磨损后有一定的自动补偿能力。装配时其唇口端应对着压力高的油腔。普通Y形密封圈内、外唇对称，两个唇都能起密封作用，因此对孔和轴的密封都适用。目前，液压缸普遍使用Y_x形密封圈。这种Y_x形密封圈的滑动唇边短，能减少摩擦。Y_x形密封圈分孔用［图2-15（b）］和轴用［图2-15（c）］两种，特点是断面宽度和高度的比值大，且内、外唇边不相等，边长固定，用以增大支承力，避免摩擦力造成密封圈的唇部翻卷。当油腔压力变化较大，运动速度较快时，为防止密封圈发生翻转现象，应加用金属制成的支承环。有支承环的Y形密封圈如图2-16所示。

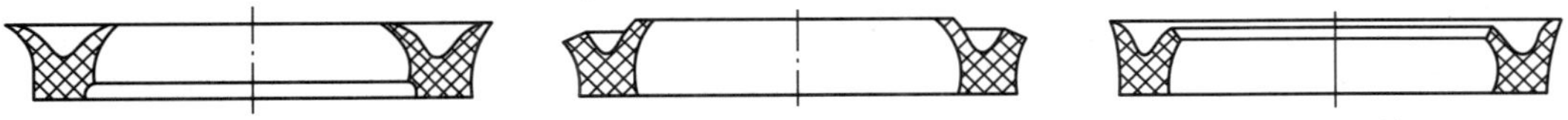

（a）普通Y形　　（b）Y_x形（孔用）　　（c）Y_x形（轴用）

图2-15　Y形密封圈

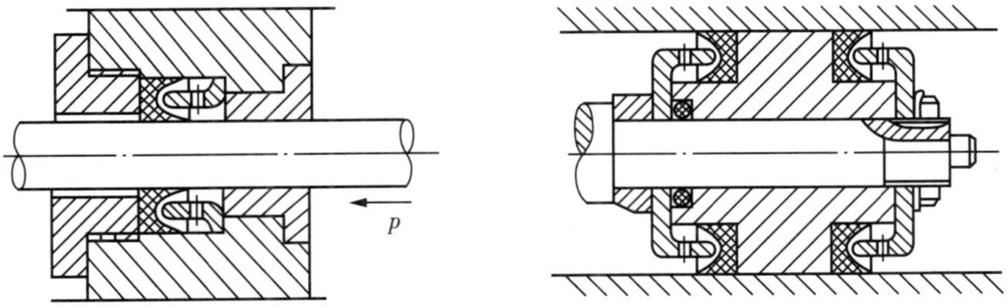

图2-16　有支承环的Y形密封圈

2.1.6　缓冲装置

当液压缸所驱动的工作部件质量较大、速度较快（$v>12$ m/min）时，由于惯性力较大，活塞运动到终端时会撞击缸盖，产生冲击和噪声，严重影响加工精度，甚至使液压缸损坏。因此，一般应在液压缸中设置缓冲装置或在系统中设置缓冲回路。液压缸中缓冲装置的基本工作原理是，利用节流方法，在回油腔内产生阻力，当活塞行程至终端而接近缸盖时，增大液压缸的回油阻力，使活塞减速。常见的缓冲装置如图 2－17 所示。

(1) 环状间隙式缓冲装置。图 2－17 (a) 为圆柱形环状间隙式缓冲装置，活塞端部有圆柱形缓冲柱塞。当圆柱形缓冲柱塞运行至液压缸端盖上的圆柱孔内时，封闭在缸筒内的油液只能从环形间隙 δ 中挤出去（回油）。这时活塞即受到一个很大的阻力而减速制动，从而减缓了冲击。但这种装置在缓冲过程中，其节流面积不变，故缓冲过程中其缓冲制动力将逐渐减小，缓冲效果较差。图 2－17 (b) 为圆锥形环状间隙式缓冲装置。其缓冲柱塞被加工成圆锥体，即节流面积将随柱塞伸入端盖孔中距离的增加而减小，缓冲压力变化平缓，缓冲效果较好。

(2) 可变节流槽式缓冲装置。如图 2－17 (c) 所示，在缓冲柱塞上开有几个均匀布置的三角形节流沟槽。随着柱塞的伸入，其节流面积逐渐减小，缓冲压力变化平缓。

(3) 可调节流孔式缓冲装置。如图 2－17 (d) 所示，在液压缸的端盖上设有单向阀 4 和可调节流阀 3。当缓冲柱塞伸入端盖上的孔内后，活塞与端盖间的油液须经可调节流阀 3 流出。调节节流孔的大小，可控制缓冲腔内缓冲压力的大小，以适应液压缸不同负载和速度对缓冲的要求，因此能获得最理想的缓冲效果。当活塞反向运动时，压力油可经单向阀 4 进入液压缸，使其迅速启动。

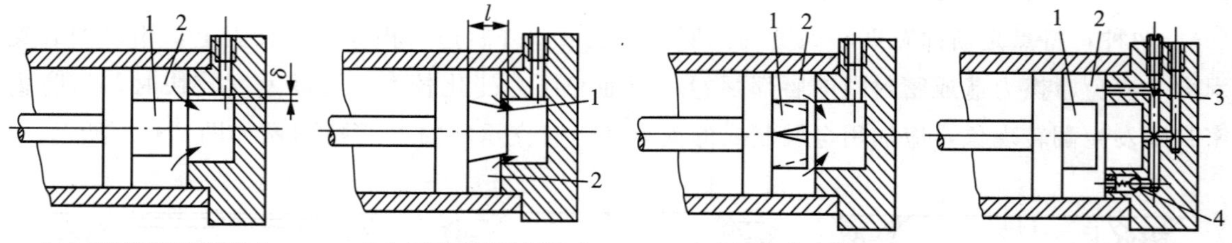

(a) 圆柱形环状间隙式　(b) 圆锥形环状间隙式　(c) 可变节流槽式　(d) 可调节流孔式

1—缓冲柱塞；2—缓冲油腔；3—可调节流阀；4—单向阀。

图 2－17　常见的缓冲装置

2.1.7　排气装置

在系统安装或停止工作后常会渗入空气，使系统工作不稳定，产生振动、噪声，低速爬行、启动时突然前冲及换向精度降低等，严重时会使液压系统不能正常工作。因此，在设计液压缸时必须考虑排除空气。

对于要求不高的液压系统，可不设专门的排气装置，而是将缸的进油口、出油口设置在缸筒两端的最高处，通过回油使缸内的空气进入油箱，再从油箱中逸出。

对于速度稳定性要求高的液压缸和大型液压缸，则需在液压缸的最高部位设置专门的排气装置。常用的排气装置有两种形式：一是使用排气孔和排气阀的远程排气；二是用排气塞直接排气。当使用远程排气方式时，排气孔 2 开在液压缸的最高部位，并通过长管道通向远处的排气阀排气。远程排气如图 2－18 所示。机床大多数采用这种形式。若用排气塞直接排气，则是在缸盖的最高部位直接安装排气塞。排气塞如图 2－19 所示。在液压系统正式工作前，松开排气阀或排气塞的螺钉，并让液压缸全行程空载往复运动 8～10 次，缸中的空气即可排出。排气完毕后关闭排气阀或排气塞，液压缸便可进入正常工作状态。

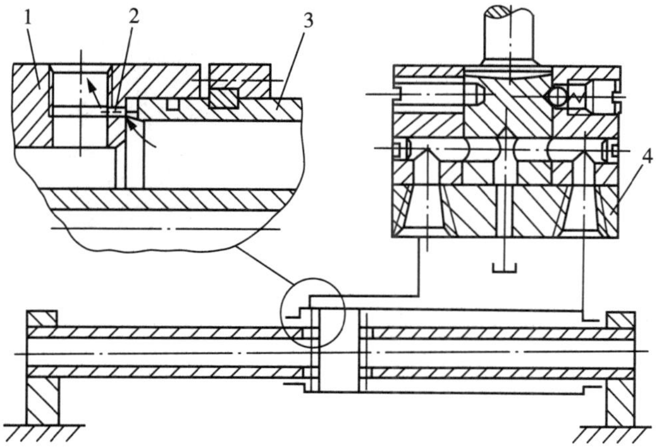

1—缸盖；2—排气孔；3—缸筒；4—排气阀。

图 2-18　远程排气

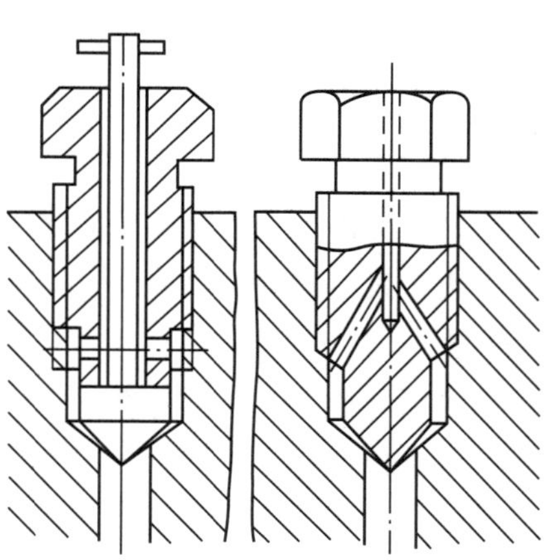

图 2-19　排气塞

任务实施

（1）全班学生按每组 6～8 人自由分组并推选出组长。

（2）按照学习任务要求，讨论制定工作方案后，具体实施液压缸的拆装。

（3）请你与小组成员讨论后，描述液压缸的系统属性和第 1～9 号零件的名称和作用。

（4）撰写学习报告。注意简述液压缸的类型、结构原理和主要零件分析，写出自己的感受和建议。

任务评价

评价表见附录 3。

任务 2.2　换向阀的拆装及液压缸运动方向控制

任务目标

了解换向阀的种类、连接方式、用途以及各组成零部件的结构特点、材料和作用。掌握换向阀的工作原理。掌握液压缸伸缩的控制原理。掌握换向阀的拆装和液压缸伸缩控制回路组建方法，正确使用工具，注意人身安全，培养实际动手能力和观察分析能力。

【微课】

认识换向阀

任务描述

某机械厂的维修员张师傅发现返厂维修的一个三位四通直流电磁换向阀的阀芯不能到达工作位置。此液压阀所在的控制油路并无异常，因此，张师傅分析其故障可能原因是电磁铁发生故障或滑阀卡死。随后张师傅开始对该阀进行拆卸检测。

【课件】

任务 2.2

器材准备

（1）实物：三位四通弹簧复位式手动换向阀 2～3 个，单杆液压缸、液压泵、溢流阀各 1 个，油管和管接头若干，液压实训台 1 台等。

（2）工具：内六角扳手 1 套，耐油橡胶板 1 块，油盘 1 个及常用工具 1 套等。

任务要求

【微课】

认识油管和管接头

1. 正确拆装三位四通弹簧复位式手动换向阀

（1）拆卸顺序：拆下操纵手柄支承销钉、操纵手柄、右端盖、卡簧、弹簧座圈、弹簧、左端盖，从阀体内取出阀芯。

（2）观察主要零件的结构并分析其作用：观察阀体内孔的沉割槽与通油口的连通情况以及通油口的数量，观察阀芯的环形槽与阀体内孔的沉割槽的配合关系以及相对位置数，分析操纵手柄和弹簧的作用。

（3）装配：清洗各零件，疏通油道，在阀体与阀芯的配合表面上涂以适量的液压油，按拆卸时的反序装配。检查阀芯移动情况，应无卡滞现象。

2. 液压缸的伸缩控制回路搭建与调试

将液压缸、换向阀、溢流阀安装在实训台上，分别采用手动换向阀、机动换向阀、电磁换向阀来控制液压缸的伸缩，用油管连接成换向回路，启动液压泵，调节溢流阀使油压达到设定的压力后，操纵换向阀手柄，观察各方向控制回路的工作过程和液压缸的伸缩情况。

知识准备

2.2.1 换向阀的类型、原理与结构

换向阀的作用是通过改变阀芯在阀体内的相对工作位置，变换阀体上各油口的通、断状态，从而控制执行元件的换向或启停。

1. 换向阀的分类及图形符号

1）按阀芯的操纵方式分类

按阀芯的操纵方式不同，换向阀可分为手动换向阀、机动换向阀、电磁动换向阀、液动换向阀、电液动换向阀等。换向阀操纵方式符号如图 2－20 所示。

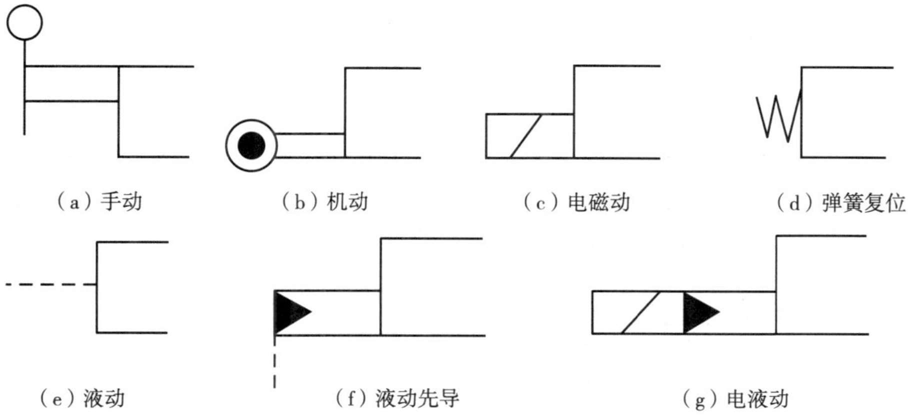

(a) 手动　(b) 机动　(c) 电磁动　(d) 弹簧复位

(e) 液动　(f) 液动先导　(g) 电液动

图 2-20 换向阀操纵方式符号

2) 按结构分类

换向阀按结构类型可分为滑阀、锥阀和球阀。滑阀的阀芯为圆柱形，阀芯上有台肩，与进油口、出油口对应的阀体上开有沉割槽，一般为全圆周，阀芯在阀体孔内做相对运动，开启或关闭阀口；锥阀阀芯的半锥角一般为 12°～20°，阀口关闭时为线密封，密封性能好，且阀芯稍有位移即开启，动作很灵敏；球阀的性能与锥阀相同。其中，滑阀在液压系统中应用广泛，因此本节主要介绍滑阀。

3) 按阀芯位置数分类

按阀芯位置数不同，换向阀可分为二位、三位、多位换向阀；按阀体上主油路进油口、出油口数目不同，又可分为二通、三通、四通、五通等。换向阀“位”和“通”的定义、符号及主体结构见表 2-2 所列。表中图形符号所表达的意义为以下几种。

(1) 方格数即“位”数，三格即三位。位数是指阀芯可能实现的工作位置数目。

(2) 箭头表示两油口连通，但不表示流向。“⊥”或“T┬”表示油口不流通。在一个方格内，箭头、“⊥”或“┬”符号与方格的交点数为油口的通路数，即“通”数。

(3) 控制方式和复位弹簧的符号应画在方格的两端。

(4) “P”表示压力油的进口，“T”表示与油箱连通的回油口，“A”和“B”表示连接其他工作油路的油口。

(5) 三位阀的中格及二位阀侧面画有弹簧的那一个方格为常态位。在液压原理图中，换向阀的符号与油路的连接一般应画在常态位上。二位二通阀有常开型（常态位置的两油口连通）和常闭型（常态位置的两油口不连通），应注意区别。

表 2-2 换向阀“位”和“通”的定义、符号及主体结构

名　称	主体结构图	图形符号	功能与用途
二位二通阀	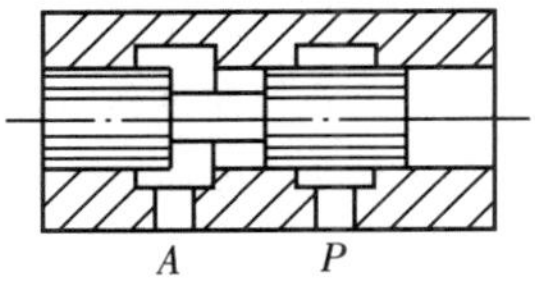	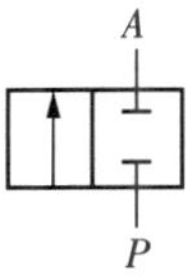	用于控制油路的接通与切断，其功能类似于一个二位开关

（续表）

名　称	主体结构图	图形符号	功能与用途		
二位三通阀	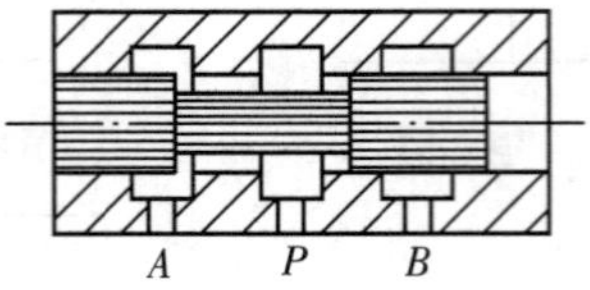	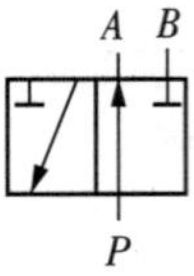	用于控制液流方向，使液流从原来的流向变换到另一个流向，或输送到另一个油口		
二位四通阀	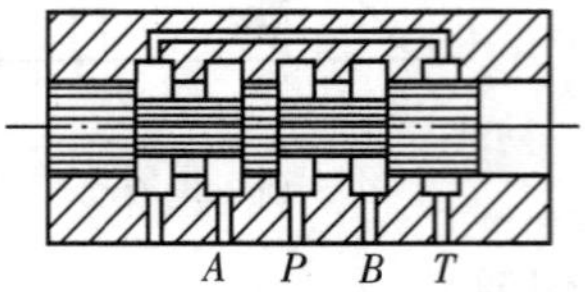	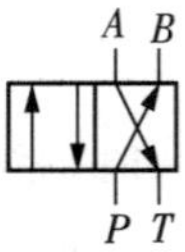	控制执行元件换向	不能使执行元件在任意位置停止运动	执行元件在正、反方向运动时回油方式相同
三位四通阀	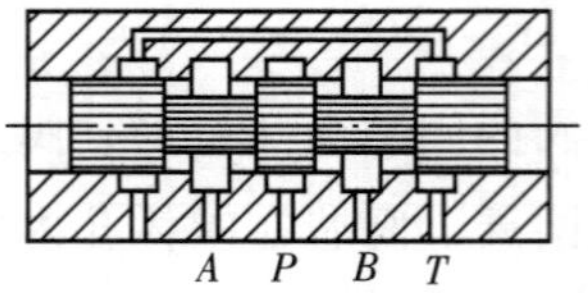	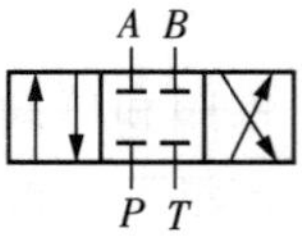		能使执行元件在任意位置上停止运动	
三位五通阀	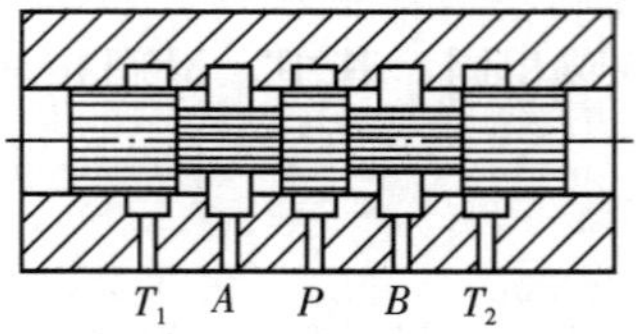	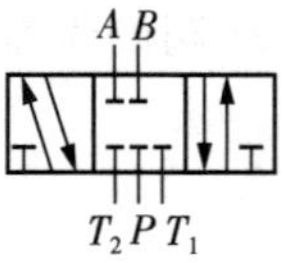		能使执行元件在任意位置上停止运动	

2. 三位换向阀的中位机能

三位换向阀的阀芯在中间位置（即中位）时，各油口间有不同的连通方式，可满足不同的控制要求。这种连通方式称为中位机能，均用英文字母来形象表示。中位机能不同的同规格阀，其阀体通用，但阀芯台肩的结构尺寸不同，内部通油情况不同。

表 2 - 3 列出了 6 种常用的中位机能三位换向阀的结构简图中位符号。结构简图中为四通阀，阀体两端的沉割槽相连，共同接油箱。若由 T_1 和 T_2 两个回油口分别回油，四通阀即成五通阀。

在分析和选择阀的中位机能时，通常要考虑系统是否有保压或卸荷要求、执行元件的换向精度和平稳性要求、重新启动时能否允许有冲击的要求、执行元件“浮动”或可在任意位置停止的要求等。

表 2 - 3　6 种常用的中位机能三位换向阀的结构简图中位符号

机能代号	结构原理图	中间位置的图形符号		特点和作用
		三位四通	三位五通	
0	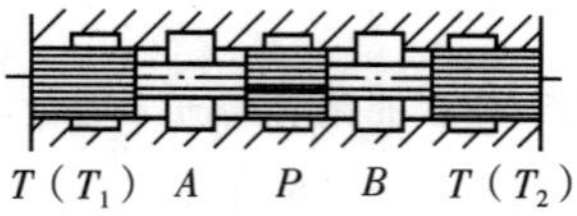	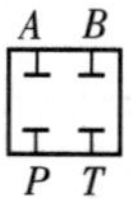	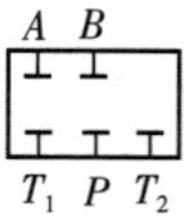	各油口全部封闭，液压缸两腔闭锁，液压泵不载荷。流压缸充满油。从静止到启动平稳。在换向过程中，由运动惯性引起的冲击较大；换向位置精度高：可用于多个换向阀并联工作

（续表）

机能代号	结构原理图	中间位置的图形符号 三位四通	中间位置的图形符号 三位五通	特点和作用
H	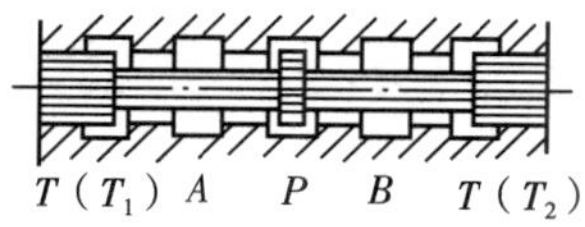	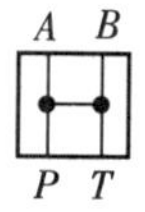	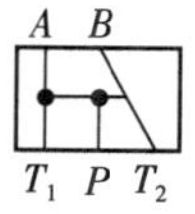	各油口互通，液压泵卸荷。缸呈浮动状态，液压虹两腔接油箱。从静止到启动有冲击。在换向过程中，由于油口互通，故换向较O型平稳；但换向位置变动大
Y	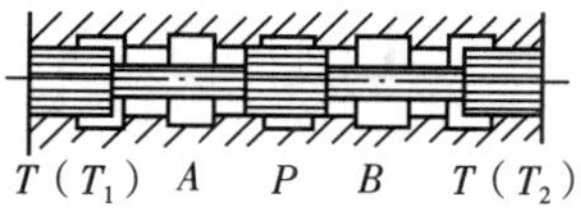	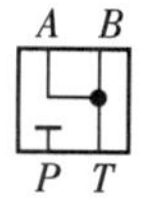	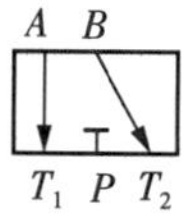	液压泵不卸荷。缸两腔通回油。缸呈浮动状态，只静止到启动有冲击。制动性能介于O型与H型之间
P	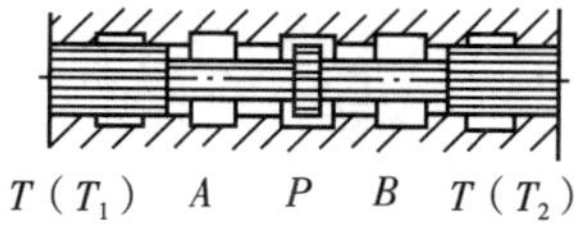	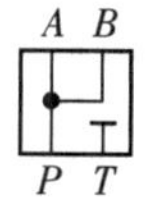	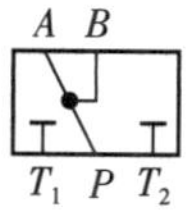	回油口关闭。压力油与缸两腔连通，可实现液压缸差动回路，从静止到启动较平稳；制动时缸两腔均通压力油。故制动平稳，换向位置变动比H型的小
K	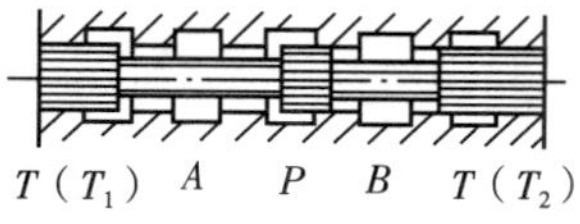	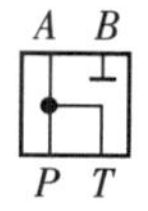	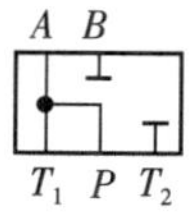	液压泵卸荷，液压缸一腔封闭，一腔接回油，两个方向换向时性能不同，不能用于多个换向阀串联工作
M	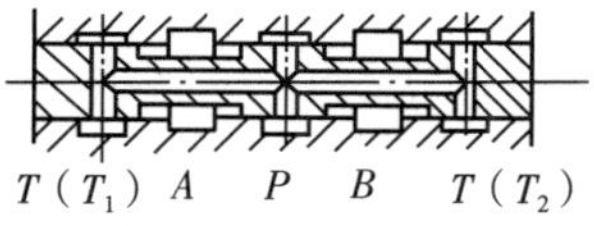	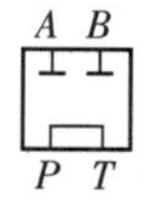	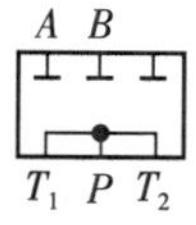	液压泵卸荷，缸两腔封闭，从静止到启动较平稳，换向与O型相同，可用于泵卸荷、液压缸锁紧的液压回路中

3. 几种常用的换向阀

1）手动换向阀

手动换向阀是利用操纵手柄来改变阀芯位置实现换向的。按结构类型分，手动换向阀有弹簧复位式和钢球定位式两种。弹簧复位式三位四通手动换向阀如图 2-21（a）所示，当用手向右推动手柄，使阀芯左移至左位时，P 与 A 相通，B 经阀芯轴向孔与 T 相通；反之，当向左拉动手柄时，阀芯向右移至右位，则 P 与 B 相通，A 与 T 相通，液流实现换向。松开手柄时，阀芯便在弹簧力作用下自动恢复至中位，此时 P、A、B、T 全部封闭，停止工作。因而弹簧复位式三位四通手动换向阀适用于动作频繁、工作持续时间短、必须由人操作的场合，例如工程机械的液压系统。钢球定位式三位四通手动换向阀如图 2-21（b）所示，其阀芯端部的钢球定位装置可使阀芯分别停止在左、中、右三个不同的位置上，使执行机构工作或停止工作，因而可用于工作持续时间较长的场合。

2）机动换向阀

机动换向阀又称行程阀。它是利用安装在运动部件上的行程挡块或凸轮，压阀芯端部的滚轮使阀芯移动，从而使油路换向。这种阀通常为二位阀，分常闭和常开两种，并且用弹簧复位。如图 2-22 所示为二位二通机动换向阀。

在图示位置，阀芯 2 在弹簧 3 作用下处于左位，P 与 A 不连通；当运动部件上的挡块压住滚轮 1 使阀芯移至右位时，油口 P 与 A 连通。机动换向阀结构简单，换向时阀口逐渐关闭或打开，故换向平稳，动作可靠，换向位置精度高，控制运动部件的行程，或快、慢速度的转换。其缺点是它必须安装在运动部件附近，而与其他液压元件安装距离较远，不易集成化。

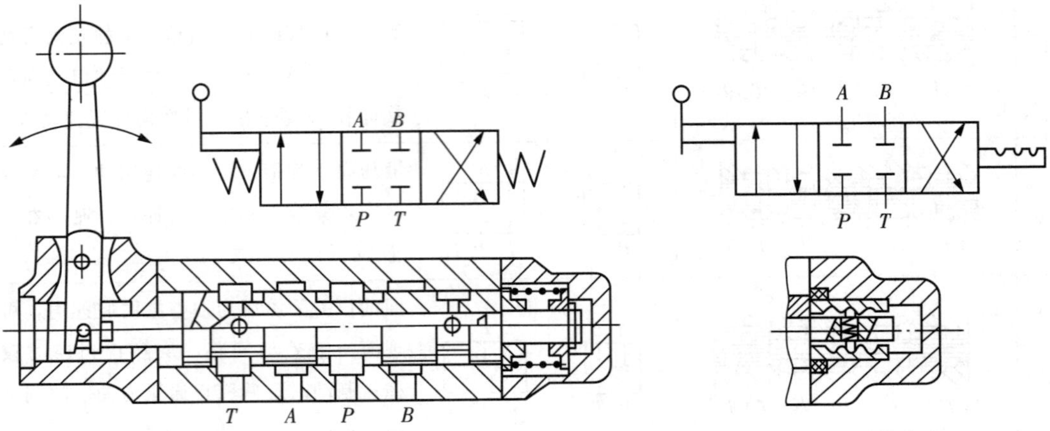

（a）弹簧复位式　　（b）钢球定位式

图 2－21　三位四通手动换向阀

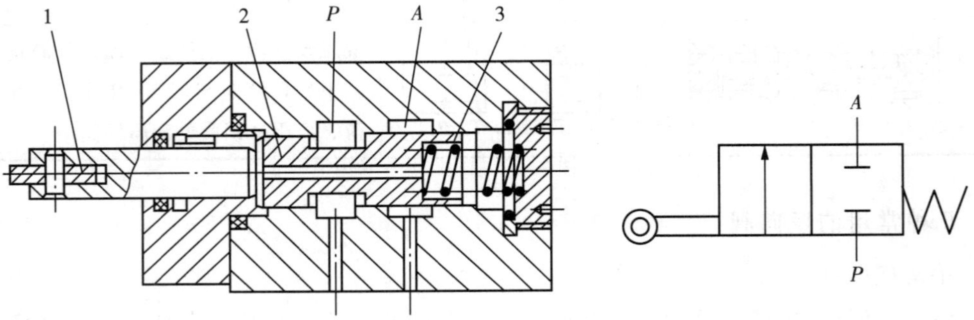

1—滚轮；2—阀芯；3—弹簧。

图 2－22　二位二通机动换向阀

3）电磁换向阀

电磁换向阀是利用电磁铁的电磁力控制阀芯来改变工作位置，实现换向的。它包括换向滑阀和电磁铁两部分。

电磁铁因其所用电源不同而分为交流电磁铁和直流电磁铁。交流电磁铁不需要特殊电源，电磁吸引力大，换向时间短，但换向冲击力大、噪声大、换向频率不能太高（每分钟 30 次左右）。若阀芯被卡住或电压低，电磁吸引力太小，衔铁未动作，其线圈很容易被烧坏。因而交流电磁铁常被用于换向平稳性要求不高、换向频率不高的液压系统。直流电磁铁换向平稳，工作可靠，噪声小，允许使用的换向频率高。其缺点是起动力小，换向时间较长，且需要专门的直流电源，成本较高。因而直流电磁铁常被用于换向性能要求较高的液压系统。

按电磁铁的铁心是否浸在油里又可分干式和湿式两种。干式电磁铁结构简单，成本低，应用广泛。干式电磁铁不允许油液进入电磁铁内部，因此推动阀芯的推杆处要有可靠的密封，此密封圈所产生的摩擦力要消耗一部分电磁推力，影响电磁铁的使用寿命。湿式电磁铁可以浸在油液里工作，取消了推杆处的密封，减小了阀芯运动阻力，提高了换向可靠性，同时电磁铁的使用寿命也大大提高了。湿式电磁铁性能好，但价格较高。

如图 2－23 所示为三位四通湿式直流电磁换向阀。其两端有电磁铁和对中弹簧，中部为滑阀。电磁铁不通电时（图示位置），阀芯在弹簧作用下处于中位，油口 P、A、B、T 互不相通；当左端电磁铁通电时，左衔铁右移，通过左推杆 5 使阀芯 3 推压弹簧 4，并向右移至端部，阀左位工作，油口 P 通 A，同时 P 与 B 断开、T 与 B 通；当右端电磁铁通电时，右衔铁通过右推杆 2 将阀芯 3 推至左端，阀右位工作，使油口 P 通 B，A 通 T。

电磁换向阀操作方便，布局灵活，有利于提高设备的自动化程度，因而应用最广泛。但受电磁铁尺寸限制，电磁换向阀难以用于切换大流量油路。当阀的通径大于 10 mm 时，常用压力油操纵阀芯换位。

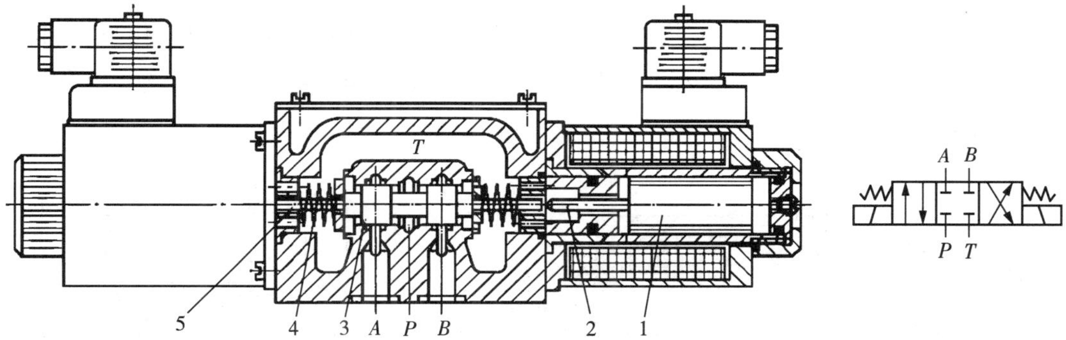

1—衔铁；2—右推杆；3—阀芯；4—弹簧；5—左推杆。

图 2－23　三位四通湿式直流电磁换向阀

4）液动换向阀

液动换向阀是利用控制油液的作用力控制阀芯来改变工作位置，实现换向的。它的特点是适用于大流量回路。图 2－24 为三位四通液动换向阀结构原理。当其两端控制油口 K_1 和 K_2 均不通入控制压力油时，阀芯在复位弹簧的作用下处于中位；当 K_1 进压力油，K_2 接油箱时，阀芯右移，使 P 通 A，B 通 T；反之，K_2 进压力油，K_1 接油箱时，阀芯左移，使 P 通 B，A 通 T。

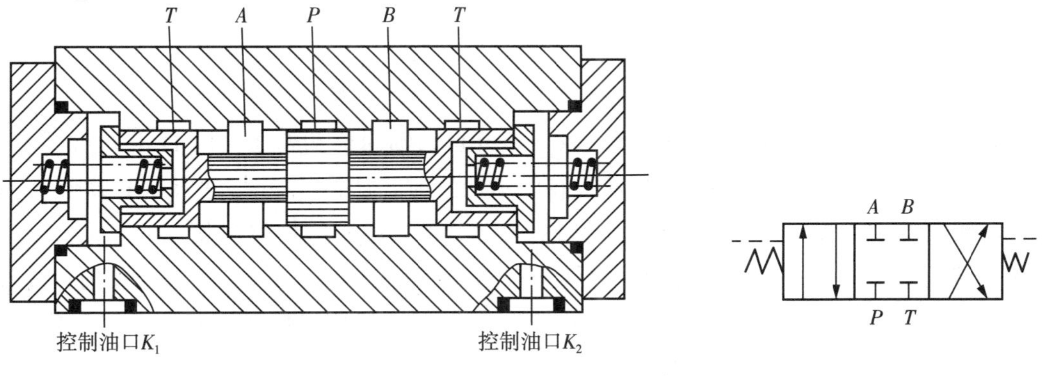

图 2－24　三位四通液动换向阀结构原理

5）电液换向阀

电液换向阀是由电磁换向阀和液动换向阀组合而成的。其中，电磁换向阀为先导阀，用以改变控制油路的方向；液动换向阀为主阀，用以改变主油路的方向。这种阀的优点是可用反应灵敏的小规格电磁阀方便地控制大流量的液动阀换向。图 2－25 为三位四通电液换向阀的结构原理。当先导阀的两电磁铁均不通电时（图示位置），电磁阀阀芯在两端弹簧力作用下处于中位，控制油液被切断。这时主阀阀芯两端的油液经两个节流阀及先导阀的通路与油箱连通，因而它也在两端弹簧的作用下处于中位，油口 A、B、P、T 均不相通。当左端电磁铁 4 通电时，电磁阀阀芯 5 移至右端，来自主阀 P 口或外接油口 P' 的压力油经先导阀油路及左端单向阀 2 进入主阀的左端油腔，而主阀右端的油则可经右边节流阀 7 及先导阀上的通道与油箱连通，主阀阀芯即在左端液压推力的作用下移至右端，即主阀左位工作。其主油路的通油状态为 P 通 A，B 通 T；反之，当右端电磁铁 6 通电，电磁阀阀芯移至左端时，主阀右端进压力油，左端经左边节流阀 3 通油箱，阀芯移至左端，即主阀右位工作。其通油状态为 P 通 B，A 通 T。调节节流阀阀口开度的大小，可能改变主阀芯移动速度，从而调整主阀换向时间，因而可使换向平稳，无冲击。电液换向阀综合了电磁阀和液动阀的优点，具有控制方便、通过流量大的特点。

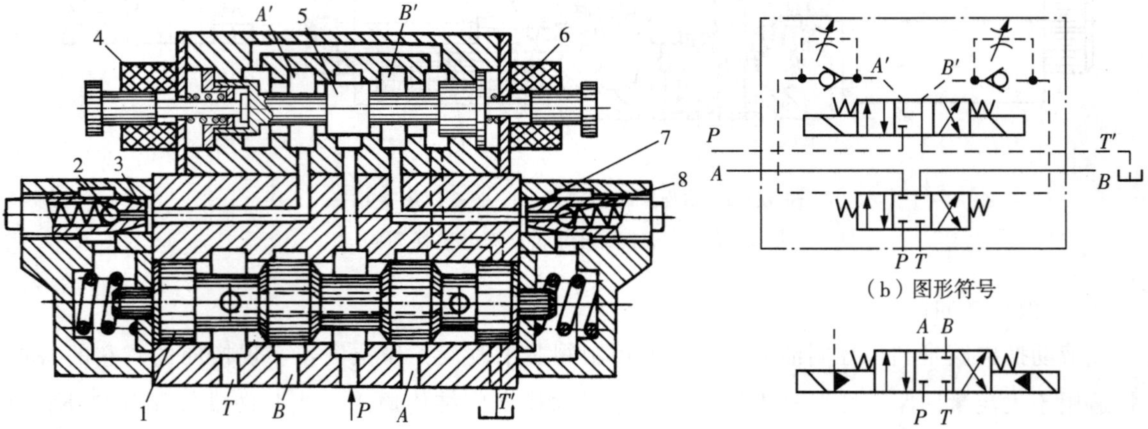

（a）结构图　（b）图形符号　（c）简化图形符号

1—液动阀阀芯；2、8—单向阀；3、7—节流阀；4、6—电磁铁；5—电磁阀阀芯。

图 2－25　三位四通电液换向阀的结构原理

6）转阀

转阀是用手动或机动方式操纵阀芯使其转位而改变油流方向的换向阀。图 2－26 为三位四通转阀。进油口 P 与阀芯上左环形槽 c 及向左开口的轴向槽 b 相通，回油口 T 与阀芯上右环形槽 a 及向右开口的轴向槽 e、d 相通。在图示位置时，P 经 c、b 与 A 相通；B 经 e、a 与 T 相通，转阀左位工作；当手柄带阀芯逆时针转 45°时，各油口均被封堵，A、B、P、T 均不相通，转阀处在中位；当阀芯再逆时针转 45°时，则油路变为 P 经 c、b 与 B 相通，A 经 d、a 与 T 相通，转阀右位工作。手柄座上有叉形拨杆 3、4，用挡块拨动拨杆，可使阀芯转动实现机动换向。

因转阀阀芯上所受的径向液压力不平衡，致使转动比较费力，而且密封性较差，故转阀一般只用于低压、小流量系统，或用作先导阀。

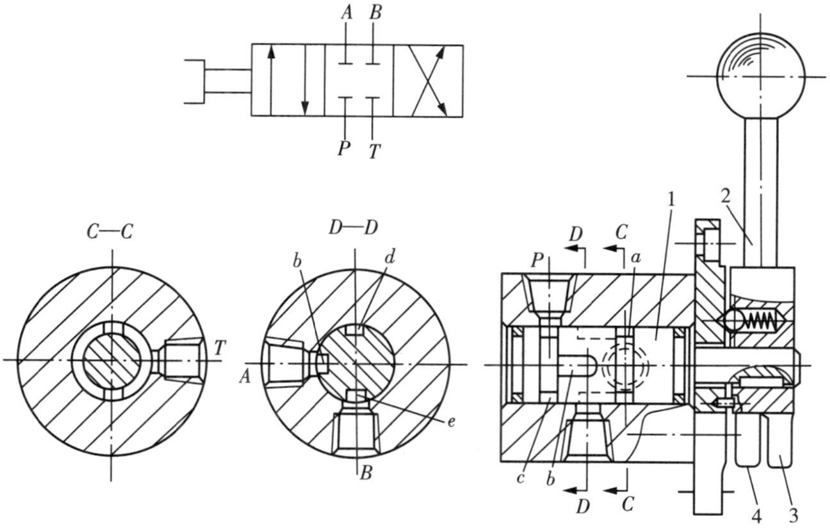

1—阀芯；2—手柄；3、4—叉形拨杆。

图 2-26 三位四通转阀

2.2.2 液压缸的方向控制

各种类型的换向阀都可组成换向回路，这些换向回路遍及众多的液压回路和液压系统。换向回路的功能是改变执行元件的运动方向，从而控制液压缸的伸缩。

换向回路一般可采用各种换向阀来实现。用电磁换向阀来实现执行元件的换向最为方便，但因电磁换向阀的动作快，换向时有冲击，故不宜用于频繁换向。采用电液换向阀换向时，虽然其液动换向阀的阀芯移动速度可调节，换向冲击力较小，但仍不能适用于频繁换向的场合。即使这样，由电磁换向阀构成的换向回路仍是应用广泛的一种回路，尤其是在自动化程度要求较高的组合液压系统中被普遍采用。这种换向回路曾多次出现于后面所提及的许多回路中。机动换向阀可用于频繁换向，且换向可靠性较好，但机动换向阀必须安装在执行元件附近，不如电磁换向阀安装灵活。

1. 用三位四通换向阀构成液压缸伸缩控制回路的基本原理

三位换向阀对液压缸的伸缩控制如图 2-27 所示。当换向阀的阀芯处在中位［图 2-27 (b)］时，液压缸两腔不通液压油，处于停止状态。若使阀芯右移，如图 2-27 (a) 所示，阀体上的油口 P 和 A 连通、B 和 T 连通。液压油经 P、A 进入液压缸左腔，活塞右移，活塞杆向外伸出，右腔油液经 B、T 回油箱。反之，若使阀芯左移，如图 2-27 (c) 所示，则 P 和 B 连通，A 和 T 连通，活塞便左移，活塞杆向缸内收缩。如图 2-27 (d) 所示为回路系统原理。

2. 二位三通换向阀控制单作用液压缸伸缩的回路

对于依靠重力或弹簧力回程的单作用液压缸，我们可以采用二位三通换向阀使其换向。

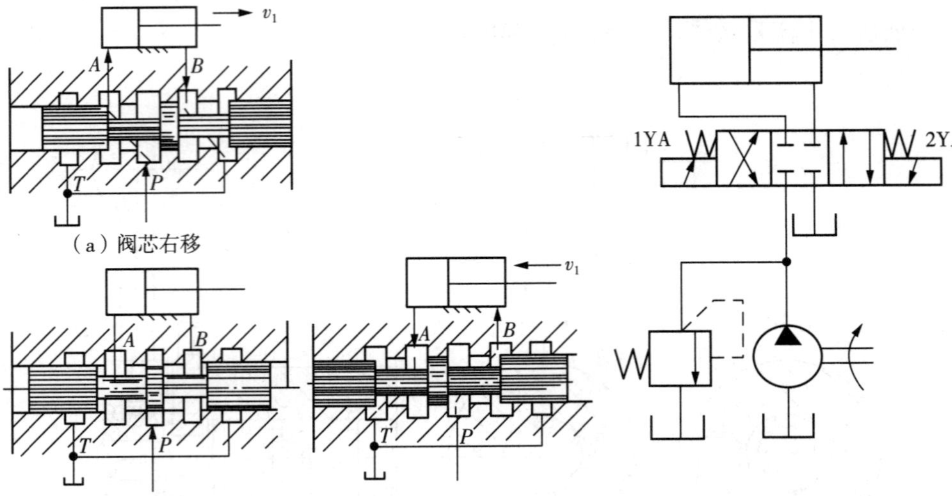

（a）阀芯右移
（b）阀芯处在中位
（c）阀芯左移
（d）回路系统原理

图 2-27　三位换向阀对液压缸的伸缩控制

如图 2-28 所示为采用二位三通换向阀控制单作用液压缸伸缩的回路。当电磁铁通电时，液压泵输出的油液经换向阀进入液压缸左腔，活塞向右运动，活塞杆向外伸出；当电磁铁断电时，液压缸左腔的油液经换向阀回油箱，活塞在弹簧力的作用下向左返回，从而实现了液压缸活塞杆的收缩。

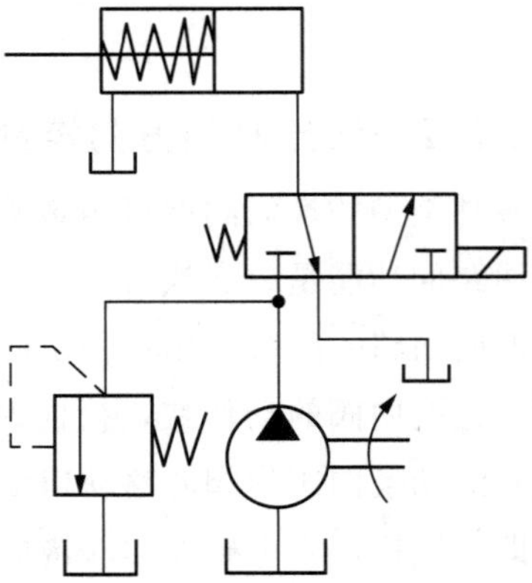
图 2-28　采用二位三通换向阀控制单作用液压缸伸缩的回路

2.2.3　油管和管接头

液压系统通过油管来传送工作液体，用管接头把油管或油管与元件连接起来。油管和管接头应有足够的强度、良好的密封性能，并且压力损失要小、拆装方便。

1. 油管的种类、特点及应用

液压系统中使用的油管种类很多，有钢管、纯铜管、橡胶管、尼龙管、塑料管等，需根据系统的工作压力及其安装位置正确选用。油管的选择主要考虑耐压和管径，具体选定可查阅有关标准。液压系统中常用油管的种类、特点及应用场合见表 2-4 所列。

表 2-4　液压系统中常用油管的种类、特点及应用场合

种类		特点和适用场合
硬管	钢　管	钢管能承受高压，价格低廉，耐油，抗腐蚀，刚性好，但装配时不能任意弯曲，常用于装拆方便的压力管道（中压、高压用无缝管，低压用焊接管）
	纯铜管	纯铜管容易弯曲成各种形状，但承受压力一般不超过 10 MPa，抗振能力较弱，且易使油液氧化，通常用于液压装置的配接不便之处

（续表）

种　类		特点和适用场合
软管	尼龙管	尼龙管呈现半透明乳白色，加热后可以随意弯曲成形或扩口，冷却后又能定型不变，承压能力因材质而异，一般为 2.5～8 MPa
	塑料管	塑料管质轻耐油，价格便宜，装配方便，但承压能力弱，长期使用会变质老化，仅适宜压力低于 0.5 MPa 的回油管或泄漏油管等
	橡胶管	橡胶管分为高压橡胶管和低压橡胶管。高压橡胶管是由耐油橡胶夹钢丝层编织制成的，钢丝网层数越多，耐压越高，价格越高，常用于中压、高压系统中有相对运动的压力管道。低压橡胶管由耐油橡胶夹帆布制成，可用于回油管道

2. 油管的安装注意事项

（1）管路应尽量短、横平竖直、转弯要少，避免过小的转弯半径，转弯处的半径应大于油管外径的 3～5 倍。并保证管路有必要的伸缩变形余地，以适应油温变化、受拉和振动的需要。液压油管悬伸太长时应用支架或标准管夹固定牢固，以防振动和碰撞。管子布置应便于装拆。

（2）管路最好平行布置，平行管之间的距离应大于 100 mm。管路尽量少交叉，以防接触振动，并给安装管接头留有足够的空间。

（3）管子安装前要进行清洗。一般先用 20%的硫酸或盐酸溶液进行酸洗，酸洗后再用 10%的苏打水中和，然后用温水洗净后，进行干燥、涂油处理，并做预压试验。

（4）安装软管时不允许拧扭，直线安装要有 30%左右的余量，软管弯曲半径应不小于软管外径的 9 倍。弯曲处管接头的距离至少等于外径的 6 倍。

3. 管接头

管接头是油管与油管、油管与液压元件间的可拆卸连接件。它应满足连接牢固、密封可靠、工艺性好、拆装方便、外形尺寸小、液阻小、通流能力强等要求。液压系统中常用管接头有以下几种。

1）焊接式管接头

焊接式管接头如图 2-29 所示，它利用 O 形密封圈密封［图 2-29（a）］或球面与锥面接触密封［图 2-29（b）］，连接简单。前者密封可靠，工作压力可达 32 MPa；后者密封性较差，其最高工作压力应低于 8 MPa。其特点是连接牢固，但拆卸不方便，焊接较麻烦，连接质量不易检查，抗震性能差，因此较少采用。焊接式管接头主要用于连接厚壁钢管。

2）卡套式管接头

如图 2-30（a）为卡套式管接头，当旋紧接头螺母时，卡套产生弹性变形而将油管夹紧。这种接头装配方便，不需要事先扩口或焊接，轴向尺寸要求不严，但对油管径向尺寸的精度要求较高，需采用冷拔无缝钢管。图 2-30（b）为铰接管接头，这种接头可使管道在一个平面内按任意方向安装。卡套式管接头所用油管外径一般不超过 42 mm，常用于高压系统中，其工作压力可达 32 MPa。

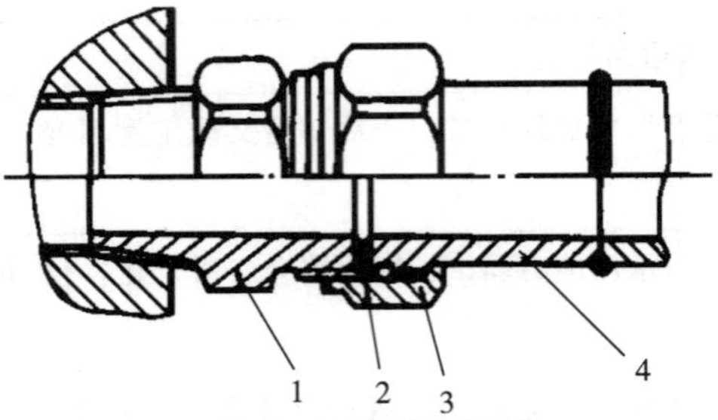

（a）O型密封圈密封式

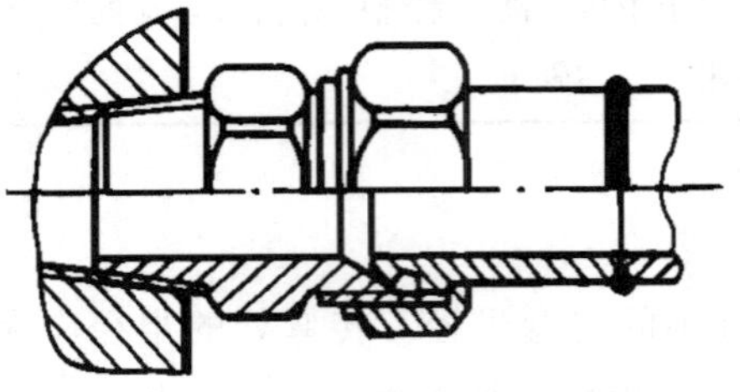

（b）球面与锥面接触密封式

1—接头体；2—O 形密封圈；3—螺母；4—接管。

图 2－29　焊接式管接头

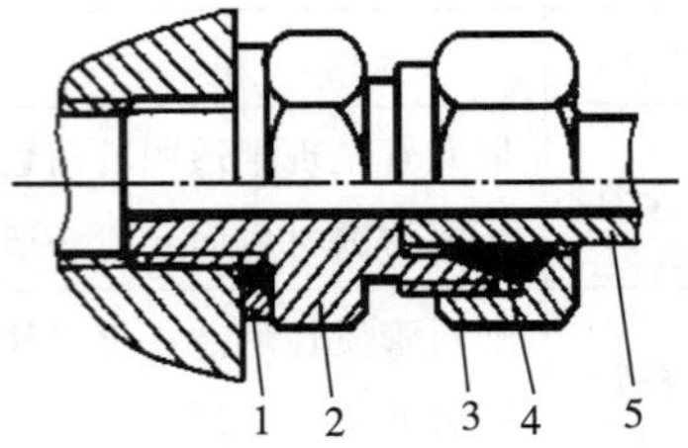

（a）卡套式管接头

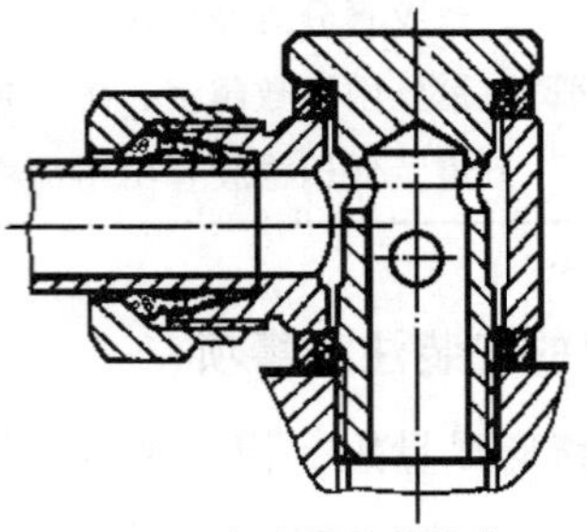

（b）铰接管接头

1—组合密封圈；2—接头体；3—螺母；4—卡套；5—接管。

图 2－30　卡套式管接头

3）扩口式管接头

扩口式管接头如图 2－31 所示。先将导管 3 扩成喇叭口，再用螺母 2 把导管 3 连同接管 4 一起压紧在接头体 1 上形成密封。它结构简单，适用于铜管、薄壁钢管、尼龙管和塑料管等中压、低压管件的连接。其工作压力小于 8 MPa。

4）扣压式管接头

扣压式管接头如图 2－32 所示，它用于工作压力为 6～40 MPa 的系统中软管的连接。在装配时须剥离胶层，然后在专门的设备上扣压而成。

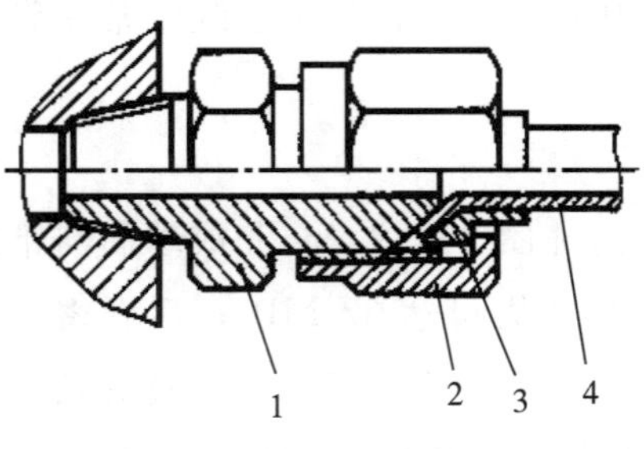

1—接头体；2—螺母；3—导管；4—接管。

图 2－31　扩口式管接头

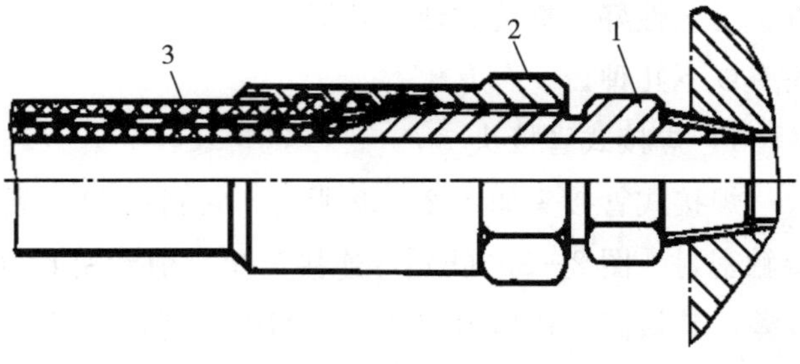

1—接头体；2—接头螺母；3—胶管。

图 2－32　扣压式管接头

5）快速装拆接头

当液压系统中某一局部不经常需要液压油源，或一个液压油源要间断地分别供给几个局部时，为了减少控制阀和复杂的管路安装，有时我们可以配合使用快速接头与胶管。快速装拆接头的结构如图 2－33 所示。图中各零件的位置为油路接通时的位置，外套 7 把钢球 6 压入槽底使接头体 9 和插座 4 连接起来，单向阀阀芯 3 和 10 互相挤紧、顶开使油路接通。当需要断开油路时，可用力把外套 7 向左推，同时拉出接头体 9，油路即可断开。与此同时，单向阀阀芯 3 和 10 分别在各自的弹簧 2 和 11 的作用下外伸，顶在插座 4 和接头体 9 的阀座上，使两侧管子内的油封闭在管中不至于流出，弹簧 5 则使外套 7 回到原位。这种接头使用方便，但结构较复杂，压力损失较大，常用于各种液压试验台及需经常断开油路的场合。

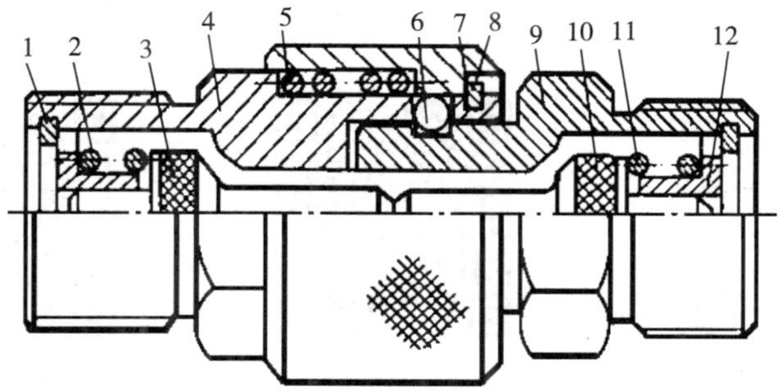

1—挡环；2、5、11—弹簧；3、10—单向阀阀芯；

4—插座；6—钢球；7—外套；8—密封圈；9—接头体；12—弹簧座。

图 2-33　快速装拆接头的结构

大直径油管的连接常采用法兰连接。各种管接头均已标准化，选用时可查阅有关液压手册。

任务实施

（1）全班学生按每组 6～8 人自由分组并推选出组长。

（2）根据学习任务要求，讨论制定工作方案后，具体实施液压换向阀的使用与拆装。

（3）请你与小组成员讨论后，描述换向阀的各元器件的名称和作用。

（4）撰写学习报告。注意简述液压阀的类型、结构特点、工作原理、用途及换向回路工作过程，能组建几种换向回路。

任务评价

评价表见附录 3。

任务 2.3　单向阀拆装与锁紧回路搭建调试

任务目标

了解单向阀的种类、连接方式、用途以及各组成零部件的结构特点、材料和作用。掌握液控单向阀的工作原理及其对液压缸锁紧的控制方法，掌握各类闭锁回路的工作原理及锁紧效果。掌握单向阀的拆装方法，正确使用工具，注意人身安全，培养实际动手能力和观察分析能力。

任务描述

小黄到某工程机械修理厂实习。某日，进厂维修的一台液压挖掘机的挖掘大臂不能稳定停留在设定位置。张师傅判断是锁紧回路出了问题，要求重点检修液控单向阀部位。

【微课】
认识单向阀

【微课】
认识液控单向阀

【课件】
任务 2.3

器材准备

（1）实物：普通单向阀和液控单向阀各 1 个等。

（2）工具：卡簧钳 1 把，耐油橡胶板 1 块，油盘 1 个，内六角扳手及常用工具 1 套等。

任务要求

1. 正确拆装普通单向阀

拆装普通单向阀，了解其结构、作用及工作原理。

2. 正确拆装液控单向阀

液控单向阀由单向阀和液控装置两部分组成。

（1）拆卸顺序：①拆下控制端的端盖螺钉，卸下端盖；②从阀体内取出控制活塞和顶杆；③拆下阀芯端的端盖螺钉，卸下端盖；④从阀体内取出弹簧和阀芯。在拆卸过程中，注意观察各种零件的结构，并分析阀芯上两个径向小孔的作用。

（2）装配要领：①清洗各零件，注意疏通油道；②在阀体与阀芯和活塞的配合表面上涂以适量的液压油；③按拆卸时的反向顺序装配。

（3）单向阀通、断的检测：启动空压机，将单向阀一个进口接上气管，给单向阀通入压缩空气，观察出口的出气情况；再将气管调接到单向阀另一个进口，通入压缩空气，观察出气情况。

3. 锁紧回路的搭建与调试

按图 2－36、图 2－37 将液压元件安装在液压试验台上，液压缸垂直安装，并在活塞杆上挂上重物，接上油管，启动液压泵给回路供油，操纵换向阀使液压缸上下移动后停止在某一位置，观察活塞杆是否往下移动。

知识准备

2.3.1 普通单向阀

普通单向阀简称单向阀，它起到控制油液只能沿一个方向流动，而反向截止的作用，因此，又称逆止阀。单向阀如图 2-34 所示，单向阀由阀体 1、阀芯 2、弹簧 3 组成，阀芯结构有锥阀芯和球阀芯两种。锥阀芯密封性能好，反向泄漏量少。当压力油从 P_1 口流入时，液压力克服弹簧作用在阀芯上的力，使阀芯向右移动，打开阀口，油液经阀口 P_1、阀芯上的径向孔 a 和轴向孔 b，从阀口 P_2 流出。当压力油从 P_2 口流入时，液压力和弹簧力将阀芯压紧在阀座上，使阀口关闭，液流不能通过。单向阀的弹簧主要用来克服阀芯的摩擦阻力和惯性力，使阀芯可靠复位。弹簧刚度较小，仅用于将阀芯顶压在阀座上。一般单向阀的开启压力为 0.03～0.1 MPa。若将弹簧换为刚度较大的硬弹簧，使其开启压力达到 0.2～0.6 MPa，则可将其作为背压阀用。

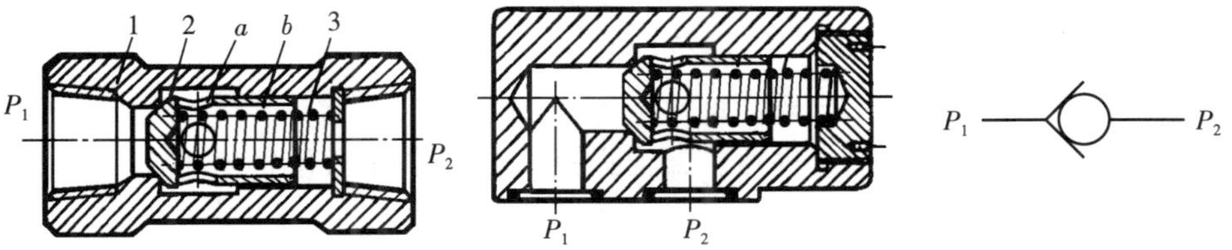

（a）管式单向阀（锥阀芯）　（b）板式单向阀　（c）职能符号

1—阀体；2—阀芯；3—弹簧。

图 2-34　单向阀

2.3.2 液控单向阀

液控单向阀与普通单向阀相比，在结构上增加了控制油腔 a、控制活塞 1 及控制油口 K，液控单向阀如图 2-35（a）所示。当控制油口 K 不通压力油时，其工作和普通单向阀一样，压力油只能从 P_1 口流向 P_2 口，反向流动不通。当控制油口 K 接通一定压力的压力油时，压力油推动控制活塞 1 右移，通过顶杆使锥阀芯 2 右移，使 P_2 口和 P_1 口接通，油液即可反向倒流。为了使活塞无背压阻力，人们将控制活塞制成台阶状并设一个外泄油口 L，L 单独接油箱。K 口通入的控制油液一般从主油路上单独引出，油液压力不应低于主油路压力的 30%～50%。

当 P_2 处油腔压力较高时，顶开锥阀所需要的控制压力则必须很高。为了减少控制油口 K 的开启压力，在锥阀内部增设了一个卸压阀芯 3，带卸压阀芯的液控单向阀如图 2-35（b）所示。在控制活塞 1 的顶杆顶起锥阀芯 2 之前，先顶起小面积的卸压阀芯 3，使上、下腔经卸压阀芯上的卸荷沟槽接通，锥阀上腔 P_2 的压力油泄到下腔，压力降低。此时控制活塞便可以较小的力将锥阀芯顶起，使 P_1 和 P_2 两腔完全连通。这样，液控单向阀用较低的控制油压即可控制有较高油压的主油路。

液控单向阀具有良好的单向密封性，常用于执行元件需要长时间保压、锁紧的情况。工程上又称之为液压锁。

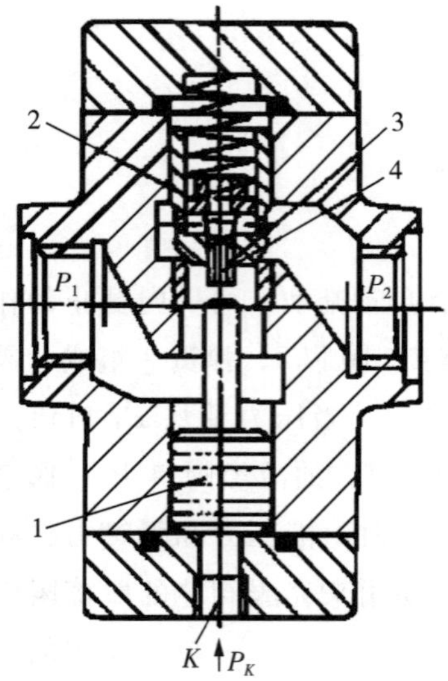

（a）液控单向阀

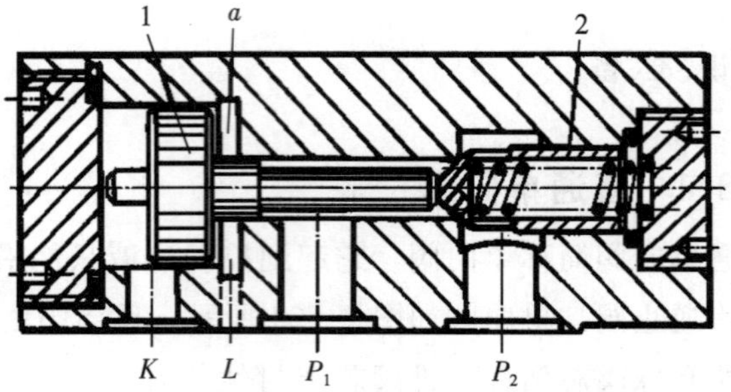

（b）带卸压阀芯的液控单向阀

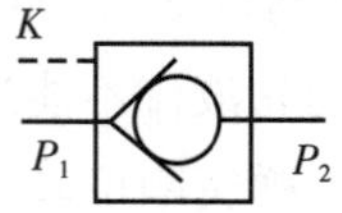

（c）图形符号

1—控制活塞；2—锥阀芯；3—卸压阀芯；4—卸压沟槽。

图 2-35 液控单向阀

2.3.3 用单向阀的锁紧回路

锁紧回路是通过切断液压缸的进油、回油通道来使它在任意位置停止，且停止后不会在外力作用下移动位置的油路。锁紧回路有以下几种。

1. 采用O形或M形机能的三位换向阀实现锁紧的回路

采用O形或M形机能的三位换向阀实现锁紧的回路如图 2-36 所示。在这种回路中，当换向阀的阀芯处于中位时，液压缸的进、出油口均被封闭，故可将活塞锁住。但由于滑阀泄漏的影响不可避免，停止时间稍长，可能会产生松动而使活塞产生少量漂移，故锁紧效果较差。

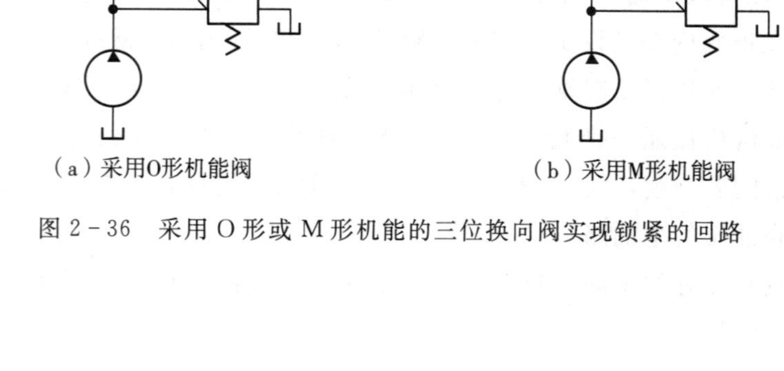

（a）采用O形机能阀　　（b）采用M形机能阀

图 2-36 采用O形或M形机能的三位换向阀实现锁紧的回路

2. 使用液控单向阀的锁紧回路

使用液控单向阀的锁紧回路如图 2－37 所示。当换向阀处于左位时，压力油经左液控单向阀进入缸左腔，同时将右液控单向阀打开，使缸右腔油液能经右液控单向阀及换向阀流回油箱，活塞向右运动；反之，当换向阀处于右位时，压力油进入缸右腔并将左液控单向阀打开，使缸左腔回油，活塞向左运动。而当换向阀处于中位或液压泵停止供油时，两个液控单向阀立即关闭，活塞停止运动。由于液控单向阀的密封性能很好，泄漏量少，可使活塞较长时间地被锁紧在停止时的位置。该回路采用 H 形或 Y 形机能的三位换向阀时，液控单向阀的进油口和控制油口均与油箱连通，锁紧效果好，锁紧精度只受液压缸的泄漏和油液压缩性能的影响。这种锁紧回路主要用于汽车起重机的支腿油路、矿山机械中液压支架的油路和飞机起落架的收放油路中。

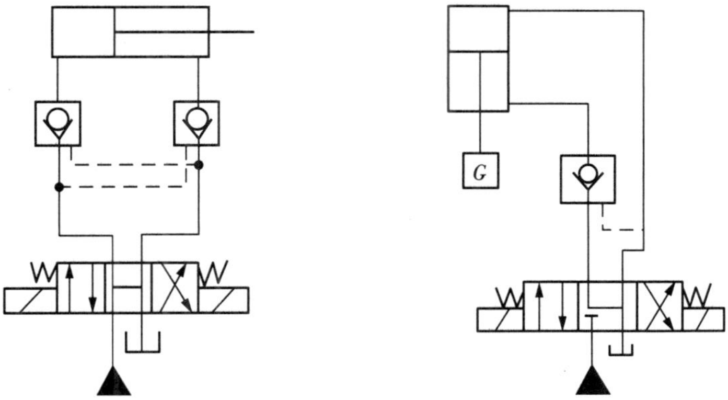

（a）采用H形的中位机能　　（b）采用Y形的中位机能

图 2－37　使用液控单向阀的锁紧回路

2.3.4　换向控制阀的选用

（1）换向阀操纵方式的选择。自动化程度要求较高的系统采用电磁换向阀或电液换向阀；流量较大、换向平稳性要求较高的系统，可采用手动阀或机动阀作先导阀、以液动阀为主阀的换向回路，或采用电液换向阀。

（2）位数和通路数的选择。对于依靠重力或弹簧力返回的单作用液压缸，采用二位三通换向阀即可换向。如果只要求接通或切断油路，可采用二位二通换向阀。

对于双作用液压缸，当执行元件不要求中途停止时，可采用二位四通或二位五通换向阀，即可实现正、反向运动；当执行元件要求有中途停止或有特殊要求时，则采用三位四通或三位五通换向阀，并注意三位阀中位机能的选择。

任务实施

（1）全班学生按每组 6～8 人自由分组并推选出组长。

（2）根据学习任务要求，讨论制定工作方案后，具体实施单向控制阀的拆装与锁紧回路的搭建调试。

(3) 请你与小组成员讨论后，描述如图 2-34 所示单向阀的各零件的名称和作用。

(4) 撰写学习报告。应重点明确的问题：①各个锁紧回路的基本组成和工作原理如何？②各元器件的名称、属性和作用是什么？

任务评价

评价表见附录 3。

项目小结

本项目学习的主要内容是液压缸的类型、特点、应用、典型结构及其伸缩控制，换向阀的类型、原理与结构，油管和管接头的类型、特点及应用，单向阀的类型、原理、结构及其构成的锁紧回路。学完本项目后，希望大家了解液压缸的类型、结构特点及换向阀的结构形式，理解各类换向阀的换向原理、位、通、中位机能及操纵方式，掌握单向阀、液控单向阀的工作原理，并会根据换向阀及单向阀的工作原理分析各种换向及锁紧控制回路。

复习思考题

2-1　机床工作台往复运动速度相同时，应采用什么类型的液压缸？

2-2　当机床工作台的行程较长时，采用什么类型的液压缸比较合适？如何实现工作台的往复运动？

2-3　何谓差动连接？应用在什么场合？

2-4　图示为两个结构尺寸相同的液压缸，$A_1=100\ \text{cm}^2$，$A_2=80\ \text{cm}^2$，$p_1=0.9$ MPa，$q_1=12$ L/min。若不计摩擦损失和泄漏，试问：

(1) 两缸负载相同（$F_1=F_2$）时，两缸的负载和速度各为多少？

(2) 缸 1 不受负载时，缸 2 能承受多少负载？

(3) 缸 2 不受负载时，缸 1 能承受多少负载？

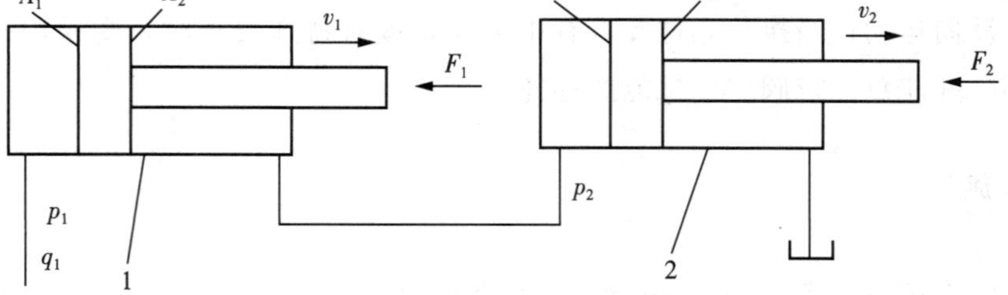

图 2-38　题 2-4

2-5　液压缸不密封会出现哪些问题？哪些部位需要密封？

2-6　液压缸的缓冲和排气的目的是什么？如何实现？

2-7　油管安装时应注意哪些问题？

2-8　管接头有哪几种类型？说明其结构特点和使用场合。

2-9　试分析图2-39四种换向回路中，哪些回路能正常工作？其理由是什么？

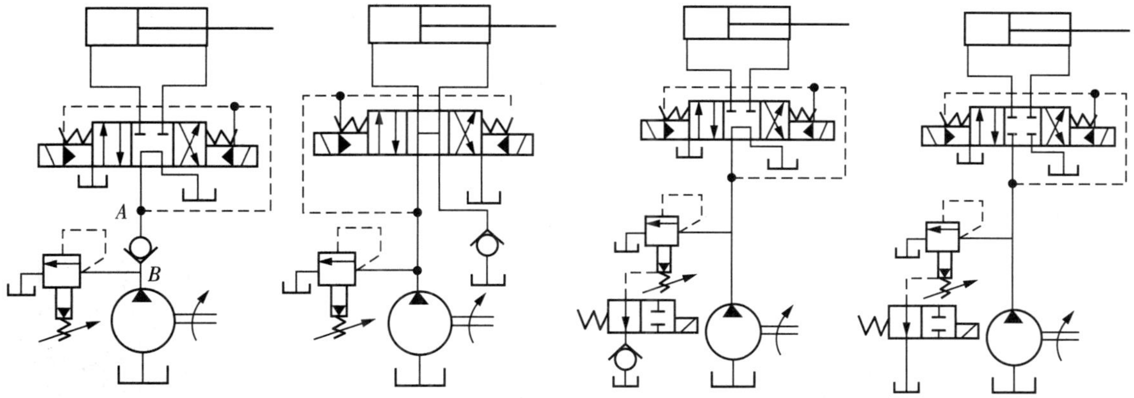

(a) 换向回路1　(b) 换向回路2　(c) 换向回路3　(d) 换向回路4

图2-39　题2-9

2-10　如图2-39所示的锁紧回路为什么要求三位四通电磁换向阀的中位机能为H形或Y形？如果采用O形或M形的三位四通换向阀，其锁紧效果是否更好些？为什么？

2-11　试说明图2-35（b）带卸压阀芯的液控单向阀的工作原理。

2-12　试说明电液换向阀的组成特点及使用特点。如何调节其换向时间？

项目 3　液压传动压力控制

项目目标

知识目标
（1）理解溢流阀、顺序阀、减压阀的类型、工作原理。
（2）理解各种压力控制回路的工作原理。
（3）了解蓄能器的主要类型、功能及用途。
（4）掌握溢流阀、减压阀、顺序阀的结构与应用场合。
（5）掌握各种压力控制回路的分析方法。

素质目标
（1）培养脚踏实地、认真负责、求真务实、团结协作的工作作风。
（2）培养执着专注、科学严谨、精益求精、追求卓越的工匠精神。
（3）培养勇于探索、敢为人先、知难而进、乐于奉献的创新精神。
（4）培养勤奋刻苦的学习作风。

能力目标
（1）能进行溢流阀、减压阀、顺序阀的安装调试。
（2）能根据具体要求搭建各种压力控制回路并完成调试。

【课件】
任务 3.1

任务 3.1　溢流阀的拆装及过载保护回路调试

任务目标

了解溢流阀的类型及结构组成，掌握溢流阀的工作原理，了解各种压力控制回路的构成以及溢流阀在压力控制回路中的作用，对液压阀的加工及装配工艺有一个初步的认识。

任务描述

某机械厂的液压设备突然出现故障，经过自己厂里的机修工处理后，虽然基本能动起来了，但液压缸活塞不能推动负载到指定位置。于是该机械厂联系小黄实习所在的修理厂，厂长安排张师傅去解决这个问题。张师傅领到任务，问清楚地点和联系方式后，为了不影响生产，带上小黄马上出发，很快到达工作地点。张师傅看了看设备，操作了一会儿，很快就解决了问题。张师傅看了看在一旁满脸懵懂的小黄说：“该设备只是单级调压回路没有调整好调定压力，将溢流阀的调定压力调整正确就可以了！”接着，张师傅向小黄更加深入地讲解其中的原理。

器材准备

内六角扳手、固定扳手、螺丝刀、各种溢流阀等。

任务要求

1. 正确拆装典型溢流阀

(1) 拆卸。将锥阀芯直动式溢流阀（图 3-1）和先导式溢流阀按先外后内的顺序拆卸，对零件标号并按顺序摆放在橡胶板上。观察内部、外部结构及组成，分析其工作原理，了解其用途。

(2) 组装。按先拆后装的顺序进行组装。

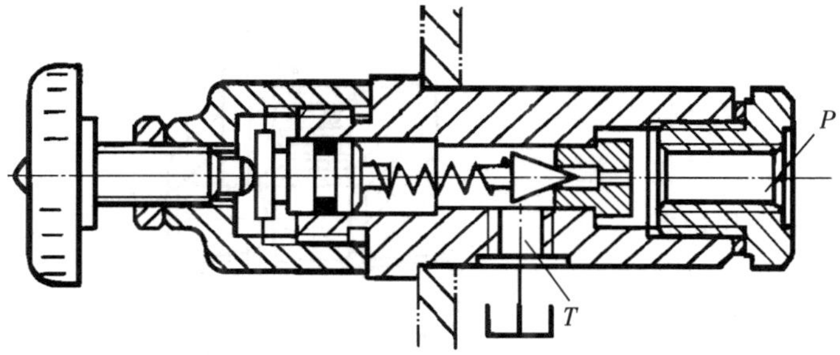

图 3-1 锥阀芯直动式溢流阀

2. 正确搭建及调试过载保护回路

参考图 3-2～图 3-9，在实验台上搭建并调试几种溢流阀的应用回路，分别实现溢流调压、过载保护、远程与多级调压、使泵卸荷等功能。

知识准备

3.1.1 溢流阀

溢流阀是利用作用在阀芯上的压力或压力差与弹簧力相平衡进行工作的，通过其阀口的溢流使被控系统或回路的压力维持恒定，从而实现稳压、调压或限压作用。

对溢流阀的主要要求：调压范围大，调压偏差小，压力振摆小，动作灵敏，通流能力强，噪声小。溢流阀按其结构和工作原理可分为直动式溢流阀和先导式溢流阀。

1. 直动式溢流阀

直动式溢流阀是通过系统中的压力油直接作用在阀芯上与弹簧力相平衡，以控制阀芯的启闭动作的溢流阀。如图 3-2 (a) 所示为低压直动式溢流阀的工作原理，P 是进油口，T 是回油口，进口压力油经阀芯 4 上的径向孔 f、轴向阻尼孔 g 进入阀芯底端 c 腔。当进油压力较低时，向上的液压力不足以克服弹簧的预紧力，阀芯处于最下端位置，将 P 和 T 两油口隔开，阀处于关闭状态，即不溢流。当进油压力升高，阀芯下端所受的油压推力超过弹簧的预

紧力 F_s 时，阀芯上移，阀口被打开，油口 P 和 T 连通，将多余的油液由 P 口经 T 口排回油箱，即溢流。这样，被控制的油液压力不再升高. 使阀芯处于某一平衡位置。阀芯上的阻尼孔 g 可减小油压的波动，对阀芯的运动起到阻尼作用，从而可避免阀芯产生振动，提高了阀的工作稳定性。经阀芯周围间隙进入阀芯上腔的油液经内泄油孔 e 与回油口接通，保证上腔不产生油压。因此，从使用与泄油两方面看，溢流阀回油口都应该接油箱。

当通过溢流阀的流量变化时，阀口的开度也随之改变，但在弹簧预紧力 F_s 调好以后，忽略阀芯自重和摩擦力的影响，则作用于阀芯上的液压力 $p=F_s/A$（A 为阀芯端的有效作用面积）。因而，我们可以认为溢流阀处于某一平衡位置时，进口处的油液压力 p 的大小就由弹簧预紧力 F_s 来决定。旋转调节帽 1 调整弹簧的预紧力 F_s，也就调整了溢流阀的工作压力 p，并使其稳定在所调定的数值上。

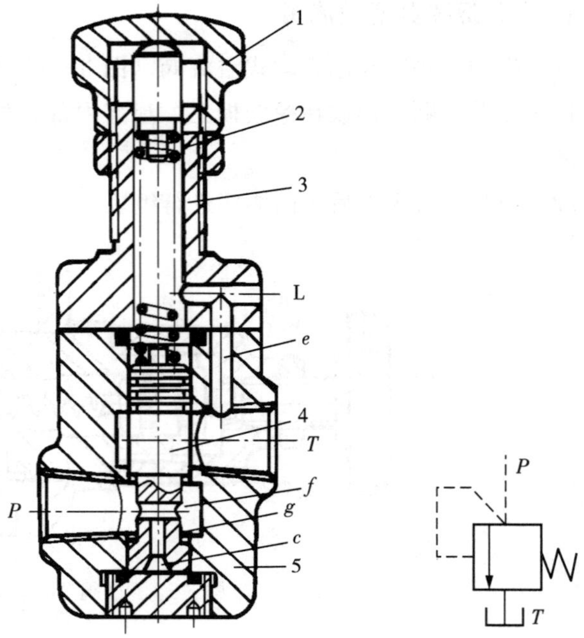

（a）低压直动式溢流阀的工作原理　　（b）图形符号

1—调节帽；2—弹簧；3—上盖；4—阀芯；5—阀体。

图 3－2　直动式溢流阀

由于惯性和外负载变化，系统压力也会发生改变：当进口油压 p 超过预先所调定的压力时，阀芯 4 上移，溢流口增大，油液溢回油箱的阻力减小，使进口处油压 p 下降，直至作用在阀芯上的液压力和弹簧力重新平衡；同理，若进口压力 p 低于所调定的压力，阀芯下移，溢流口关小，溢流阻力增大，进口处的油压便自动升高，直至阀芯重新恢复平衡。在自动调节过程中，阀芯移动量很小，作用在阀芯上的弹簧力 F_s 可近似地被视为常数，因此我们可以认为，只要阀口打开有溢流，其进口处的压力 p 基本上就是恒定的。

直动式溢流阀是利用液压力和弹簧力相平衡来进行压力控制的。若用直动式溢流阀控制较高压力或较大流量的油液时，需用刚度较大的硬弹簧，结构尺寸也将较大，这样不但使阀的调节性能变差、油的压力和流量的波动较大，而且调节费力。因此，直动式溢流阀一般只用于低压小流量系统，或作为先导阀使用。如图 3－1 所示的锥阀芯直动式溢流阀即常被用作先导阀。

中压、高压系统常采用先导式溢流阀。

2. 先导式溢流阀

先导式溢流阀由先导阀和主阀两部分组成。图 3－3（a）、3－3（c）分别为高压、中压先导式溢流阀的结构简图。其先导阀是一个小规格锥阀芯直动式溢流阀，内腔弹簧为调压弹簧，用来调定主阀的溢流压力；主阀用于控制主油路的溢流，主阀内的弹簧为主阀平衡弹簧 7，刚度较小，仅是为了克服摩擦力使主阀芯及时复位而设置的。主阀芯 5 上开有阻尼孔 e。在它们的阀体上还加工有孔道 a、b、c、d。

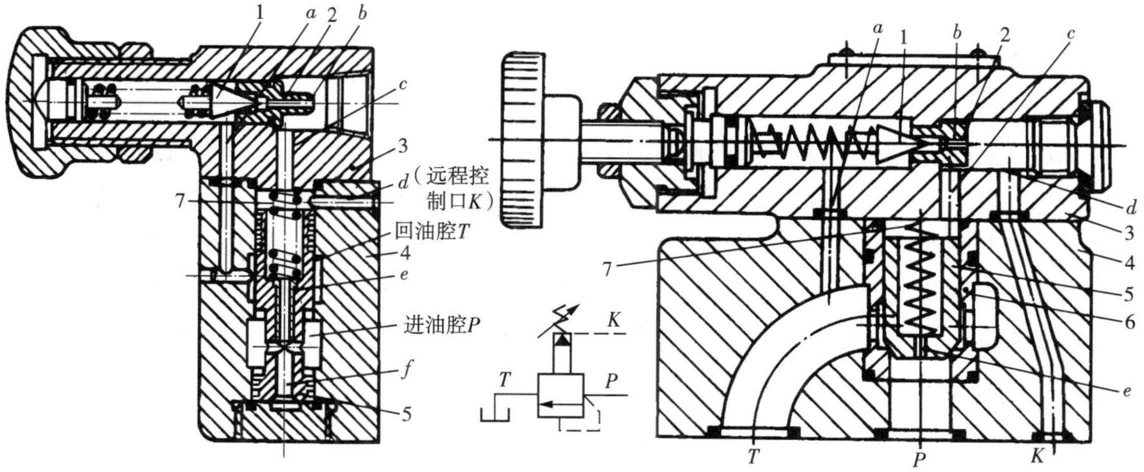

（a）高压先导式溢流阀的结构简图　　（b）图形符号　　（c）中压先导式溢流阀的结构简图

1—先导阀阀芯；2—先导阀阀座；3—先导阀体；4—主阀体；5—主阀芯；6—主阀座；7—主阀平衡弹簧。

图 3－3　先导式溢流阀

油液从进油口 P 进入，经阻尼孔 e 及孔道 c 到达先导阀的进油腔（在一般情况下，远控口 K 是堵塞的）。当进油口压力低于先导阀弹簧调定压力时，先导阀关闭，阀内无油液流动，主阀芯上、下两腔油压相等，因而主阀在其弹簧的作用下处于最下端位置，主阀关闭，阀不溢流。当先导阀进油腔油压随进油口 P 的压力升高到大于调压弹簧的调定压力时，先导阀被打开，主阀芯上腔油经先导阀口及阀体上的孔道 a，由回油口 T 流回油箱。主阀芯下腔油液则经阻尼孔 e 流动。由于小孔阻尼大，使主阀阀芯上腔的压力 p_l 低于下腔的压力 p，主阀芯两端产生压力差。当此压力差对主阀芯所产生的作用力超过平衡弹簧的作用力 F_s 时，主阀芯 5 便被抬起，进油口 P 和回油口 T 相通，达到溢流和稳压的目的。调节先导阀的调节帽，便可调节调压弹簧的预紧力，从而调定了系统的工作压力。更换刚度不同的先导阀弹簧，便可得到不同的调压范围。

当溢流阀起溢流、稳压作用时，不计阀芯自重和摩擦力，作用于主阀芯上的力平衡方程为

$$pA=p_lA+F_s \quad 或 \quad p=p_1+F_s/A \tag{3-1}$$

式中：A 为主阀芯的端面积。

由式（3－1）可见，先导式溢流阀是利用主阀芯上、下两端的压力差所形成的作用力与弹簧力相平衡的原理进行压力控制的。由于主阀上腔内存在压力 p_l，因此平衡弹簧的刚度可以较小，F_s 的变化也较小，当先导阀的调压弹簧调整好以后，p_l 基本上是定值。当溢流量变化较大时，阀口开度可以上下波动，但进口处的压力 p 变化则较小，这就克服了直动式溢流阀的缺点。同时先导阀的承压面积一般较小，调压弹簧的刚度也不大，因此调压比较轻便。先导式溢流阀工作时振动小，噪声低，压力稳定，但其灵敏度不如直动式溢流阀。先导式溢

流阀适用于中压、高压系统。

3.1.2 溢流阀的应用及调压回路

溢流阀在液压系统中能分别起到溢流调压、过载保护、远程与多级调压、使泵卸荷及使液压缸回油腔形成背压等多种作用。

1. 溢流调压

如图 3-4 所示为应用溢流阀的调压回路。系统采用定量泵供油时，常在泵的出口处接溢流阀与泵并联，其目的是调节泵的出口压力。而在执行元件的进油口或回油口上设置节流阀或调速阀，目的则是调节流量，控制运动速度。泵提供的流量一部分进入液压缸工作，另一部分经溢流阀溢流回油箱，溢流阀处于额定压力下的开启状态。调节弹簧的预紧力，也就调节了系统的工作压力。因此，在这种情况下，溢流阀的作用是溢流调压，这是溢流阀最基本的作用。此时，溢流阀也被称作调压阀。

2. 过载保护

如采用变量泵供油，系统在最大工作压力以下工作时，执行元件运动速度由变量泵自身调节，系统无溢流要求；泵的供油压力由负载决定，也不需要进行稳压。这时，在变量泵出口处常接一个溢流阀，其调定压力约为系统最大工作压力的 1.1 倍。在系统正常工作时溢流阀处于闭合状态，但系统一旦过载，则立即开启，从而保障了系统的安全。因此，这种系统中的溢流阀又称作安全阀。溢流阀用于过载保护的回路如图 3-5 所示。

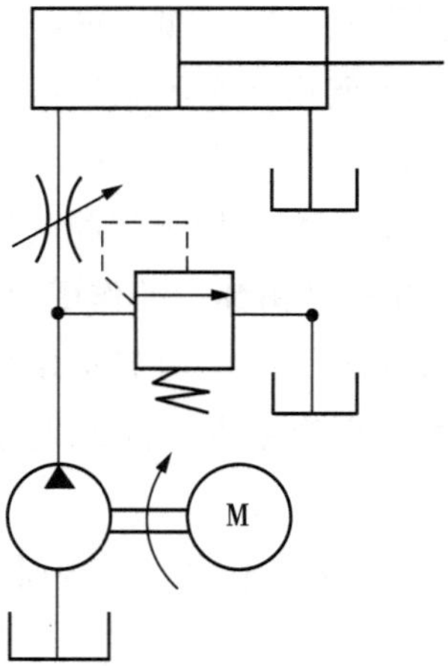

图 3-4 应用溢流阀的调压回路

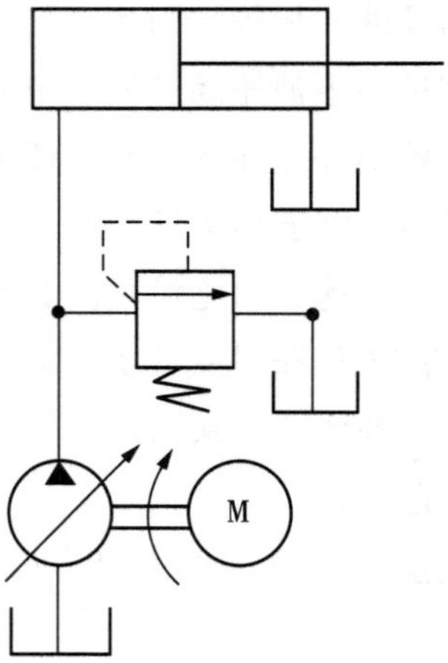

图 3-5 溢流阀用于过载保护的回路

3. 使泵卸荷

液压系统工作时，由于各种原因常需要执行元件短时间停止工作，此时不需要泵供油，但也不宜关闭电动机，因为频繁启闭将大幅度缩短电动机和液压泵的寿命。因此，应该使泵卸荷，即使泵在零压或很低压力下运转，以减少功率损耗和噪声，降低系统发热量，延长泵和电动机的寿命。此时所构成的回路被称为卸荷回路，又被称为卸载回路。

所谓卸荷，即执行元件短时间停止时工作泵的功率损耗接近于零的运转状态。功率为流量与压力之乘积，理论上，两者任意一项近似于零，功率损耗也就接近为零，故卸荷有流量卸荷和压力卸荷两种方法。液压系统通常采用压力卸荷法，使液压泵在接近于零的压力下运行。泵的压力卸荷法有两种：一种是用M、H或K型中位机能的三位换向阀，当换向阀处于中位工作时，直接使系统压力接近于零，泵即卸荷，使用换向阀的卸荷回路如图3－6所示；另一种是用换向阀接先导式溢流阀的远控口，使溢流阀全开，从而使系统压力接近于零。如图3－7所示为使用先导式溢流阀的卸荷回路。使二位二通电磁换向阀与先导式溢流阀的远控口K相连，当电磁铁通电时，换向阀左位工作，溢流阀远控口K与油箱连通，此时主阀芯后腔压力接近于0。由于主阀弹簧很软，于是主阀芯在进口压力很低时即可迅速抬起，溢流阀阀口全开，泵输出的油液便在此低压下经溢流阀全部流回油箱。泵接近于空载运转，功耗很小，即处于卸荷状态。这种卸荷方法中所用的二位二通电磁换向阀可以是通径很小的阀。由于在实际中经常采用这种卸荷方法，因此目前已有将溢流阀和微型电磁阀组合在一起的电磁溢流阀，其管路连接更为简便。

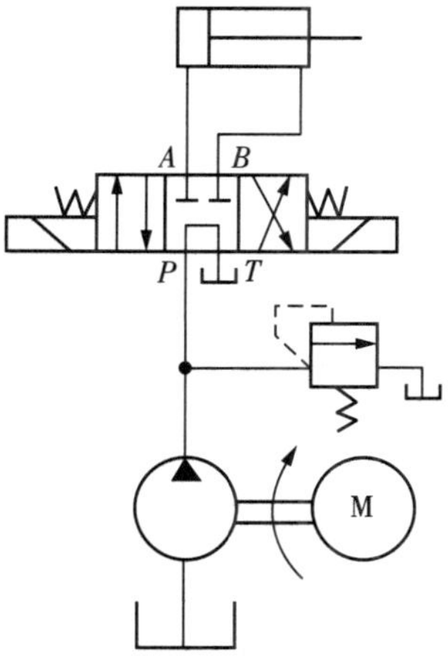

图3－6　使用换向阀的卸荷回路

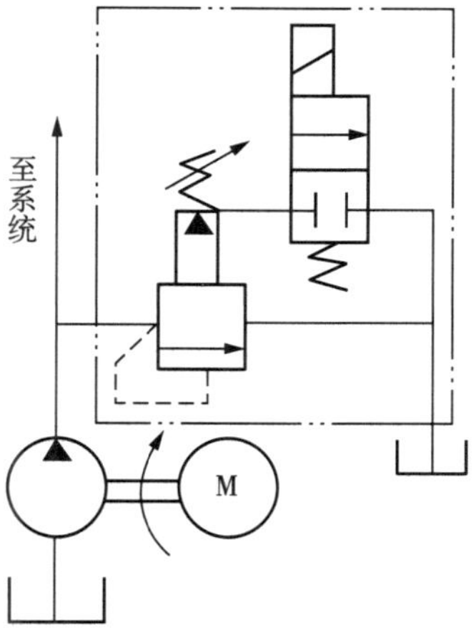

图3－7　使用先导式溢流阀的卸荷回路

4. 远程调压

当系统需要随时调整压力时，我们可采用远程调压回路，使用溢流阀的远程调压回路如图3－8所示。将先导式溢流阀的远控口与另外一个设在别处并且调压较低的溢流阀（或远程调压阀）连通，当电磁阀不通电（即右位工作）时，其主阀芯上腔的油压只要达到低压阀的调整压力，主阀芯即可抬起溢流（其先导阀不再起调压作用），即实现远程调压。实际使用时，先导式溢流阀安装在最靠近液压泵的出口，起安全保护作用。而远程调压阀（其调定压力须低于先导式溢流阀的调定压力）则安装在操作台上，起调压作用。无论是以上两者中的哪个阀起作用，溢流流量始终经主阀阀口回油箱。

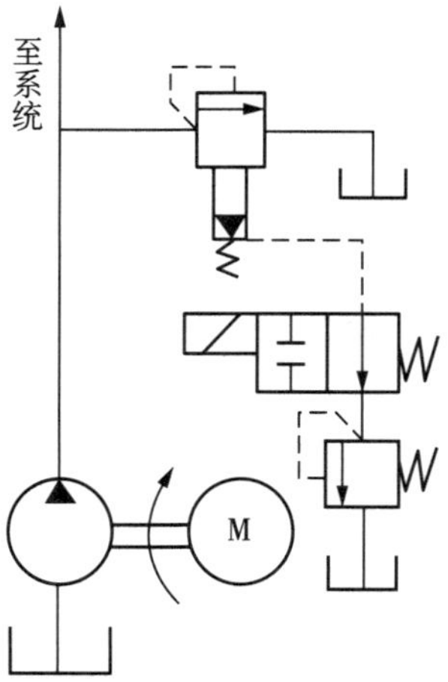

图3－8　使用溢流阀的远程调压回路

5. **多级调压**

如图 3－9 所示为使用溢流阀的多级调压回路。当系统需多级压力控制时，可使先导式溢流阀 1 的远控口通过三位四通电磁换向阀 4 分别连接具有不同调定压力的调压阀 2 和 3，使系统获得三种压力调定值，其中先导式溢流阀 1 的压力调定值最高。当换向阀左位工作时，系统压力由调压阀 2 调定；换向阀右位工作时，系统压力由调压阀 3 调定；换向阀处于中位时系统压力最高，其由先导式溢流阀 1 来调定。

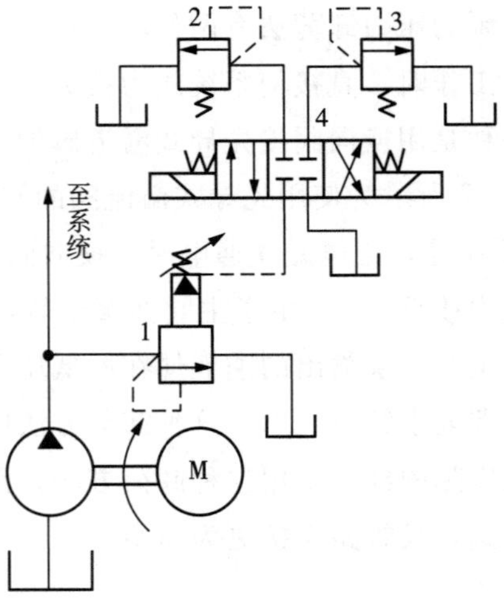

1—先导式溢流阀；2，3—调压阀；
4—三位四通电磁换向阀。

图 3－9 使用溢流阀的多级调压回路

任务实施

（1）将学生分成若干组，确定组长。

（2）由教师布置任务，让学生用多媒体简述直动式溢流阀及先导式溢流阀的功能、典型结构组成及拆卸注意事项。

（3）学生分小组讨论制定溢流阀的具体拆检方案，经老师核定批准后实施。

（4）学生分小组讨论制定实现溢流调压、过载保护、远程与多级调压、使泵卸荷等功能的搭建与调试方案，经老师核定批准后实施。

（5）请你与小组成员讨论后，描述如图 3－2 所示直动式溢流阀的系统属性和第 1～5 号零件的名称和作用。

（6）全班集中，由学生分小组派代表汇报学习情况，教师点评并提出新的要求。

（7）撰写学习报告。注意简述溢流阀的类型、工作原理、结构、应用及调压回路，以及能连接的卸荷回路，写出自己的感受和建议。

任务评价

评价表见附录 3。

任务 3.2　顺序阀的拆检与顺序回路搭建

任务目标

了解顺序阀的类型、结构组成、工作原理及用途，掌握各种顺序回路的构成以及顺序阀在顺序控制回路中的作用。

任务描述

实习生小黄最近跟着张师傅到某厂帮忙调试液压设备，该厂要求设备可以根据需要依次动作，完成整个产品的生产工序。小黄感到设想很好但束手无策，张师傅则很从容，告诉小黄可以用很简单的顺序动作回路实现。在张师傅的悉心指导下，小黄很快就了解了如何采用顺序阀及行程阀、行程开关和压力继电器实现液压顺序动作回路。

【微课】
认识顺序阀

器材准备

内六角扳手、固定扳手、螺丝刀、各类液压顺序阀等。

任务要求

1. 正确拆检典型顺序阀

（1）拆检。将典型的直动式顺序阀及先导式顺序阀，按先外后内的顺序拆检，将零件进行标号并按顺序摆放在橡胶板上。观察内部、外部结构及组成，分析其工作原理，了解其用途。

（2）组装。按先拆后装的顺序进行组装。

【课件】
任务 3.2

2. 正确搭建顺序回路并完成调试

参考图 3－13～图 3－16，在实验台上搭建并完成利用顺序阀、行程阀、行程开关及压力继电器实现顺序动作的四种顺序动作回路的调试。

知识准备

在液压系统中，除了需要进行压力的调控外，还常常需要根据油路压力的变化来控制执行元件之间的动作顺序，这时就要使用顺序阀。顺序阀是利用油路中压力的变化来控制阀口启闭，以实现执行元件顺序动作的液压元件。

3.2.1 顺序阀的类型、原理与结构

顺序阀按控制方式分，有内控式顺序阀（又称自控式顺序阀）和外控式顺序阀；按泄油连通方式分，有内泄式和外泄式；按结构形式分，有直动式和先导式两种，其中直动式用于低压系统，先导式用于中压、高压系统。

顺序阀将进油口压力作为控制压力，称为普通顺序阀（又称为内控式顺序阀）。先导式顺序阀如图 3－10 所示。由于顺序阀出油口接压力油路，因此其上端弹簧处的泄油口必须另接一根油管通油箱，这种连接方式被称为外泄。若将下端盖 3 相对于阀体转过 90°或 180°，将螺堵（栓）1 拆下，在该处接控制油管并通入控制油，则顺序阀的启闭便可由外供控制油控制。这时顺序阀成为液控顺序阀，外控外泄式图形符号如图 3－11（c）所示。若再将上端盖 7 转

过 180°，使泄油口处的小孔 a 与阀体上的小孔 b 连通，用螺栓封住泄油口，并使顺序阀的出油口与油箱连通，则顺序阀就成为卸荷阀。其泄漏油可由顺序阀的出油口流回油箱，这种连接方式被称为内泄。外控内泄式图形符号如图 3 - 11（d）所示。

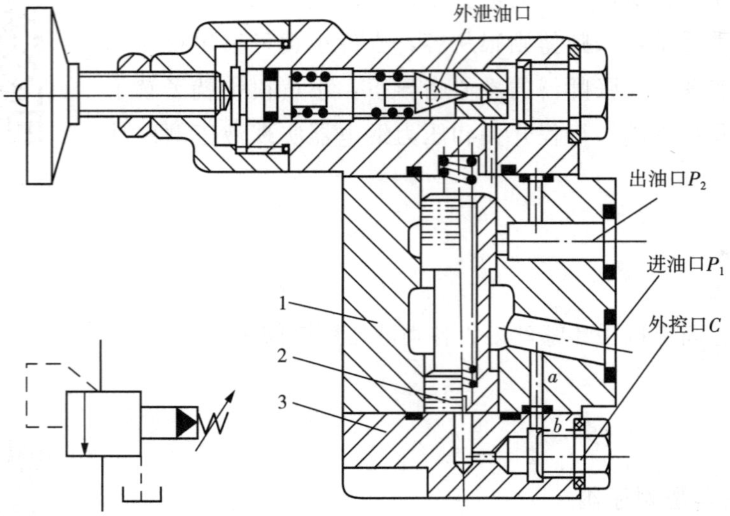

（a）结构简图　　（b）图形符号

1—阀体；2—阻尼孔；3—下端盖。

图 3 - 10　先导式顺序阀

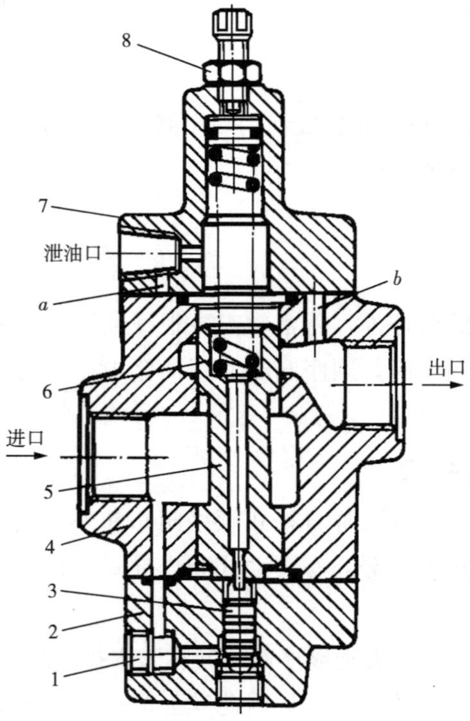

（a）结构图

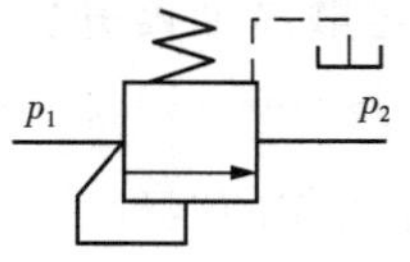

（b）外控外泄式图形符号

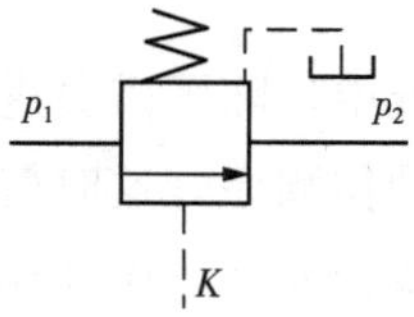

（c）外控外泄式图形符号

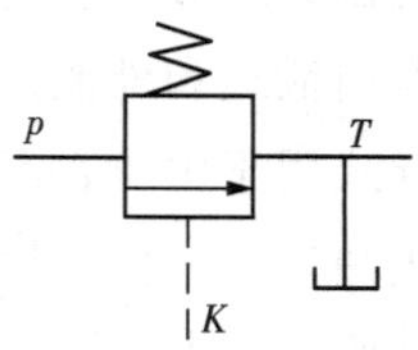

（d）外控内泄式图形符号

1—螺堵（栓）；2—下端盖；3—控制活塞；4—阀体；
5—阀芯；6—弹簧；7—上端盖；8—调压螺钉。

图 3 - 11　直动式顺序阀

顺序阀常与单向阀组合成单向顺序阀、液控单向顺序阀等使用。直动式顺序阀设置控制活塞的目的是缩小阀芯受油压作用的面积，以便采用较软的弹簧来提高阀的压力-流量特性。直动式顺序阀的最高工作压力一般在 8 MPa 以下。其主阀弹簧的刚度可以很小，故可省去阀芯下面的控制柱塞，这样不但启闭特性好，而且工作压力也可大大提高。

3.2.2　压力继电器

压力继电器是一种将油液的压力信号转换成电信号的液-电信号转换元件。当油液压力达到压力继电器的调定压力时，压力继电器能自动接通或断开电路，使电磁铁、继电器、电动机等电气元件通电运转或断电停止工作，以实现对液压系统工作程序的控制、安全保护或元件动作的联锁等。任何压力继电器都是由压力-位移转换装置和微动开关两部分组成的。按压力-位移转换装置的结构划分，压力继电器有柱塞式、弹簧管式、膜片式和波纹管式四类，其中以柱塞式最为常用。

如图 3－12 所示为柱塞式压力继电器的结构简图和图形符号。主要零件包括柱塞 1、顶杆 2、调节螺钉 3 和微动开关 4。压力油从继电器下端油口通入后作用在柱塞 1 的底部，若其压力已达到弹簧的调定值，它便克服弹簧的阻力和柱塞表面的摩擦力推动柱塞上升，通过顶杆 2 使微动开关 4 的触点闭合，发出电信号。

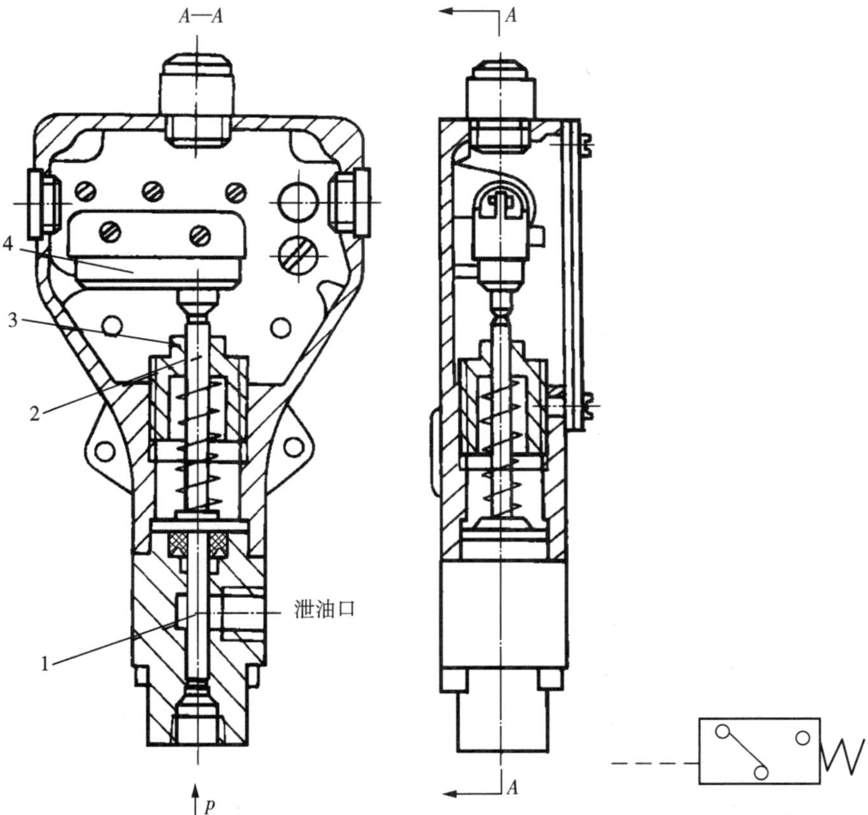

（a）结构简图　　（b）图形符号

1—柱塞；2—顶杆；3—调节螺钉；4—微动开关。

图 3－12　柱塞式压力继电器的结构简图和图形符号

【微课】

认识气动开关元件

压力继电器的主要性能如下。

(1) 调压范围：指发出电信号的最低压力和最高压力的范围。拧动调节螺钉 3，即可调整工作压力。

(2) 通断调节区间。压力升高，继电器接通电信号的压力，称为开启压力；压力下降，继电器复位切断电信号的压力，称为闭合压力。开启时，柱塞、顶杆移动时所受到的摩擦力的方向与压力的方向相反，闭合时则相同，故开启压力比闭合压力大。两者之差称为通断调节区间。通断调节区间应有足够大的数值。否则，系统压力脉动时，压力继电器发出的电信号会时断时续，产生误动作。中压系统中使用的压力继电器其通断调节区间一般为 0.35～0.8 MPa。

3.2.3 顺序动作回路

在多缸工作的液压系统中，往往要求各执行元件严格地按照预先给定的顺序动作。例如，自动车床中刀架的纵向、横向运动，夹紧机构的定位和夹紧等。

顺序动作回路按其控制方式不同，分为压力控制、行程控制和时间控制三类，其中前两类用得较多。

1. 压力控制顺序动作回路

图 3-13 是采用两个普通单向顺序阀的压力控制顺序动作回路。使普通单向顺序阀 2 和 3 与电磁换向阀配合动作，使 A、B 两液压缸实现①、②、③、④顺序动作的回路。在图示电磁式方向控制阀 1 中位状态下，换向阀处于中位，A、B 两缸活塞处于左端位置。当电磁铁 1YA 通电时，电磁式方向控制阀 1 左位工作，压力油先进入 A 缸左腔，其右腔经普通单向顺序阀 2 中的单向阀回油。此时由于压力较低，普通单向顺序阀 3 中的顺序阀关闭，A 缸的活塞先动。其活塞右移实现动作①；当活塞行至终点停止时，系统压力升高。当压力升高到顺序阀的调定压力时，普通单向顺序阀开启，压力油进入 B 缸左腔，B 缸右腔直接回油，活塞右移实现动作②。当 B 缸的活塞右移达到终点后，电磁换向阀的电磁铁 1YA 断电复位，电磁铁 2YA 通电，换向阀右位工作，压力油先进入 B 缸右腔，B 缸左腔经普通单向顺序阀 3 中的单向阀回油，其活塞左移实现动作③；当 B 缸活塞左移至终点停止时，系统压力升高。当压力升高到顺序阀的调定压力时，普通单向顺序阀 2 开启，压力油进入 A 缸右腔，A 缸左腔回油，其活塞返回实现动作④。当 A 缸活塞返回终点时，可用行程开关控制电磁换向阀断电，换向阀复位，中位停止，也可再使 1YA 电磁铁通电开始下一个工作循环。

图 3-14 是使压力继电器控制的顺序动作回路。用压力继电器 1KP 和 2KP 与两个电磁换向阀配合动作，使 A、B 两液压缸实现①、②、③、④顺序动作的回路。在图示状态下，两个换向阀均处于中位，A、B 两缸活塞处于左端位置。按下启动按钮，使 1YA 通电，A 缸活塞向右运动，实现动作①；当 A 缸行至终点后，系统压力升高，当油压超过压力继电器 1KP 的调定压力值时，压力继电器 1KP 动作，发出电信号，使电磁铁 3YA 通电，B 缸活塞向右运动，实现动作②；按返回按钮，1YA、3YA 断电，4YA 通电，B 缸活塞向左退回，实现动作③；B 缸活塞退到原位后，回路压力升高，当油压超过压力继电器 2KP 的额定压力值时，压力继电器 2KP 发出电信号，使 2YA 通电，A 缸活塞后退完成动作④。

显然以上两种回路动作的可靠性，在很大程度上取决于顺序阀和压力继电器的性能及其调定值，顺序阀和压力继电器的调定压力应比先动作的液压缸的工作压力高 10%～15%，以免管路中的压力冲击或波动造成误动作。这种回路只适用于系统中执行元件数目不多、负载变化不大和可靠性要求不太高的场合。当运动部件卡住或压力脉动变化较大时，误动作不可避免。

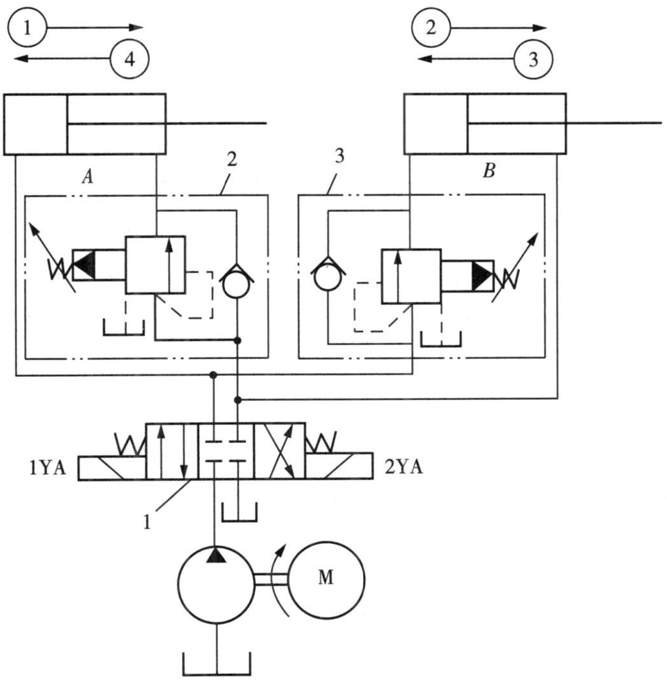

1—电磁式方向控制阀；2，3—普通单向顺序阀。

图 3 - 13　采用两个普通单向顺序阀的压力控制顺序动作回路

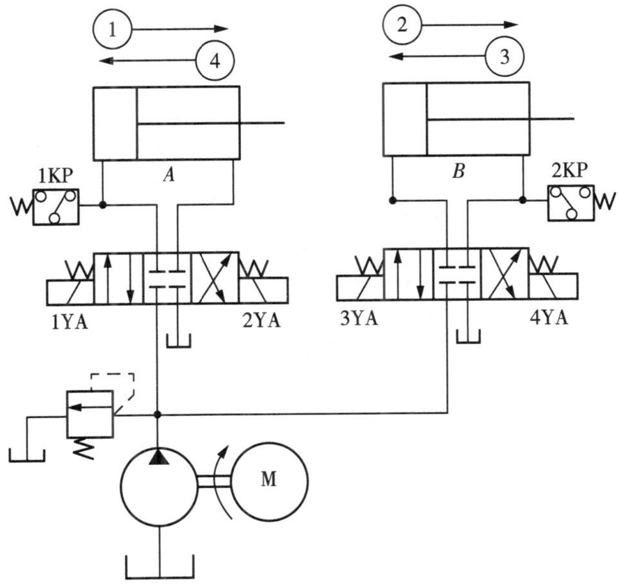

图 3 - 14　用压力继电器控制的顺序动作回路

2. 行程控制顺序动作回路

行程控制顺序动作回路是利用工作部件到达一定位置时，发出信号来控制液压缸的先后动作顺序的，它可以利用行程开关或行程阀来实现。

1）用行程开关控制的顺序动作回路

用行程开关控制的顺序动作回路如图 3－15 所示，此回路是利用电气行程开关控制电磁换向阀 1、2 的通电顺序，从而来实现 *A*、*B* 两液压缸按①、②、③、④顺序动作。在图示状态下，电磁换向阀 1、2 均不通电，两液压缸的活塞均处于右端位置。动作顺序：按下启动按钮，电磁铁 1YA 通电，电磁换向阀 1 左位工作，压力油进入 *A* 缸的右腔，其左腔回油，活塞左移实现动作①；当 *A* 缸活塞杆上的挡铁触动行程开关 1XK 时，2YA 通电，电磁换向阀 2 换为左位工作，这时压力油进入 *B* 缸右腔，缸左腔回油，活塞左移实现动作②；当 *B* 缸活塞左行至其上挡块触动行程开关 2XK 时，1YA 断电，电磁换向阀 1 换为右位工作。这时压力油进入 *A* 缸左腔，其右腔回油，活塞右移实现动作③；当 *A* 缸活塞右行，而后其上的挡块触动行程开关 3XK 时，2YA 断电，电磁换向阀 2 换为右位工作。这时压力油又进入 *B* 缸左腔，其右腔回油，活塞右移实现动作④。*B* 缸活塞上的挡块触动行程开关 4XK，又可使 1YA 通电，开始下一个工作循环。

这种回路的优点是控制灵活方便，其动作顺序更换容易，液压系统简单，易实现自动控制。但顺序转换时有冲击声，位置精度与工作部件的速度和质量有关，而可靠性则由电气元件的质量决定。

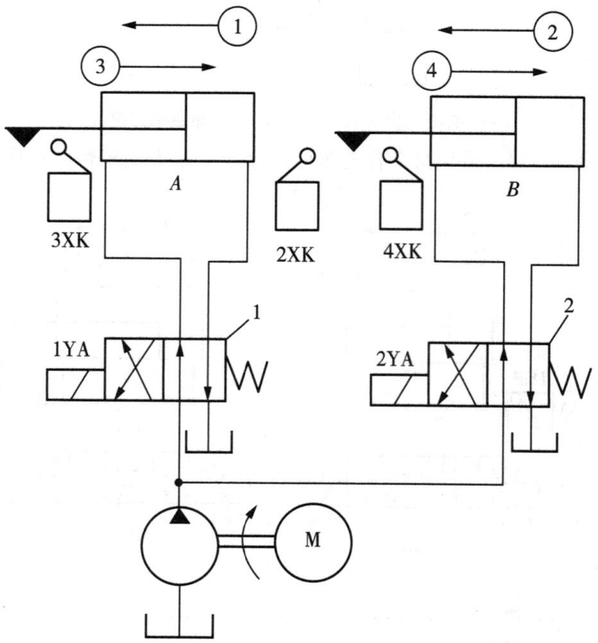

1，2—电磁换向阀。

图 3－15　用行程开关控制的顺序动作回路

2）用行程阀控制的顺序动作回路

用行程阀控制的顺序动作回路如图 3－16 所示。在图示状态下，*A*、*B* 两液压缸活塞均处在右端位置。当按下启动开关使电磁阀 1 通电时，电磁阀左位工作，压力油进入 B 缸右腔，B 缸左腔回油，其活塞左移实现动作①；当 B 缸活塞杆上的挡块压下行程阀 2 后，行程阀上位工作，压力油经行程阀进入 A 缸右腔，A 缸左腔回油，其活塞左移，实现动作②。当挡块触压行程开关 1XK 使电磁阀 1 断电时，压力油先进入 B 缸左腔，B 缸右腔回油，其活塞右移，实现动作③；当 B 缸活塞杆上的挡块松开行程阀使其恢复下位工作时，压力油经行程阀进入 A 缸的左腔，A 缸右腔回油，其活塞右移实现动作④。至此完成一个工作循环。这种回路工作可靠，动作顺序的换接平稳，但改变动作顺序比较困难，且管路长，压力损失大，不易安装。这种回路主要用于专用机械的液压系统。

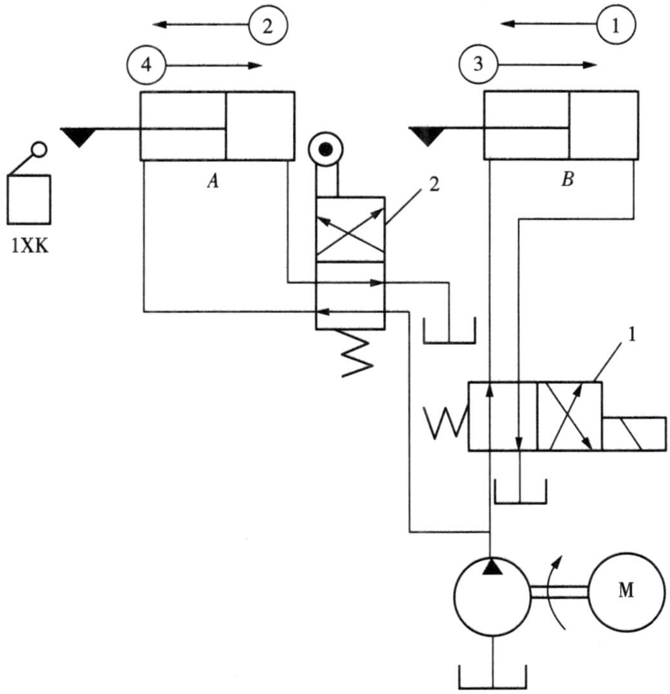

1—电磁阀；2—行程阀

图 3-16　用行程阀控制的顺序动作回路

3.2.4　平衡回路

为防止立式液压缸的工作部件在上位停止时因自重而自行下滑，或在下行时因自重而造成失控超速，运动不平稳，我们常采用平衡回路。即在其下行的回油路上设置单向顺序阀，使液压缸的回油腔产生一定的背压，以平衡其自重。平衡回路要求结构简单、闭锁性能好、工作可靠。

图 3-17 (a) 为采用单向顺序阀的平衡回路。顺序阀的调定压力应稍大于工作部件的自重对液压缸下腔形成的压力。这样，当换向阀处于中位，液压缸不工作时，顺序阀关闭，工作部件不会自行下滑。当换向阀左边电磁铁得电时，其左位工作，液压缸上腔通压力油。下腔的背压大于顺序阀的调定压力时，顺序阀开启，活塞与运动部件下行。由于自重得到平衡，因此不会出现超速现象。当换向阀右边电磁铁得电时，其右位工作，压力油经单向阀进入液

压缸下腔，缸上腔回油，活塞及工作部件上行。这种回路采用M形机能换向阀，可使液压缸停止工作时，缸上、下腔油被封闭，从而有助于锁住工作部件，另外还可使泵卸荷，以减少能耗。在这种回路中，当自重较大时，顺序阀调定压力较高，下行时回油腔背压大，必须提高进油腔工作压力，故功率损失较大。故这种回路只用于工作部件重量较小的场合，如车床的液压系统中。图 3－17（b）为采用液控单向顺序阀的平衡回路。它适用于工作部件的重量变化较大的场合，如起重机立式液压缸的油路。换向阀右位工作时，压力油进入缸下腔，缸上腔回油，使活塞上升吊起重物。当换向阀处于中位时，缸上腔卸压，液控顺序阀关闭，缸下腔油被封闭，因而不论其重量大小，活塞及工作部件均能停止运动并被锁住。当换向阀左位工作时，压力油进入缸上腔，同时进入液控顺序阀的外控口，使顺序阀开启，液压缸下腔可顺利回油，于是活塞下行，放下重物。由于背压较小，因此功率损失较小。下行时，若速度过快，必然使缸上腔油压降低，顺序阀控制油压也降低，因而液控顺序阀在弹簧力的作用下关小阀口，使背压增加，阻止活塞下降。故亦能保证工作安全可靠。但由于下行时液控顺序阀处于不稳定状态，其开口量有变化，故运动的平稳性较差。

以上两种平衡回路中，由于滑阀本身有泄漏，故在长时间停止时，工作部件仍会有缓慢的下移。为此，若要使工作部件长时间被锁在任意位置，可在液压缸与顺序阀之间加一个密封性能较好的液控单向阀。有液控单向阀的平衡回路如图 3－17（c）所示。当泵突然停转或换向阀处于中位时，液控单向阀将回路锁紧，并且重物的重量越大，液压缸下腔的油压越高，液控单向阀关得越紧，其密封性越好。因此这种回路能将重物较长时间地停留在空中某一位置而不下滑，平衡效果较好。

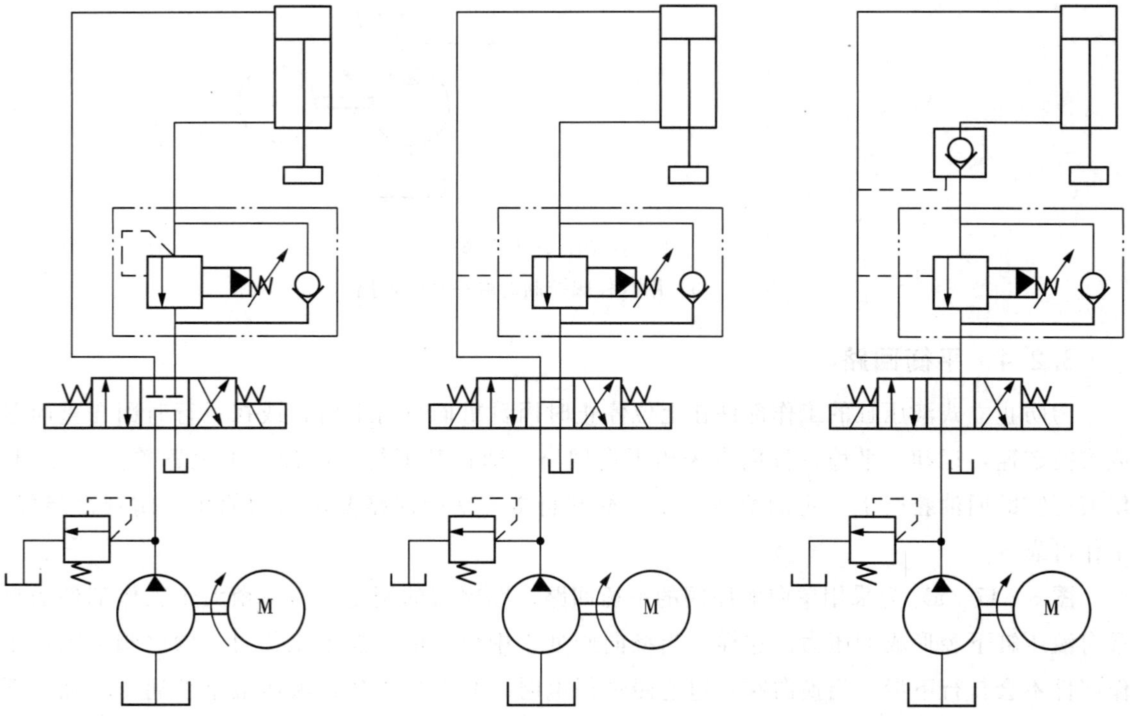

（a）采用单向顺序阀的平衡回路　（b）采用液控单向顺序阀的平衡回路　（c）有液控单向阀的平衡回路

图 3－17　用顺序阀的平衡回路

任务实施

（1）将学生分成若干组，确定组长。

（2）教师布置任务，让学生用多媒体简述直动式顺序阀及先导式顺序阀的功能、典型结构组成及拆卸注意事项。

（3）学生分小组讨论制定拆检方案，经教师核定批准后实施。

（4）在实验台上连接四种顺序动作回路，分别由顺序阀、行程阀、行程开关及压力继电器实现顺序动作，先调试各回路，然后分析每种回路的工作原理；在由顺序阀和压力继电器构成的顺序动作回路中，改变顺序阀和压力继电器的压力调定值，观察回路所实现的动作顺序有何变化。

（5）请你与小组成员讨论后，描述如图 3－11 所示的直动式顺序阀的系统属性和第 1～8 号零件的名称和作用。

（6）全班集中，由学生分小组并派代表汇报学习情况，教师点评并提出新的要求。

（7）撰写学习报告。注意简述顺序阀的类型、工作原理、结构、应用，以及顺序回路、平衡回路的工作原理。

任务评价

评价表见附录 3。

任务 3.3 减压阀的拆装与减压回路搭建

任务目标

了解减压阀的类型、结构组成、工作原理及用途，掌握减压回路的构成以及减压阀在减压回路中的作用。

【微课】

认识减压阀

任务描述

实习生小黄和张师傅帮助某厂调试好液压设备后不久，该厂又提出新想法：是否能在原有基础上，根据生产需要增加一个夹紧子系统，以便低投入、高效率地生产新产品？小黄感觉这次没有那么迷茫了，有了很多想法，并且进一步了解到新加的子系统的工作压力只需要达到原有系统的一半就够了。另外，在张师傅的悉心指导下，小黄很快设计出采用减压阀的夹紧子系统。

【课件】

任务 3.3

器材准备

内六角扳手、固定扳手、螺丝刀、各类减压阀等。

任务要求

1. 正确拆装典型减压阀

(1) 拆检。将典型的先导式减压阀(图 3－18),按先外后内的顺序拆检,对零件进行标号并按顺序摆放在橡胶板上。观察内部、外部结构及组成,分析其工作原理,了解其用途。

(2) 组装。按先拆后装的顺序进行组装。

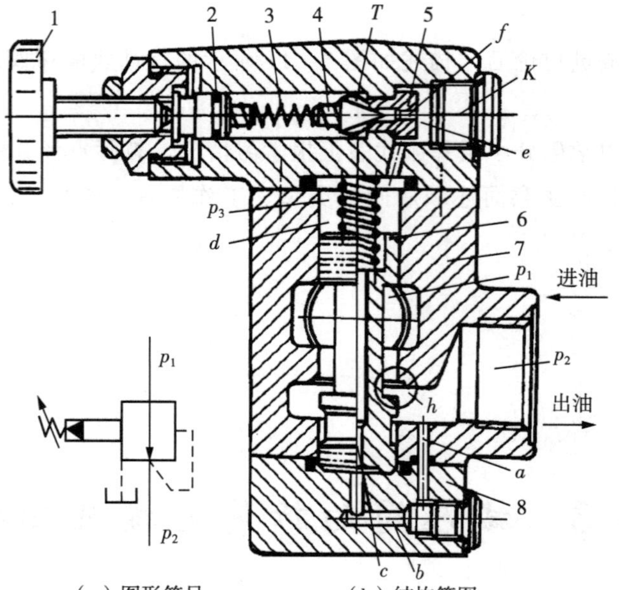

(a) 图形符号　　(b) 结构简图

1—调压手轮;2—密封圈;3—弹簧;4—先导阀芯;5—阀座;6—主阀芯;7—主阀体;8—阀盖。

图 3－18　典型的先导式减压阀

2. 正确搭建及调试减压回路

参考图 3－18,在实验台上搭建减压回路并完成调试,注意分析其工作原理。

知识准备

在液压系统中,有时某一支路需要获得比系统压力低而平稳的压力油,此时可采用减压阀控制。

3.3.1　减压阀类型、特点及应用

减压阀是利用油液流过缝隙时产生压降的原理,使出口压力低于进口压力的压力控制阀。按调节要求不同,减压阀有三种:①用于保持出口压力为定值的定值减压阀;②用于保持进口、

出口压力差不变的定差减压阀；用于保持进口、出口压力成比例的定比减压阀。其中定值减压阀应用最广，如不指明，通常所称的减压阀为定值减压阀。这里我们只介绍定值减压阀。

定值减压阀也有直动式和先导式两种。直动式很少单独使用，先导式则应用较多。

图 3－18 为典型的先导式减压阀（有图形符号和结构简图）。它由先导阀与主阀组成。油压为 p_1 的压力油，由主阀的进油口流入，经减压阀口 h 后由出油口流出，其压力为 p_2。出口油液经主阀体 7 和阀盖 8 上的孔道 a、b 及主阀芯 6 上的阻尼孔 c 流入主阀芯上腔 d 及先导阀右腔 e。当出口压力 p_2 低于先导阀弹簧的调定压力时，先导阀呈关闭状态，主阀芯上腔、下腔油压相等，它在主阀弹簧力作用下处于最下端位置（图示位置）。这时减压阀口 h 开度最大，不起减压作用，其进口、出口油压基本相等。当 p_2 达到先导阀弹簧调定压力时，先导阀开启，主阀芯上腔油经先导阀流回油箱 T，下腔油经阻尼孔 c 向上流动，使主阀芯两端产生压力差。阀芯在此压差作用下克服上端弹簧的阻力向上抬起，关小减压阀口 h，阀口压降$\triangle p$增加。减压阀起到了减压作用。这时若由于负载增大或进口压力向上波动而使 p_2 增大，在 p_2 大于弹簧调定值的瞬时，主阀芯立即上移，使开口 h 迅速减小，$\triangle p$ 进一步增大，出口压力 p_2 便自动下降，仍恢复为原来的调定值。由此可见，减压阀能利用出油口压力的反馈作用，自动控制阀口开度，保证出口压力基本上为定值。因此，它也被称为定值减压阀。

减压阀的阀口为常开型，其泄油口必须由单独设置的油管通往油箱，且泄油管不能插入油箱液面以下，以免造成背压，使泄油不畅，影响减压阀的正常工作。

当阀的外控口 K 接一个远程调压阀，且远程调压阀的调定压力低于减压阀的调定压力时，可以实现二级减压。

将先导式减压阀与先导式溢流阀进行比较，我们可以发现二者的差别，其不同点归纳为以下四点。

（1）控制阀口启闭的油压及控制点：溢流阀引自进口油压，保持进口压力为定值；而减压阀引自出口油压，保持出口压力恒定。

（2）在常态下减压阀阀口为常开，进油口、出油口互通；溢流阀阀口则为常闭，进油口、出油口不通。

（3）溢流阀的先导阀弹簧腔的油液在阀体内被引至回油口（即内泄式）；减压阀的出口油液通执行元件，因此须单独设置泄油口（即外泄式）。

（4）溢流阀并联于系统中，而减压阀则串联于系统中。

与溢流阀相同的是，两者均以直动式溢流锥阀作为先导阀，先导式减压阀亦可以远程控制并连接调压阀，实现远控或多级减压。

3.3.2 减压回路

减压回路的作用是使系统中某一支路获得低于系统压力调定值的稳定的工作压力。如工件夹紧油路、控制油路、润滑油路的工作压力常需低于主油路的压力，所以常采用减压回路。

减压回路如图 3－19 所示，是一种常用的减压回路。液压泵的供油压力根据主系统的负载要求由溢流阀 1 调定，回路中串联一个减压阀 2，使夹紧缸能获得较低而又稳定的夹紧力。减压阀的出口压力可以在 0.5 MPa 至溢流阀的调定压力范围内调节。当系统压力有波动时，减压阀出口压力可稳定不变。

图中单向阀3的作用：当主油路压力低于减压阀的调定值时，夹紧油路和主油路被隔开，防止油倒流，起到短时保压作用，使夹紧缸的夹紧力在短时间内保持不变。为了确保安全，夹紧回路中常采用带定位的二位四通电磁换向阀4，或采用失电夹紧的二位四通电磁换向阀换向，以防止在电路出现故障时松开工件出事故。

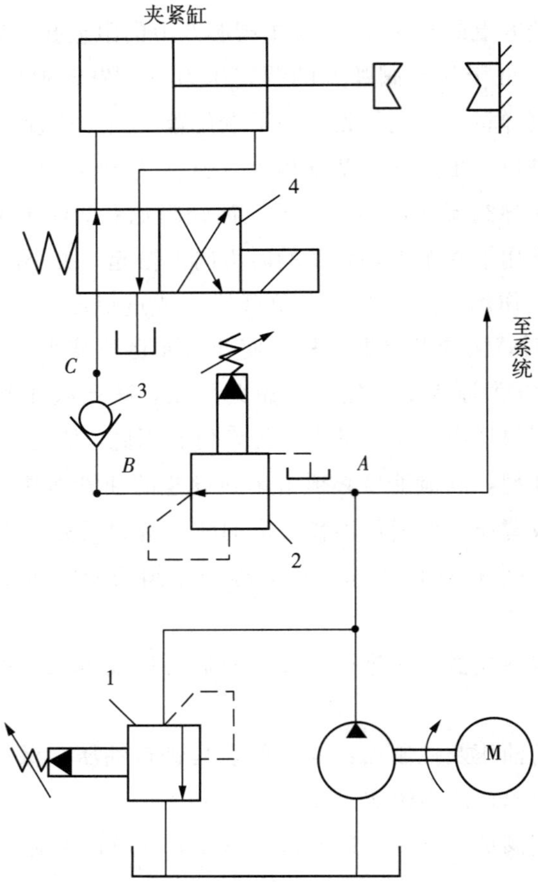

1—溢流阀；2—减压阀；3—单向阀；4—二位四通电磁换向阀。

图3-19　减压回路

设计减压回路时应注意：

（1）为确保安全，减压回路中的换向阀可选用带定位的电磁换向阀，如普通电磁换向阀应设计成断电夹紧。

（2）为使减压回路可靠地工作，减压阀的最低调整压力不应小于0.5 MPa，一般减压阀调整的最高值，要比系统中控制主回路压力的溢流阀调定值低0.5～1 MPa。

（3）当减压回路中的执行元件需要调速时，调速元件应放在减压阀出口的油路上，以免减压阀的泄漏口流回油箱的油液对执行元件的速度产生影响。

任务实施

（1）将学生分成若干组，确定组长。

（2）教师布置任务，让学生用多媒体简述先导式减压阀的功能、典型结构组成及拆卸注意事项。

（3）学生分小组讨论并制定拆检方案和减压回路搭建调试方案，经教师核定批准后实施。

（4）请你与小组成员讨论后，描述先导式减压阀的系统属性和第1～8号零件的名称和作用。

（5）全班集中，由学生分小组并派代表汇报学习情况，教师点评并提出新的要求。

（6）撰写学习报告。注意简述减压阀的类型、工作原理、结构、应用，以及典型压力控制回路的工作原理。

任务评价

评价表见附录3。

项目小结

本项目学习的主要内容是压力控制阀（如溢流阀、减压阀、顺序阀）及相关的压力控制回路（如调压回路、增压回路、减压回路、保压回路、背压回路、卸压回路、卸荷回路、顺序动作回路及平衡回路）。学完本项目后，希望大家掌握这些阀的类型、结构、工作原理及作用，并结合它们的工作原理分析各种压力控制回路。

复习思考题

3-1　溢流阀有哪几种用法?

3-2　溢流阀、顺序阀、减压阀各有什么作用?它们在原理和图形符号上有何异同?顺序阀能否当溢流阀用?

3-3　压力阀的铭牌已无法辨别，能否不拆阀而判断出溢流阀、减压阀与顺序阀?

3-4　什么叫压力继电器的开启压力和闭合压力?压力继电器的通断调节区间如何调整?

3-5　蓄能器有哪几种类型?各有哪些功能?

3-6　在如图3-20所示的两个液压系统的泵组中，各溢流阀的调整压力分别为 $p_A=4$ MPa，$p_B=3$ MPa，$p_C=2$ MPa，若系统的外负载趋于无限大，泵出口的压力各为多少?

3-7　图3-17（a）中，已知液压缸直径 $D=100$ mm，活塞杆直径 $d=70$ mm，活塞及负载总重 $G=16\times103$ N，提升时要求在0.1 s内达到稳定上升速度 $v=6$ m/min。试确定溢流阀和顺序阀的调定压力。

3-8　如图所示，试确定下列各种情况下系统的调定压力：（1）1YA、2YA和3YA都断电；（2）2YA通电，IYA和3YA断电；（3）2YA断电，1YA和3YA通电。

3-9　在图3-19所示的减压回路中，若溢流阀的调整压力为5 MPa，减压阀的调定压力为2.5 MPa，试回答下列问题，并说明减压阀的阀口处于什么状态。

(1) 夹紧缸在夹紧工件前做空载运动时，不计摩擦力和压力损失，A、B、C 三点的压力各为多少？

(2) 夹紧缸夹紧工件运动停止后，主油路截止时，A、B、C 三点的压力各为多少？

(3) 工件夹紧后，当主系统工作缸快进，主油路压力降到 1.5 MPa 时，A、B、C 三点的压力各为多少？

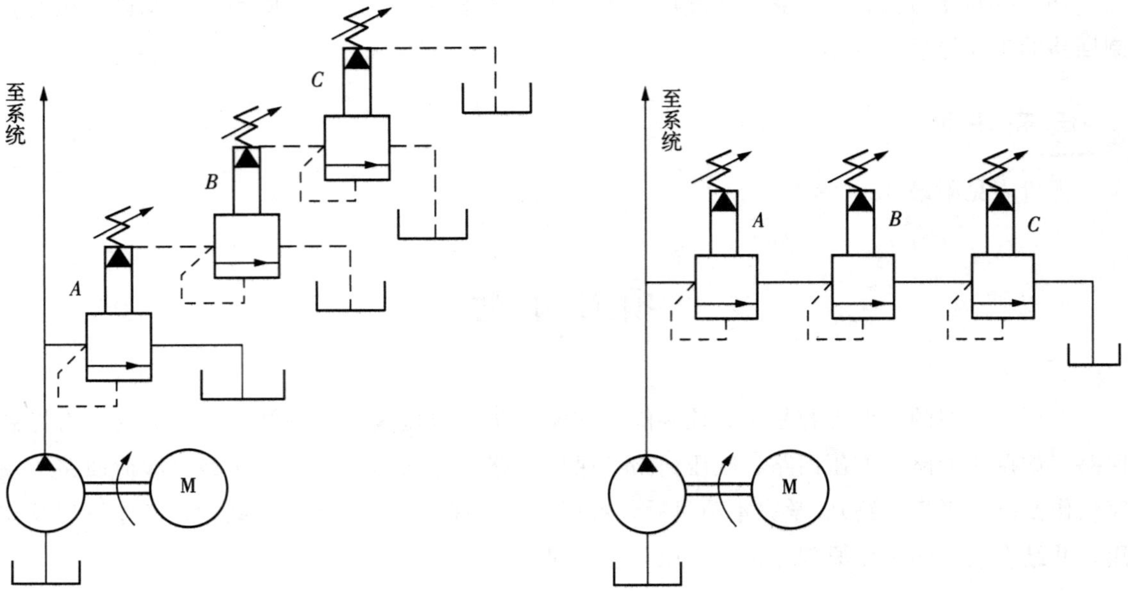

(a) 液压系统1　　(b) 液压系统2

图 3-20　题 3-6 图

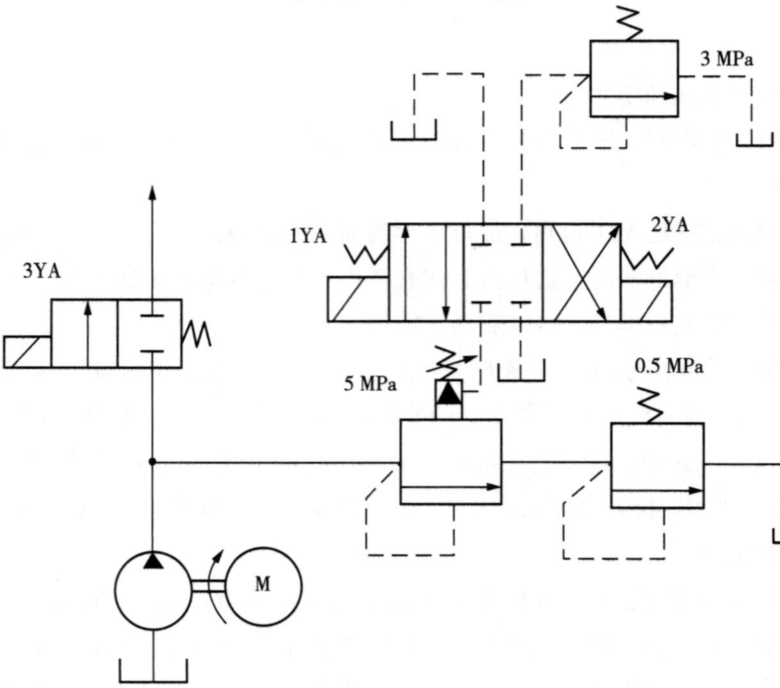

图 3-21　题 3-8 图

项目 4　速度控制

项目目标

知识目标

（1）了解节流阀、液压泵、液压马达和蓄能器的种类、用途，熟悉它们的图形符号及画法。

（2）理解液压泵、液压马达的工作原理和流量、速度、扭矩、推力的计算方法。

（3）熟悉液压速度控制基本回路的类型，掌握液压速度控制基本回路的组成及功能。

（4）重点掌握节流调速回路的速度负载特性，快速运动和速度换接回路的工作原理，多缸运动同步回路的实现方式。

素质目标

（1）培养脚踏实地、认真负责、求真务实、团结协作的工作作风。

（2）培养执着专注、科学严谨、精益求精、追求卓越的工匠精神。

（3）培养勇于探索、敢为人先、知难而进、乐于奉献的创新精神。

（4）培养勤奋刻苦的学习作风。

能力目标

（1）掌握流量控制阀、液压泵、液压马达的基本结构。

（2）熟练进行流量控制阀、液压泵、液压马达的拆装。

（3）具备正确选用液压元器件以及进行系统安装、调试和故障诊断排除等实践能力。

任务 4.1　流量控制阀拆检与节流调速回路组装

任务目标

了解流量阀的种类、用途及其工作原理，熟悉它们的图形符号及画法。熟悉节流阀的图形符号，理解节流调速控制回路的工作原理。能正确选用各种流量阀，具备各种流量阀的拆检、测试及维护等实践能力。能进行各种调速控制回路的安装、调试。

【课件】

任务 4.1

任务描述

实习生小黄最近跟着张师傅到某厂帮忙调试液压设备，该厂要求设备可以根据需要依次自动实现快进、慢进、停留、快退的工艺动作循环。小黄觉得设想很好但束手无策，张师傅则很从容，告诉小黄可以用流量阀、调速阀等组建成调速回路来实现上述功能要求。并且，在张师傅的悉心指导下，小黄很快就了解到如何采用节流阀和调速阀组建调速回路以满足生产工艺对速度的要求。

器材准备

(1) 实物：节流阀、调速阀等。

(2) 工具：内六角扳手 1 套、耐油橡胶板 1 块、油盆 1 个及钳工常用工具 1 套等。

任务要求

1. 正确拆检节流阀

(1) 拆卸顺序：以普通节流阀（图 4－1）为例，旋下手柄上的止动螺钉，取下手柄 2，持孔用卡簧钳卸下卡簧；取下面板，旋出推杆 3 和推杆座；旋下弹簧座，取出弹簧 5 和节流阀芯，将节流阀芯放在清洁的软布上；用光滑的挑针把密封圈从槽内撬出，并检查弹性和尺寸精度。

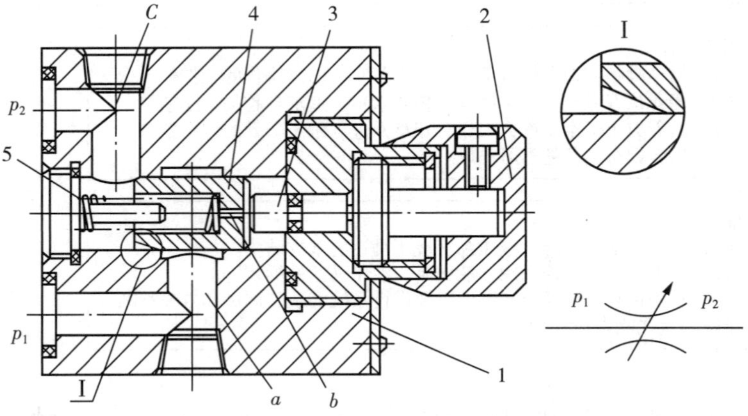

(a) 结构原理图　　(b) 图形符号

1—阀体；2—手柄；3—推杆；4—阀芯；5—弹簧。

图 4－1　普通节流阀

【微课】

认识节流阀

(2) 主要零件分析。节流阀芯：多为圆柱形滑阀，其上开有三角沟槽节流口和中心小孔，转动手柄，节流阀芯做轴向运动，从而改变节流口通流面积，这样便可调节流经节流阀（或调速阀）的流量。在拆卸过程中，注意观察主要零件的结构，各油孔、油道的作用，并结合结构图分析其工作原理。

(3) 装配顺序：装配前，清洗各零件，在节流阀芯、推杆及配合零件的表面上涂润滑液，然后按拆卸的反顺序装配。要注意节流阀芯在阀体内的方向，切不可装反。

2. 正确搭建与调试节流调速回路

(1) 在实训教师指导下，按照任务书的要求，设计利用节流阀或调速阀的回油节流调速回路。其工作原理可参见图 4－5。

(2) 检查实验台上搭建的液压回路是否正确，各接管连接部分是否插接牢固，确定无误则接通电源。将换向阀插座与二位四通电磁换向阀进行连接，启动电气控制面板上的开关。

(3) 调节安全溢流阀使液压泵的输出压力达到预定值，将回路中的节流阀或调速阀调节旋钮调至较小位置（使通流面积尽可能小），进行该回路的预运行。

（4）缓慢调节节流阀或调速阀调节旋钮，以使节流口逐渐增大（其调节量应与速度传感器的测速精度相适应），测定并记录工作液压缸活塞的运动速度及调节量。

知识准备

4.1.1　流量控制原理及节流口形式

由 $v=q/A$ 知，执行元件的工作速度取决于进入执行元件的流量，流量越大速度越快。可见，控制了进入执行元件的流量就等于控制了执行元件的工作速度。

液压传动中常利用液体流经阀的小孔或间隙来控制流量和压力，达到调速和调压的目的。讨论小孔的流量计算，了解其影响因素，对于合理设计液压系统，正确分析液压元件和系统的工作性能是很有必要的。

小孔结构形式一般可以分为三种：当小孔的长径比 $l/d \leqslant 0.5$ 时，称为薄壁孔；当 $l/d>4$ 时，称为细长孔；当 $0.5<l/d\leqslant 4$ 时，称为短孔。

各种小孔的流量与压力、小孔截面积的关系，可用下式来表示：

$$q=C\cdot A_T\cdot \Delta p^{\varphi} \tag{4-1}$$

式中：C 为由孔的形状、尺寸和液体的性质决定的系数，进行薄壁孔计算时一般取 $C=0.6\sqrt{2/\rho}$，ρ 为液体密度；A_T 为小孔的通流截面面积；Δp 为小孔两端的压力差；φ 为由孔的长径比决定的指数，薄壁孔为 $\varphi=0.5$，细长孔为 $\varphi=1$，短孔为 $0.5<\varphi<1$。

由式（4-1）可见，不论是哪种小孔，其通过的流量均与小孔的过流断面面积 A_T 成正比，改变 A_T 即可改变通过小孔流入液压缸或液压马达的流量，从而达到对运动部件进行调速的目的。在实际应用中，中功率、小功率的液压系统中常用的节流阀就是利用这种原理工作的。

在液压系统中，常用薄壁孔作为节流元件的阀口，而短孔适合作为固定节流器用。图 4-2 是常用的三种节流口形式。图 4-2（a）为针阀式节流口，它通道长，易堵塞，流量受油温影响较大，一般用于对性能要求不高的场合；图 4-2（b）为偏心槽式节流口，其性能与针阀式节流口相同，但容易制造，其缺点是阀芯上的径向力不平衡，旋转阀芯时较费力，一般用于压力较低、流量较大和流量稳定性要求不高的场合；图 4-2（c）为轴向三角槽式节流口，其结构简单，流量较小而稳定，且调节范围较大，但节流通道有一定的长度，油温变化对流量有一定的影响，目前被广泛应用。

4.1.2　节流阀

节流阀是流量阀中使用最普遍的一种形式，如图 4-3 所示为 L-25B 型节流阀。它由节流口与用来调节节流口开口大小的调节元件组成。压力油从进油口 p_1 经孔道 a 和阀芯 2 左端的节流槽进入孔道 c，再从出油口 p_2 流出。调节手轮，可通过推杆 5 使阀芯 2 做轴向移动，以改变节流口的通流截面积来调节流量。阀芯在弹簧的作用下始终紧贴在推杆上。

节流阀可实现无间隙动作；阀芯上的小孔 b 用来沟通阀芯两端，使其两端的液压力平衡，

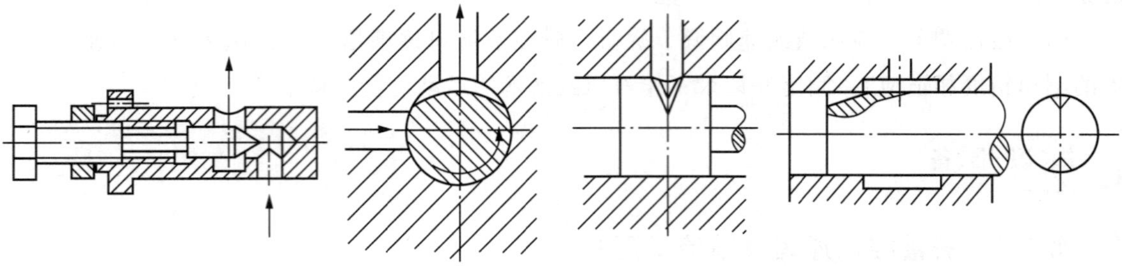

（a）针阀式节流口　　（b）偏心槽式节流口　　（c）轴向三角槽式节流口

图 4－2　常用的三种节流口形式

并使阀芯顶杆端不致形成封闭油腔，从而使阀芯能轻便移动。

节流阀结构简单、体积小、使用方便、成本低，但没有解决负载和温度的变化对流量稳定性影响较大的问题，因此只适用于负载和温度变化不大或速度稳定性要求不高的液压系统。

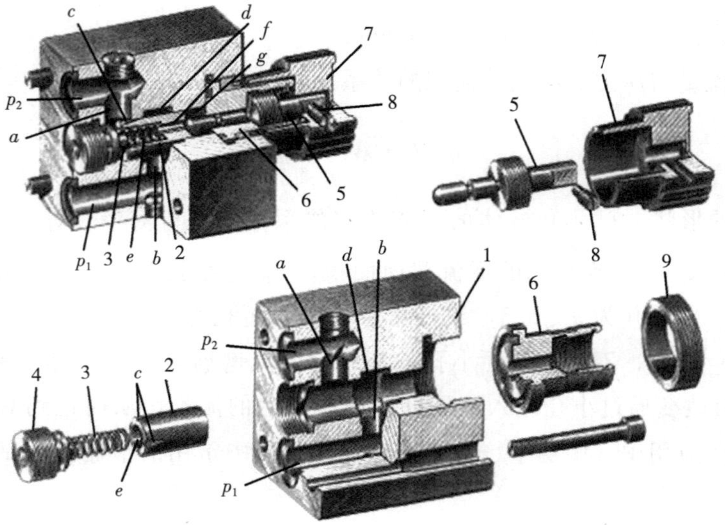

1—阀座；2—阀芯；3—复位弹簧；4—后盖；5—推杆；6—套；7—手柄；8—紧定螺钉；9—螺盖；
a—出油孔道；*b*—进油孔道；*c*—轴向三角槽；*d*—环槽；*e*—阀芯内腔；*f*—单向阀前通道；*g*—单向阀后通道；
P_1—进油口；P_2—出油口。

图 4－3　L－25B 型节流阀

4.1.3　调速阀

1. 调速阀的工作原理

调速阀是由节流阀与定差减压阀串联而成的组合阀，节流阀用来调节通过的流量，定差减压阀则自动调节节流阀前、后的压力差，使其为定值。由式（4－1）我们可知：保持节流阀前、后的压力差为恒定，即可消除负载变化对流量的影响。调速阀的工作原理如图 4－4（a）所示，定差减压阀 1 与节流阀 2 串联，定差减压阀上、下两腔 b 和 d 也分别通过 a 孔和 b 孔与节流阀后端和前端沟通。设定差减压阀的进口压力为 p_1，油液经减压后出口压力为 p，通过节流阀又降至 p_2 进入液压缸。p_2 的大小由液压缸负载 F 决定。负载 F 变化，则 p_2 和调速阀两端压差 p_1-p 随之变化，但节流阀两端压差 p_2-p 却不变。例如 F 增大使 p_2 增大，减压阀芯弹簧腔 b 的液压作用力也增大，使减压阀阀芯下移，减压口开度 h 加大，减压作用减小，导致 p_2 有所增加，结果是压差 p_2-p 基本不变。反之亦然。调速阀通过的流量因此就保持恒定了。图 4－4（b）和图 4－4（c）分别表示调速阀的详细图形符号和简化图形符号。

2. 调速阀和节流阀的流量特性

图 4－4（d）为调速阀和节流阀的流量特性曲线。节流阀的流量随着压力差的变化而按近似平方根曲线规律变化，而调速阀在压力差大于一定数值后，流量基本是稳定的。调速阀在压力差很小时，定差减压阀阀口全开，减压阀不起作用，这时调速阀的特性和节流阀相同。可见要使调速阀正常工作，一般应保证最小压力差大于 0.5 MPa。

【微课】
认识调速阀

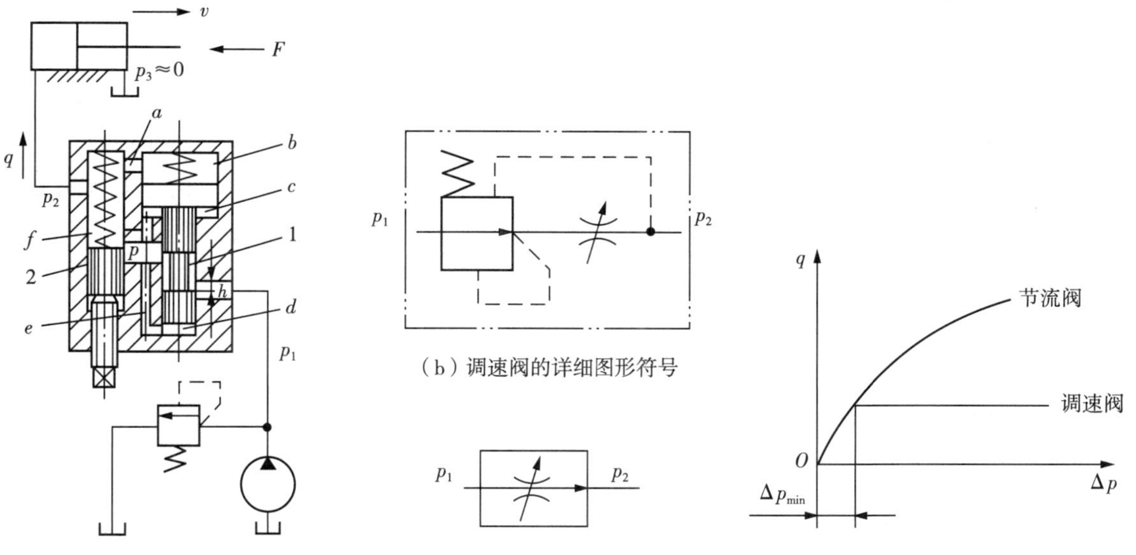

（a）调速阀的工作原理　（b）调速阀的详细图形符号　（c）调速阀的简化图形符号　（d）调速阀和节流阀的流量特性曲线

1—定差减压阀；2—节流阀。

图 4－4　调速阀和节流阀

4.1.4　节流调速回路

节流调速回路的基本工作原理是通过改变回路中流量控制元件（节流阀或调速阀）通流截面积的大小来控制流入或流出执行元件的流量，以调节其运动速度。根据流量阀在回路中的安装位置不同，节流调速回路分为进油节流调速回路、回油节流调速回路和旁路节流调速回路。由于在工作中流量控制元件的进口压力不随负载变化而变化，因此进油节流调速回路又被称为定压式节流调速回路；由于回油节流调速流量控制元件的进口压力随负载的变化而变化，因此回油节流调速回路又称为非定压式节流调速回路；由于流量控制元件的进口压力完全取决于负载变化，因此旁路节流调速回路又称为变压式节流调速回路。

1. **进油节流调速回路**

在执行元件的进油路上串接一个流量阀即构成进油节流调速回路。如图 4-5（a）所示为采用节流阀的进油节流调速回路。泵的供油压力由溢流阀调定，调节节流阀的流通面积 A_T，改变进入液压缸的流量，即可调节缸的工作速度。

泵多余的流量经溢流阀流回油箱，这部分流量全部损失掉了，称为溢流损失。因为泵输出的流量是不变的，所以，液压缸的速度越慢，进入液压缸的流量越小，流经溢流阀回油箱的流量越大，溢流损失就越大，系统效率就越低。换言之，进油节流调速回路是以降低系统效率为代价来实现速度控制的。故这种调速回路的效率 η 较低。当负载变化很小时，η 可达 0.2～0.6；当负载变化较大时，回路的效率降为 $\eta_{max}=0.385$。机械加工设备常有快进→工进（工作进给）→快退的工作循环，工进时泵的大部分流量溢流，所以回路效率极低，而低效率导致温升和泄漏量增加，这进一步影响了速度稳定性和效率。回路功率越大，问题越严重。在回路上加背压阀是为了使液压缸回油腔形成一定的背压，能承受一定的负值负载，防止负载减小时的前冲现象，提高液压缸的速度平稳性。

2. **回油节流调速回路**

如图 4-5（b）所示为节流阀串联在液压缸的回油路上，借助节流阀控制液压缸的排油量 q_2 来实现速度调节。由于进入液压缸的流量 q_1 受到回油路上排出流量 q_2 的限制，因此，用节流阀来调节液压缸的排油量 q_2 也就调节了进油量 q_1，定量泵多余的油液仍经溢流阀流回油箱，同样存在较大的溢流损失。一般我们可以认为回油节流调速回路的效率和进油节流调速回路的效率相同。但是，在回油节流调速回路中，液压缸工作腔和回油腔的压力都比进油节流调速回路高，特别是回油腔的背压有可能比液压泵的供油压力还高，这样会使其效率和承载能力都比进油调速回路的要低。

3. **旁路节流调速回路**

旁路节流调速回路如图 4-5（c）所示，将流量阀安放在和执行元件并联的旁油路上，即构成旁路节流调速回路。调节节流阀的通流面积，就调节了液压泵溢流回油箱的流量，从而控制了进入液压缸的流量，即实现了调速。由于溢流已由节流阀承担，因此溢流阀实际上是安全阀，常态时关闭，过载时打开，其调定压力为最大工作压力的 1.1～1.2 倍，故液压泵工作过程中的压力完全取决于负载而不恒定，所以这种调速方式又被称为变压式节流调速。

旁路节流调速回路只有节流损失而无溢流损失，比前两种调速回路效率高。但是，这种旁路节流调速回路稳定性差、低速承载能力弱、调速范围小，这限制了它的应用，它只用于高速、重载、对速度平稳性要求不高的较大功率系统中，如锯床进给系统、牛头刨床主运动系统等。

由上述介绍我们可知，进油节流调速回路综合性能较好，应用较为广泛。

我们必须注意到：使用节流阀的节流调速回路，速度负载特性比较差。为了克服这个缺点，回路中的节流阀可用调速阀来代替。由于调速阀本身能在负载变化的条件下保证节流阀进、出油口间的压力差基本不变，因此使用调速阀后，节流调速回路的速度负载特性将得到改善，旁路节流调速回路的承载能力亦不因活塞速度降低而减弱。但所有性能的改进都是以加大整个流量控制阀的工作压力差为代价的，调速阀的工作压力差一般最小为 0.5 MPa，高压调速阀需 1.0 MPa 左右。

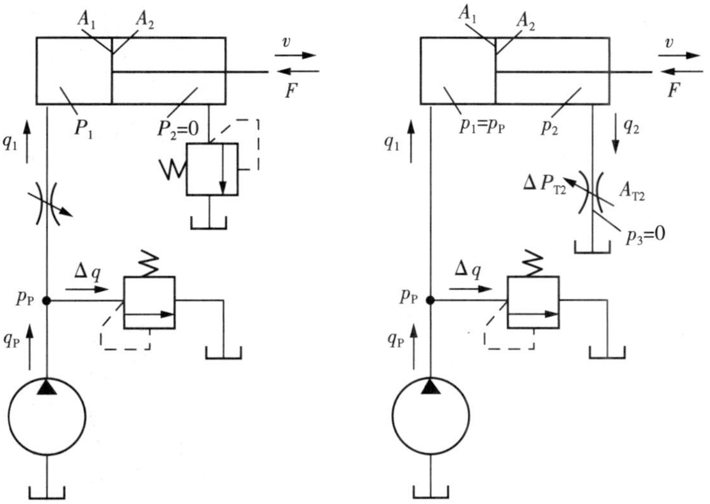

（a）采用节流阀的进油节流调速回路　（b）节流阀串联在液压缸的回油路上　（c）旁路节流调速回路

图 4－5　节流调速回路的工作原理

任务实施

（1）将学生分成若干组，确定组长。

（2）教师布置任务，让学生简述节流阀和调速阀的功能、典型结构组成及拆卸注意事项。

（3）学生分小组讨论制定拆检方案和节流调速回路搭建方案，经教师核定批准后实施。

（4）在实验台上分别连接节流阀、调速阀，组成一定的节流回路，并完成调试，然后分析每种回路的工作原理；调节节流阀、调速阀开口大小，观察回路所实现的动作速度变化。

（5）请你与小组成员讨论后，描述如图 4－1 所示的普通节流阀的系统属性和第 1～5 号零件的名称和作用。

（6）全班集中，由学生分小组派代表汇报学习情况，教师点评并提出新的要求。

（7）撰写学习报告。①根据阀的结构，简述液流从进油到出油的全过程；分析节流阀与调速阀的不同之处，画出他们的职能符号；分析阀芯上中心小孔的作用；分析调速阀失灵的原因及故障排除方法。②画出所组装的节流调速回路图；试述实训用液压泵、液压缸、阀等元器件的名称及性能，溢流阀在液压系统中的作用，以及在回油节流调速回路中起到的作用；简述进油节流调速回路与回油节流调速回路的相同点和不同点；就低速平稳性而言，为什么说回油节流调速优于进油节流调速？回油节流调速回路中为何会出现启动前冲？

任务评价

评价表见附录 3。

任务4.2　定量泵的拆装

【微课】
认识齿轮泵

任务目标

掌握定量泵的类型、结构、性能、特点和工作原理。

任务描述

实习生小黄今天跟着张师傅到某厂帮忙解决液压设备故障问题，因为该厂给小黄实习所在的修理厂打来电话，说厂里的液压设备无法工作，严重影响正常生产。张师傅接到任务后马上带着小黄出发，经检测后发现是该设备的齿轮泵出现了故障。他们将齿轮泵带回了公司拆检，并着手做进一步的检测。

【课件】
任务4.2

器材准备

（1）实物：CB－B型和CB－F型齿轮泵、双向叶片泵等。

（2）工具：内六角扳手一套、钳工常用工具一套、油盘一个、耐油橡胶板一块等。

任务要求

1. 齿轮泵拆装

（1）齿轮泵参考型号：CB－B型齿轮泵（图4－6）和CB－F型齿轮泵。

（2）拆卸步骤：松开6个紧固螺钉，分开前泵盖1和后泵盖3；从泵体2中取出主动齿轮及轴、从动齿轮及轴；分解泵盖与轴承、齿轮与轴、泵盖与油封。

（3）主要零件和结构观察：观察泵体两端面上泄油槽的形状和位置，并分析其作用；观察前、后泵盖上的两个矩形卸荷槽的形状和位置，并分析其作用；观察进、出油口的位置和尺寸。

（4）装配要领：装配前清洗各零件，在轴与泵盖之间、齿轮与泵体之间的配合表面上涂液压液，然后按拆卸时的反向顺序装配。

2. 定量叶片泵拆装分析

（1）叶片泵参考型号：YB1型双作用叶片泵（图4－7）。

（2）拆卸步骤：拧下盖板8上的螺钉，取下盖板8，卸下前泵体7，卸下左、右配油盘2和6、定子5与转子4、叶片3和传动轴11，使它们与后泵体1脱离。在拆卸过程中注意：由于左配油盘、右配油盘、定子、转子、叶片之间及轴与轴承之间是预先组成一体

【微课】
认识叶片泵

的，因此不能分离的部分不要强拆。

1—前泵盖；2—泵体；3—后泵盖；4—端盖；5—密封圈；
6—主动轴；7—主动齿轮；8—从动轴；9—从动齿轮；10—滚针轴承。

图 4-6 CB-B 型齿轮泵

(3) 主要零件的结构及作用观察：观察定子内表面的四段圆弧和四段过渡曲线组成情况，观察转子上叶片槽的倾斜角度和倾斜方向，观察配油盘的结构，观察吸油口、压油口、三角槽、环形槽及槽底孔，并分析作用，观察泵中所用密封圈的位置和形式。

(4) 装配要领：装配前清洗各部件，按拆卸时的反向顺序装配。

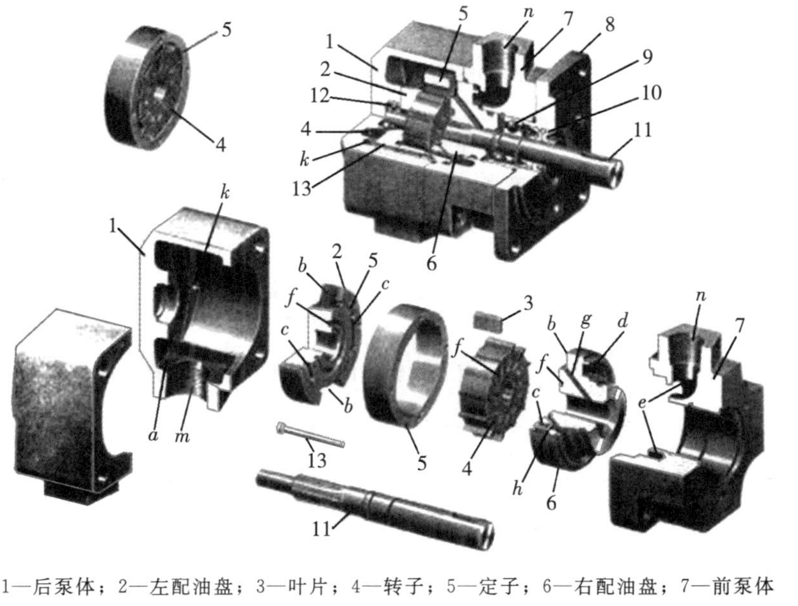

1—后泵体；2—左配油盘；3—叶片；4—转子；5—定子；6—右配油盘；7—前泵体
8—盖板；9—径向球轴承；10—油封；11—传动轴；12—径向球轴承；13—螺钉。

图 4-7 YB1 型双作用叶片泵

知识准备

4.2.1 液压动力元件

1. 液压动力元件概述

液压动力元件即液压泵，是液压系统的动力来源，是液压系统的重要组成部分。其作用是将原动机输入的机械能转换为液压能输出，为系统提供具有一定流速的压力油。液压泵是依靠密封容积的变化来进行工作的，故一般称为容积式液压泵。

液压泵的类型很多，按排量是否可调分为定量泵和变量泵，按结构可分为齿轮泵、叶片泵、柱塞泵等。液压泵的分类及特点见表 4－1 所列。

表 4－1 液压泵的分类及特点

<table>
<tr><th colspan="4">液压泵的分类</th><th>液压泵的特点</th></tr>
<tr><td>定量泵</td><td>齿轮泵</td><td>外啮合式</td><td>渐开线</td><td>优点：无配流机构，结构简单，易制造，成本低，对油液污染不敏感。但存在径向不平衡力和内泄漏，轴向泄漏约占 80%</td></tr>
<tr><td rowspan="6">定量泵</td><td>齿轮泵</td><td>内啮合式</td><td>摆线，
渐开线，
楔块垫隙</td><td>优点：结构紧凑，尺寸小，重量轻，运转平稳噪声低，高转速下有较高容积效率。缺点：齿形复杂，加工困难，价格贵，不适合低速高压工况</td></tr>
<tr><td rowspan="2">叶片泵</td><td colspan="2">双作用式</td><td rowspan="2">优点：结构紧凑，运动平衡，噪声小，输油均匀，寿命长等。缺点：结构复杂，吸油特性差，对油液的污染敏感</td></tr>
<tr><td colspan="2">单作用式</td></tr>
<tr><td>螺杆泵</td><td colspan="2">双螺杆，三螺杆</td><td></td></tr>
<tr><td rowspan="2">柱塞泵</td><td>轴向
柱塞泵</td><td>斜盘式，
斜轴式</td><td>密封性能好，容积效率高，易于实现变量，适宜在高压下使用</td></tr>
<tr><td colspan="2">径向柱塞泵</td><td>工艺性好，易变量，轴向尺寸小。径向尺寸大，配流轴受偏载易磨损，封油区小，易泄漏，限制压力和转速提高，应用极少</td></tr>
<tr><td rowspan="5">变量泵</td><td rowspan="4">柱塞泵</td><td rowspan="2">轴向
柱塞泵</td><td>斜盘式</td><td>改变斜盘的倾角 γ 实现泵的变量</td></tr>
<tr><td>斜轴式</td><td>改变斜轴的摆角 γ 实现泵的变量</td></tr>
<tr><td rowspan="2">径向
柱塞泵</td><td>阀配流式</td><td rowspan="2">改变定子和转子的偏心距 e 实现泵的变量</td></tr>
<tr><td>轴配流式</td></tr>
<tr><td>叶片泵</td><td colspan="2">单作用叶片</td><td>有径向偏载，使压力的提高受限制</td></tr>
</table>

2. 液压泵的主要性能参数

液压泵（马达）的主要性能参数（表 4－2）有压力 p、排量 V、流量 q、功率 P、效率 η 等。

表 4－2 液压泵（马达）的主要性能参数

主要性能参数		计算表达式	备 注
压力 p	工作压力 p	$p=P_0/q$	工作压力 p 为液压泵实际工作时的输出压力。P_0 为输出功率，q 为实际输出流量
	额定压力 p_n		p_n 为试验标准规定的连续运转的最高压力
功率 P	输入功率 P_i	$P_i=T\omega=2T\pi n$	P_i 为输入功率，T 为输入转矩，ω 为泵的角速度，n 为泵的转速
	输出功率 P_o	$P_o=\Delta pq$	泵输出的液压功率 P_o 为输出功率，Δp 为进、出油口间的油压差，q 为实际输出流量
效率 η	机械效率 η_m	$\eta_m=T_t/T=pV/2\pi T$	T_t 为理论转矩，V 为液压泵的排量，q_t 为理论流量，q_s 为泄漏流量； 马达正好相反，取 $\eta_m=T/T_t$、$\eta_V=q_t/q$
	容积效率 η_V	$\eta_V=q/q_t=1-q_s/q_t$	
	总效率 η	$\eta=\eta_m\eta_V$	
排量 V	齿轮泵/马达	$V=2\pi zm^2B$，通常取 $V=6.66zm^2B$	排量的定义：由其密封容积几何尺寸变化计算得到的液压泵（马达）每转一周排出液体的体积。 z、m、B 分别为齿轮齿数、模数、齿宽
排量 V	双作用叶片泵/马达	$V=2\pi(R^2-r^2)B$	R、r 分别为定子长半径、短半径，B 为转子厚
	单作用叶片泵/马达	$V=4\pi ReB$	
	轴向柱塞泵/马达	$V=\pi d^2 z D\text{tg}\gamma/4$	d、z、D 分别为柱塞直径、数目和分布直径，γ 为斜盘倾角
	径向柱塞泵/马达	$V=\pi d^2 2ez/4$	d、z 分别为柱塞直径和数目，e 为定子和转子之间的偏心距
流量 q	理论流量 q_t	$q_t=Vn$	不考虑泄漏，单位时间内排出液体体积的平均值。 V 为液压泵的排量，n 为其主轴转速
	实际流量 q	$q=q_t-q_s=q_t\eta_v$	单位时间内所排出的液体体积
	额定流量 q_n		试验标准规定的必须保证的流量

1）液压泵的压力

（1）工作压力 p：液压泵实际工作时的输出压力。工作压力的大小取决于外负载的大小和排油管路上的压力损失，而与液压泵的流量无关。

（2）额定压力 p_n：液压泵在正常工作条件下，试验标准规定的连续运转的最高压力。超过此值，将使泵过载。

2）液压泵的排量 V

在无泄漏的情况下，液压泵每转一周，根据其密封容积几何尺寸变化，计算而得的排出液体的体积叫液压泵的排量，单位为 mL/r。

3）液压泵的流量 q

（1）理论流量 q_t。理论流量是指在不考虑液压泵的泄漏流量的情况下，在单位时间内所

排出的液体体积的平均值。显然，如果液压泵的排量为 V，其主轴转速为 n，则该液压泵的理论流量

$$q_t = Vn \tag{4-2}$$

(2) 实际流量 q。液压泵在某一具体工况下，单位时间内所排出的液体体积称为实际流量，它等于理论流量 q_t 减去泄漏流量 q_s，即

$$q = q_t - q_s \tag{4-3}$$

(3) 额定流量 q_n。液压泵在正常工作条件下，按试验标准规定（如在额定压力和额定转速下），必须保证的流量。

4) 液压泵的功率

(1) 输入功率 P_i。驱动泵的机械功率叫泵的输入功率。当泵的实际输入转矩为 T，泵的角速度为 ω 时，有

$$P_i = T\omega = 2T\pi n \tag{4-4}$$

(2) 输出功率 P_o。泵输出的液压功率叫泵的输出功率，是泵在工作过程中的实际吸油口、压油口间的油压差 Δp 和输出流量 q 的乘积。

$$P_o = \Delta pq \tag{4-5}$$

5) 液压泵的效率

(1) 机械效率 η_m。由于泵内有各种摩擦损失（机械摩擦、液体摩擦），泵的实际输入转矩 T 总是大于其理论转矩 T_t。其机械效率

$$\eta_m = \frac{T_t}{T} \tag{4-6}$$

根据能量守恒原理，泵的理论输出功率 pqt 等于泵的理论输入功率 $2\pi nTt$，求得

$$T_t = \frac{pq_t}{2\pi n} = \frac{pV}{2\pi} \tag{4-7}$$

代入式 (4-6) 得

$$\eta_m = \frac{pV}{2\pi T} \tag{4-8}$$

(2) 容积效率 η_V。泵的容积损失主要是由液体泄漏造成的功率损失。所以液压泵的实际流量 q 与理论流量 q_t 的比值称为容积效率，用 η_V 表示

$$\eta_V = \frac{q}{q_t} = \frac{q}{Vn} = \frac{q_t - q_s}{q_t} = 1 - \frac{q_s}{q_t} \tag{4-9}$$

(3) 总效率 η。由于泵在能量转换时有能量损失（机械摩擦损失、泄漏流量损失），泵的输出功率 P_o 总是小于泵的输入功率 P_i。其总效率 η 为

$$\eta = \frac{P_o}{P_i} = \frac{pq\eta_V}{2\pi T_i} = \frac{pVn}{2\pi \cdot nT_i}\eta_V = \frac{PV}{2\pi \cdot n}\eta_V = \eta_m \eta_V \tag{4-10}$$

即泵的总效率 η 等于机械效率 η_m 和容积效率 η_V 的乘积。

更多参数的计算参见表 4-2 所列。

4.2.2 液压泵的选用

液压泵的主要特点及其应用范围详见表 4-3 所列，供选用时参考。

表 4-3 液压泵的主要特点及其应用范围

性能参数	类型					
	外啮合齿轮泵	双作用叶片泵	限压式变量叶片泵	轴向柱塞泵	径向柱塞泵	螺杆泵
工作压力/MPa	<20	6.3～21	≤7	20～35	10～20	<10
转速范围/($r \cdot min^{-1}$)	300～7000	500～4000	500～2000	600～6000	700～1800	1000～18000
容积效率	0.70～0.95	0.80～0.95	0.80～0.90	0.90～0.98	0.85～0.95	0.75～0.95
总效率	0.60～0.85	0.75～0.85	0.70～0.85	0.85～0.95	0.75～0.92	0.70～0.85
功率质量比	中等	中等	小	大	小	中等
流动脉动率	大	小	中等	中等	中等	很小
自吸性能	好	较差	较差	较差	差	好
油污染敏感性	不敏感	敏感	敏感	敏感	敏感	不敏感
噪声	大	小	较大	大	大	很小
寿命	较短	较长	较短	长	长	很长
单位功率造价	最低	中等	较高	高	高	较高
应用范围	机床、工程机械、农机、航空、船舶、一般机械	机床、注塑机、液压压力机、起重运输及工程机械、飞机	机床、注塑机	工程、锻压、起重、矿山、冶金等机械，船舶，飞机	机床、液压压力机、船舶机械	食品、化工、石油、纺织等机械，精密机械，精密机床

4.2.3 定量泵

排量为常数的液压泵则称为定量泵。

1. 外啮合齿轮泵

外啮合齿轮泵是液压系统中应用最广的一种液压泵，它一般被做成定量泵，具有结构简单、制造容易、成本低、对油液污染不敏感、工作可靠、维护方便、寿命长等优点。

1）工作原理和结构

外啮合齿轮泵工作原理如图 4-8 所示。泵主要由一对外啮合齿轮、驱动轴、泵体及侧板等主要零件构成。泵体内相互啮合的主动、从动齿轮与两端盖及泵体一起构成密封工作容积，齿轮的啮合线将左、右两腔隔开，形成了吸油腔、压油腔。当齿轮按图示方向旋转时，右侧吸油腔内的轮齿脱离啮合，密封工作腔容积不断增大，形成部分真空，油液在大气压力作用下从油箱经吸油管进入吸油腔，并被旋转的轮齿带入左侧的压油腔。左侧压油腔内的轮齿不断进入啮合，使密封工作腔容积减小，油液受到挤压被排往系统压力区，这就是齿轮泵的吸油和压油过程。外啮合齿轮泵——CB-B型齿轮泵如图 4-6 所示。

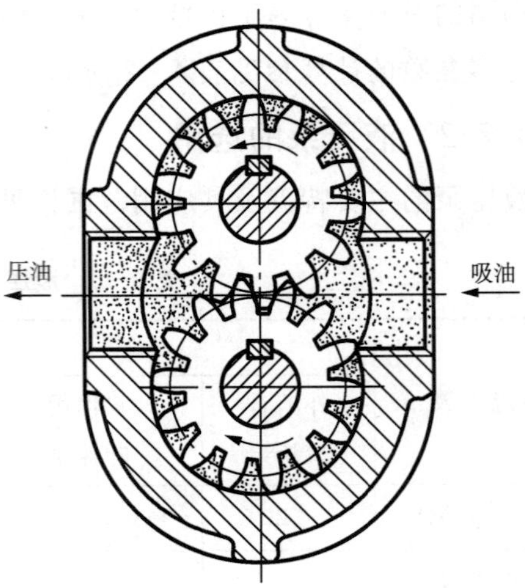

图 4-8　外啮合齿轮泵工作原理

2）排量和流量

齿轮泵的排量 V 相当于一对齿轮所有齿槽容积之和。假如齿槽容积大致等于轮齿的体积，那么齿轮泵的排量等于一个齿轮的齿槽容积与轮齿容积的总和，即相当于以有效齿高（$h=2m$）和齿宽 B 构成的平面所扫过的环形体积，即

$$V=\pi DhB=2\pi zm^2B \tag{4-11}$$

式中：D 为齿轮分度圆直径，$D=mz$；h 为有效齿高，$h=2m$；B 为齿轮宽；m 为齿轮模数；z 为齿数。

实际上齿槽的容积要比轮齿的容积稍大一些，故上式修正为

$$V=6.66zm^2B \tag{4-12}$$

所以，泵的输出流量为

$$q=6.66zm^2Bn\eta_V \tag{4-13}$$

式中：n 为齿轮泵转速（r/min）；η_V 为齿轮泵的容积效率。

实际上齿轮泵在啮合过程中压油腔容积变化率是不均匀的，因此泵输油量是有脉动的，故式（4-13）所表示的是泵的平均流量。

3）外啮合齿轮泵存在的几个问题

（1）泄漏问题。外啮合齿轮泵压油腔的压力油向吸油腔泄漏有三个途径：一是通过啮合侧隙，即齿轮啮合处的间隙；二是通过顶隙，即泵体内表面和齿顶圆间的径向间隙；三是通过端面间隙，即齿轮两端面和盖板间的间隙。在三类间隙中，端面间隙的泄漏量最大，占75%～80%，而且泵的压力愈高，间隙泄漏量就愈大。要提高齿轮泵的压力，一般用自动补偿装置，并采用适当的轴向间隙。

（2）径向力不平衡问题。在齿轮泵中，油液作用在齿轮外缘的压力是不均匀的，从低压腔到高压腔，压力沿齿轮旋转的方向逐齿递增，因此，齿轮和轴受到径向不平衡力的作用。

齿轮泵的径向不平衡力如图 4-9 所示。工作压力越高，径向不平衡力越大。径向不平衡力很大时，泵轴弯曲，齿顶压向定子的低压端，使定子偏磨，同时也加速轴承的磨损，降低轴承使用寿命。为了减弱径向不平衡力的影响，人们常采取缩小压油口的办法，使压油腔的压力仅作用在一个齿到两个齿的范围内。同时，适当增大径向间隙，使齿顶不与定子内表面产生金属接触，并在支撑上多采用滚针轴承或滑动轴承。

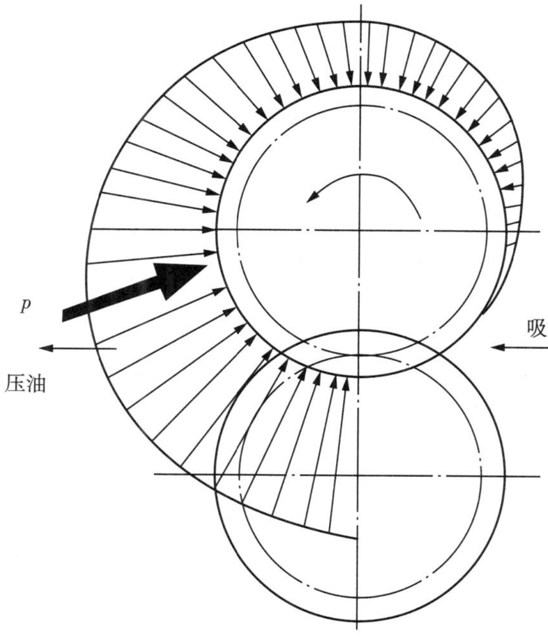

图 4-9 齿轮泵的径向不平衡力

(3) 困油问题。齿轮泵要平稳地工作，齿轮啮合时的重合度必须大于1，即至少有一对轮齿同时啮合。因此，在工作过程中，就有一部分油液困在两对轮齿啮合时所形成的封闭油腔之内。齿轮泵困油如图 4-10 所示。这个密封容积随齿轮转动，先由最大［图 4-10 (a)］逐渐减到最小［图 4-10 (b)］，又由最小逐渐增到最大［图 4-10 (c)］。如此产生了密封容积周期性的增大和减小。受困油液受到挤压而产生瞬时高压，导致油液发热，轴承等零件也受到附加冲击载荷的作用；若密封容积增大，又会造成局部真空，使溶于油液中的气体分离出来，产生气穴，这就是齿轮泵的困油现象。困油现象使齿轮泵产生强烈的噪声，并引起振动和气蚀，同时降低泵的容积效率，影响工作的平稳性和使用寿命。消除困油的方法，通常是在两端盖板上开卸槽（如图 4-10 中虚线所示），使密封容积减小时与压油腔相通，密封容积增大时与吸油腔相通。

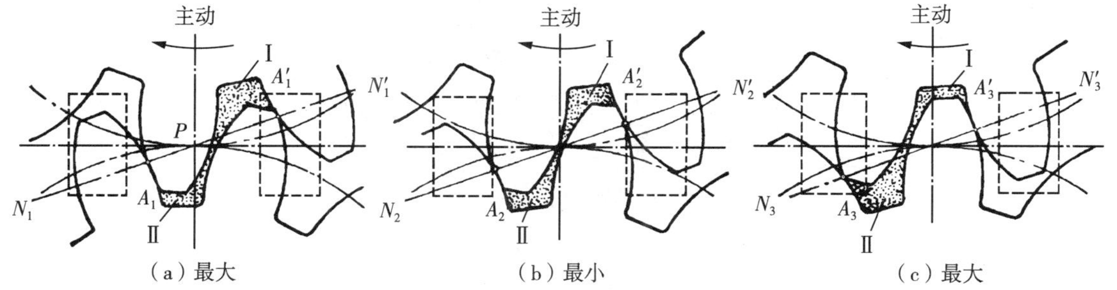

图 4-10 齿轮泵困油

2. 内啮合齿轮泵

内啮合齿轮泵有渐开线齿形和摆线齿形两种，其工作原理也是利用齿间密封容积的变化来实现吸油、压油的。内啮合齿轮泵内可做到无困油，流量脉动也小，它结构紧凑，尺寸小，重量轻，运转平稳，噪声低，在高转速工作时有较高的容积效率。但在低速、高压下工作时，压力脉动大，容积效率低，所以内啮合齿轮泵一般被用于中压、低压系统。在闭式系统中，常用这种泵作为补油泵。内啮合齿轮泵的缺点是齿形复杂，加工困难，价格较贵，且不适合高速高压工况。

3. 双作用叶片泵

叶片泵具有结构紧凑、运动平衡、噪声小、输油均匀、寿命长等优点。其缺点是结构复杂、吸油特性差、对油液的污染敏感。一般叶片泵工作压力为 7 MPa，高压叶片泵可达 14 MPa，现有产品的额定压力可高达 28 MPa。

叶片泵分为单作用和双作用两种。单作用叶片泵往往做成变量的，而双作用叶片泵是定量的。

1）双作用叶片泵的工作原理和结构

如图 4－11 所示为双作用叶片泵的工作原理。该泵主要由转子 1、定子 2、叶片 3、配油盘和泵体等组成。定子内表面曲线由两段长半径圆弧、两段短半径圆弧和四段过渡曲线所组成，且定子和转子是同心的。当转子由轴带动旋转时，叶片在离心力和根部油压（叶片根部与压油腔连通）的作用下压向定子内表面，并随定子内表面曲线的变化而被迫在转子槽内往复滑动，于是相邻两叶片间的密封腔容积就发生增大或缩小的变化。在图 4－11 中，当转子顺时针方向旋转时，密封工作腔的容积在左上角和右下角处逐渐增大，为吸油区，在左下角和右上角处逐渐减小，为压油区；吸油区和压油区之间有一段封油区，它将吸油区、压油区隔开。这种泵的转子每转一转，每个密封工作腔完成吸油和压油动作各两次，所以这种泵被称为双作用叶片泵。又因泵的两个吸油区和压油区对称分布，作用在转子和轴承上的径向液压力平衡，所以这种泵又被称为卸荷式叶片泵。这种泵的排量不可调，是定量泵。如图 4－7 所示为 YB1 型双作用叶片泵。

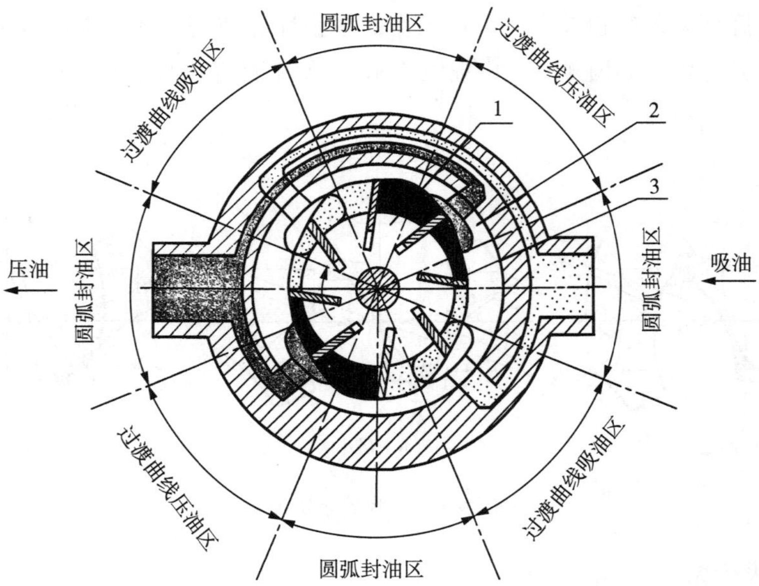

1－转子；2—定子；3—叶片。

图 4－11　双作用叶片泵的工作原理

2）双作用叶片泵的排量和流量

由叶片泵的工作原理可知，当叶片泵每转一周时，每两片叶片间油液的排出量等于长半径 R 圆弧段的容积与短半径 r 圆弧段的容积之差。若叶片数为 z，则泵轴每转排油量应等于上述容积差的 $2z$ 倍。若不计叶片所占的体积，泵的排量正好为环形体积的两倍。公式如下：

$$V=2\pi(R^2-r^2)B \tag{4-14}$$

式中：R 为定子长半径；r 为定子短半径；B 为转子厚度。

双作用叶片泵的平均实际流量为

$$q=2\pi(R^2-r^2)Bn\eta_V \tag{4-15}$$

双作用叶片泵的瞬时流量是脉动的，在叶片数为 4 的整数倍且大于 8 时流量脉动率最小，故双作用叶片泵的叶片数一般都取 12 或 16。

任务实施

（1）将学生分成若干组，确定组长。

（2）教师布置任务，让学生简述齿轮泵和叶片泵的功能、结构组成及拆卸注意事项。

（3）学生分小组讨论制定拆检方案和节流调速回路搭建方案，经教师核定批准后实施。

（4）在实验台上分别连接由齿轮泵、叶片泵组成的回路，并完成调试，然后分析每种回路的工作原理；观察回路工作状况。

（5）请你与小组成员讨论后，描述图 4－8 中外啮合齿轮泵的缺点。

（6）全班集中，由学生分小组派代表汇报学习情况，教师点评并提出新的要求。

（7）撰写学习报告。①根据泵的结构，简述液流从进油到出油的全过程；分析齿轮泵与叶片泵的不同之处，画出他们的职能符号；分析齿轮泵和叶片泵的问题及原因。②画出所组装的液压基本回路图，描述各液压回路的工作过程；试述实训用液压泵、缸、阀等元器件的名称、性能及作用。

任务评价

评价表见附录 3。

任务 4.3　变量泵的拆装

【课件】

任务 4.3

任务目标

掌握变量泵的类型、结构、性能、特点和工作原理。

任务描述

实习生小黄与张师傅接到厂里派发的任务，说是要协助某工程公司为特定的冶金工程改造一批液压设备。这批液压设备的主要技术改造首先是要对原有的叶片泵和柱塞泵进行拆检，还需要另外选配液压泵。这就让小黄犯了难，他对泵拆检还算有经验，而为冶金工程用的液压设备选配液压泵就有难度了。选配的液压泵既要有较高的输出压力，又要在环境污染严重的情况下稳定运行，最好还要有一定的经济性。这事怎么办呢？

器材准备

（1）实物：YBX 型变量叶片泵、SCY14－1B 型手动变量轴向柱塞泵等。

（2）工具：内六角扳手一套、钳工常用工具一套、油盘一个、耐油橡胶板一块等。

任务要求

限压式变量叶片泵拆装分析

YBX 型限压式变量叶片泵如图 4－12 所示。

（1）叶片泵型号：YBX 型限压式变量叶片泵。

（2）拆卸步骤：①松开固定螺钉，拆下弹簧压盖 12，取出限压弹簧 13 及弹簧座 14；②松开固定螺钉，拆下活塞压盖，取出活塞 21；③松开固定螺钉，拆下滑块压盖 15，取出上滑块 16、下滑块 20 及滚针 19；④松开固定螺钉，拆下传动轴左泵盖 1 和右泵盖，取出配流盘 6、定子 4、转子传动轴组件等；⑤分解、清洗、检验、分析以上各零部件。

（3）装配与拆卸顺序相反。

（4）实训中应明确：①单作用叶片泵密封空间由哪些零件组成？共有几个？②单作用叶片泵和双作用叶片泵在结构上有什么区别？③限压式变量叶片泵配流盘上开有几个槽孔？各有什么用处？④应操纵何种装置来调节限压式变量叶片泵的最大流量和限定压力？

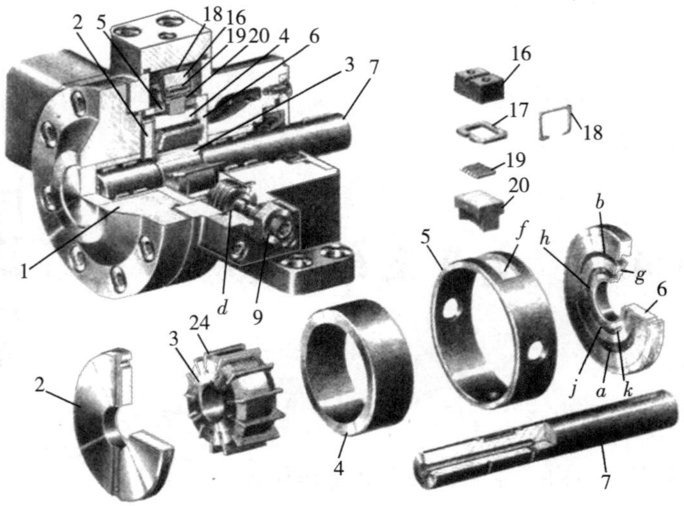

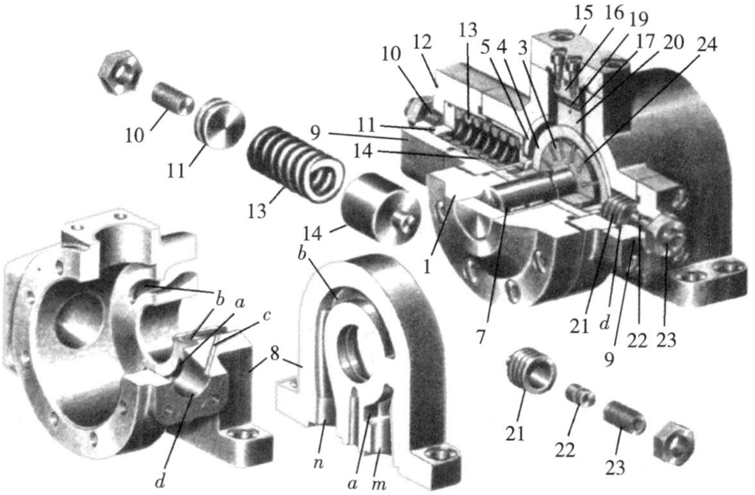

1—左泵盖；2—侧板；3—转子；4—定子；5—隔套；6—配流盘；7—传动轴；8—右泵体；9—密封盖；10—压力调节螺钉；11—圆压片；12—弹簧压盖；13—限压弹簧；14—弹簧座；15—滑块压盖；16—上滑块；17—滚针架；18—弹簧扣；19—滚针；20—下滑块；21—活塞；22—柱塞；23—流量调节螺钉；24—叶片。

图 4－12 YBX 型限压式变量叶片泵

柱塞泵的拆装分析

SCY14－1B 型手动变量轴向柱塞泵的结构如图 4－13 所示。

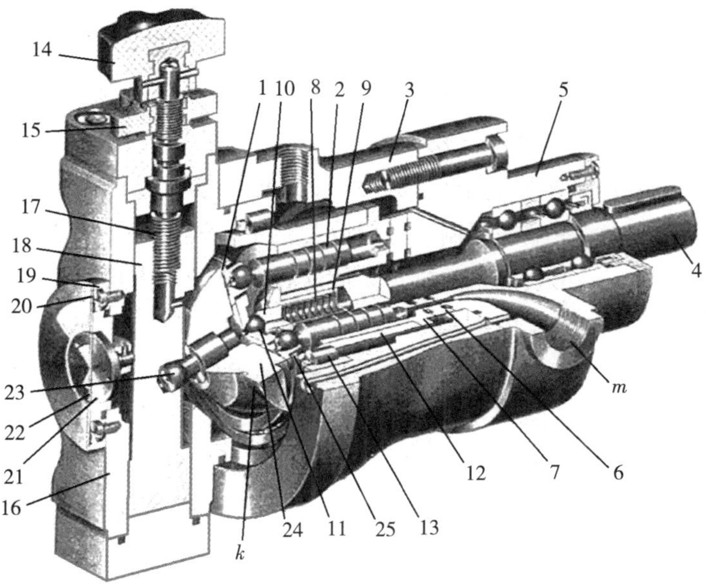

1—滑履；2—柱塞；3—中间泵体；4—传动轴；5—前泵体；6—配油盘；7—泵体；8—中心弹簧；9—外套；10—内套；11—钢珠；12—钢套；13—滚柱轴承；14—手轮；15—锁紧螺母；16—变量泵体；17 丝杆；18—变量活塞；19—盖；20—刻箭头铁皮；21—刻度盘；22—带刻度铁皮；23—销轴；24—斜盘；25—压盘。

图 4－13 SCY14－1B 型手动变量轴向柱塞泵的结构

【微课】

认识柱塞泵

（1）柱塞泵型号：SCY14－1B 型手动变量轴向柱塞泵。

（2）拆卸步骤：松开固定螺钉，分开左端手动变量机构、中间泵体和右端泵盖三部件；分解各部件；清洗、检验和分析。

（3）装配：先装部件后总装。

知识准备

4.3.1 变量叶片泵

排量可手调或自调的叶片泵称为变量叶片泵，通过改变叶片泵的排量可实现液压执行元件的速度控制。变量叶片泵有单向和双向变量叶片泵之分。单向变量叶片泵只能改变叶片泵的排量大小，不能改变排油方向，而双向变量叶片泵的排量与方向均可改变。

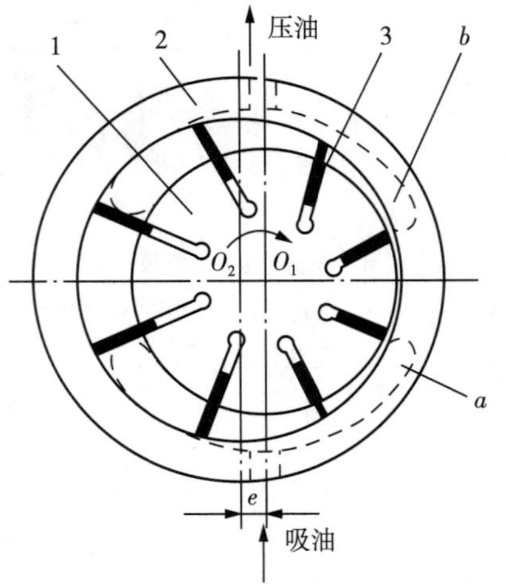

1—转子；2—定子；3—叶片。

图 4－14 单作用叶片泵的工作原理

1. 单作用叶片泵

如图 4－14 所示为单作用叶片泵的工作原理，泵由转子 1、定子 2、叶片 3 和配流盘等部件组成。单作用叶片泵与双作用叶片泵显著不同之处是，其定子内表面是一个圆形，转子与定子之间有一个偏心量 e，两端的配流盘上只开有一个吸油口 a 和一个压油口 b。当转子旋转一周时，每一叶片在转子槽内往复滑动一次，每相邻两叶片间的密封腔容积发生一次增大和减小的变化，容积增大时通过吸油口吸油，容积减小时则通过压油口压油。由于这种泵在转子每转一转过程中，吸油、压油各一次，故称单作用叶片泵。又因这种泵的转子受有不平衡的径向液压力，故又称非平衡式叶片泵，也因此使泵工作压力的提高受到了限制。通过改变定子和转子间的偏心距 e，便可改变泵的排量，故这种泵都是变量泵。

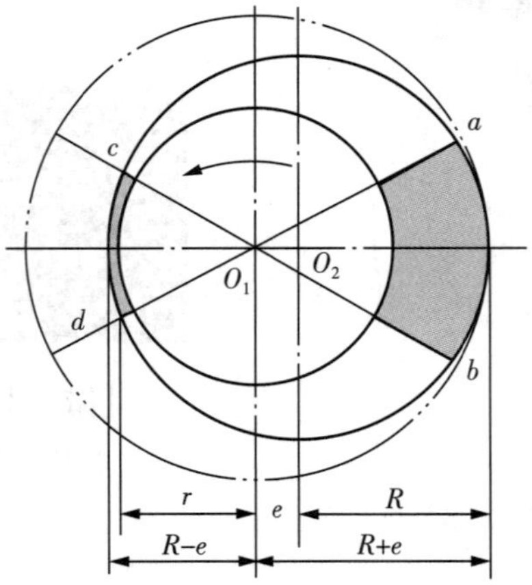

图 4－15 单作用叶片泵平均流量计算原理

图 4－15 为单作用叶片泵平均流量计算原理。假定两叶片正好位于过渡区 ab 位置，此时两叶片间的空间容积为最大。当转子沿图示方向旋转 π 弧度到定子 cd 位置时，两叶片间排出容积为 ΔV 的油液；当两叶片从 cd 位置沿图示方向再旋转 π 弧度回到 ab 位置时，两叶片间又吸满了容积为 ΔV 的油液。由此可见，转子旋转一周，两叶片间排出油液的容积为 ΔV。当泵有 ab 个叶片时，就排出 z 块与 ΔV 相等的油液容积。若将各块容积加起来，就可以近似得到环形体积，环形的大半径为 $R+e$，环形的小半径为 $R-e$，因此，单作用叶片泵的理论排量为

$$V=\pi\left[(R+e)^2-(R-e)^2\right]B=4\pi ReB \tag{4-16}$$

单作用叶片泵的流量为

$$q=Vn=4\pi ReBn\eta_V \tag{4-17}$$

2. 外反馈限压式变量叶片泵

由式（4－16）和式（4－17）可知，单作用叶片泵可以通过改变偏心距 e 来改变流量，改变的方法有手调和自调两种。自调变量叶片泵又根据其工作特性的不同分为限压式、恒压式和恒流量式三类，其中限压式应用较多。

限压式变量叶片泵是利用泵出口压力的反馈作用来实现变量的，它有外反馈和内反馈两种形式。这里介绍外反馈限压式变量叶片泵。

图4－16（a）为外反馈限压式变量叶片泵的工作原理，它能根据泵出口负载压力的大小自动调节泵的排量。图中转子的中心 O_1 是固定不动的，定子可左右移动。定子左边有反馈柱塞，它的油腔与泵的压油腔相通。设反馈柱塞的受压面积为 A，则作用在定子上的反馈力 pA 小于作用在定子上的弹簧力 kx_0 时，弹簧3把定子推向最左边，调节螺钉1用以调节泵的原始偏心距 e_0，也就是调节泵的最大输出流量。当泵的压力升高到 $pA>kx_0$ 时，反馈力克服弹簧3的预紧力，推动定子右移距离 x，偏心距减小，泵的输出流量随之减小。泵的出口压力愈高，偏心距愈小，输出流量也愈小。当压力升高到使泵的偏心所产生的流量全部用于补偿泄漏时，泵的输出流量为零，不管外负载再怎样加大，泵的输出压力不会再升高，所以这种泵被称为外反馈限压式变量叶片泵。

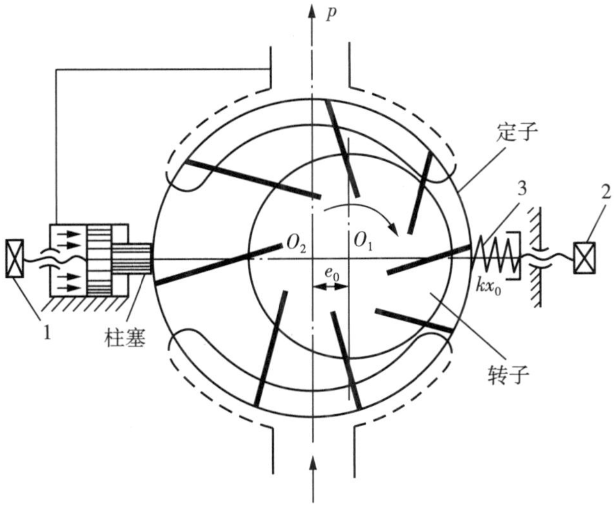

（a）工作原理

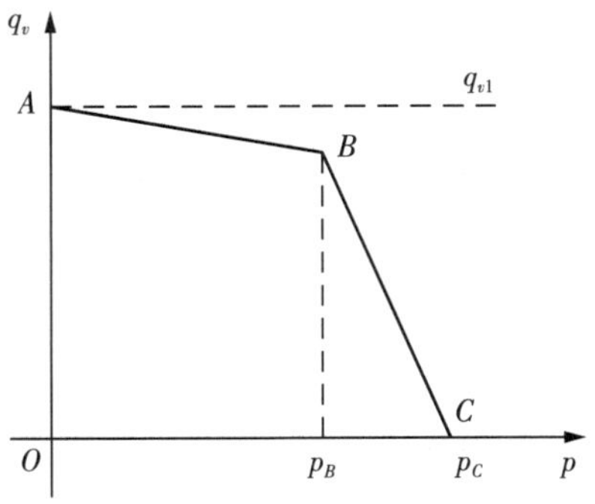

（b）流量与压力特性

1、2—调节螺钉；3—弹簧。

图4－16 外反馈限压式变量叶片泵

如图4－16（b）所示为外反馈限压式变量叶片泵的流量与压力特性。图中 AB 段表示工作压力小于限定压力 p_B 时，流量最大而且基本保持不变，之所以有所减小降到 B 点，是因为随着工作压力的增加，泄漏量增加，实际输出流量减小。B 为拐点，此后泵的输出流量随着工作压力的升高而急剧下降，直到 C 点。这时，输出流量为零，压力为截止压力 p_C。

外反馈限压式变量叶片泵对既要实现快速行程，又要实现保压和工作进给的执行元件来说是一种合适的油源；快速行程需要大的流量，负载压力较低，正好使用其 AB 段曲线部分；保压和工作进给时负载压力升高，需要流量减小，正好使用其 BC 段曲线部分。

3. 主要零件分析

如图 4 - 12 所示为 YBX 型限压式变量叶片泵。

(1) 定子和转子。定子的内表面和转子的外表面是圆柱面，转子中心固定，定子中心可以左右移动，定子径向开有 13 条槽，可以安置叶片。

(2) 叶片。该泵共有 13 个叶片，叶片后倾角为 24°，有利于叶片在惯性力的作用下向外伸出。

(3) 配流盘。配流盘上有 4 个圆弧槽：a 为吸油窗口，b 为压油窗口，h 和 j 是通叶片底部的油槽；油槽 h 通过孔 g 与压油腔 b 相通，油槽 j 通过孔 k 与吸油腔 a 相通。这样可以保证，压油腔一侧的叶片底部油槽和压油腔相通，吸油腔一侧的叶片底部油槽与吸油腔相通，保持叶片的底部和顶部所受的液压力是平衡的。

(4) 滑块。上滑块、下滑块用来支持定子，并承受压力油对定子的作用力。

(5) 压力调节装置。其由限压弹簧 13、压力调节螺钉 10 和弹簧座 14 组成，调节弹簧的预压缩量，可以改变泵的限定压力。

(6) 最大流量调节装置。流量调节螺钉 23 可以改变活塞 21 的原始位置，也可以改变定子与转子的原始偏心量，从而改变泵的最大流量。

(7) 压力反馈装置。泵的出口压力作用在活塞上，活塞对定子产生反馈力。

4.3.2 轴向柱塞泵

柱塞泵具有密封性能好、容积效率高、易于实现变量等特点，适宜于在高压下使用。柱塞泵按柱塞的排列和运动方向不同，可分为径向柱塞泵和轴向柱塞泵两大类。轴向柱塞泵按其结构特点又分为斜盘式和斜轴式两类。

1. 斜盘式轴向柱塞泵的工作原理

图 4 - 17 为斜盘式轴向柱塞泵的工作原理。泵由斜盘 1、柱塞 2、泵体 3、配流盘 4 等主要零件组成，斜盘 1 和配流盘 4 固定不动，传动轴 5 带动泵体 3、柱塞 2 一起转动，柱塞 2 靠机械装置或在低压油作用下压紧在斜盘上。当传动轴按图示方向旋转时，柱塞 2 在其沿斜盘自下而上回转的半周内逐渐向泵体外伸出，使泵体孔内密封工作腔容积逐渐增加，产生局部真空，从而将油液通过配流盘 4 上的吸油窗口 a 吸入；柱塞在其自上而下回转的半周内又逐渐向里推入，使密封工作腔容积逐渐减小，将油液从配压油窗口 b 向外排出，泵体每转一转，每个柱塞往复运动一次，完成一次吸、压油动作。由于柱塞和泵体孔采用圆柱形间隙密封，可以达到很高的加工精度；泵体和配流盘之间的端面密封利用液压自动压紧，轴向泄漏可以得到严格控制，在高压下其容积效率较高。改变斜盘的倾角 γ，就可以改变密封工作容积的有效变化量，实现泵的变量。

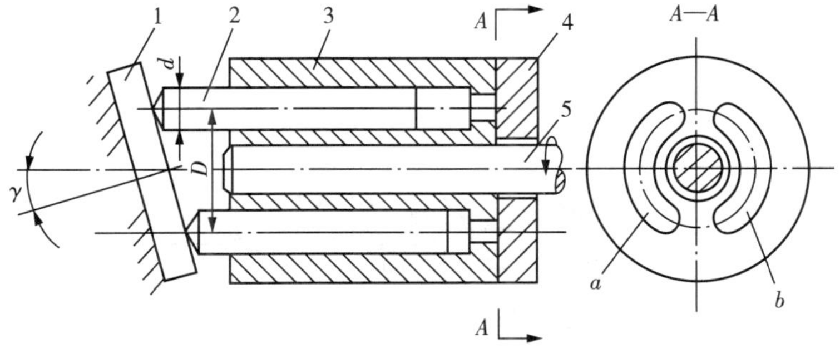

1—斜盘；2—柱塞；3—泵体；4—配流盘；5—传动轴；a—吸油窗口；b—压油窗口。

图 4－17 斜盘式轴向柱塞泵的工作原理

2. 斜盘式轴向柱塞泵的排量与流量

当柱塞的直径为 d，柱塞分布圆直径为 D，斜盘倾角为 γ 时，柱塞的行程为 $Dtg\gamma$，所以当柱塞数为 z 时，轴向柱塞泵的排量为

$$V=\frac{\pi}{4}d^2zDtg\gamma \tag{4-18}$$

设泵的转速为 n，容积效率为 η_v，则泵的实际输出流量为

$$q=\frac{\pi}{4}d^2zDn\eta_Vtg\gamma \tag{4-19}$$

显然，改变斜盘倾角 γ 就可以使排量 V 成为变量泵。实际上，由于柱塞在泵体孔中运动的速度不是恒定的，因而输出流量是有脉动的。当柱塞数为奇数时，脉动较小，且柱塞数越多，脉动就越小，因而一般常用的柱塞泵的柱塞个数为 7、9 或 11。

3. 轴向柱塞泵的典型结构

如图 4－18 所示为斜盘式轴向柱塞泵的结构。柱塞的球状头部装在滑履 12 内，以泵体作为支撑的弹簧 3 通过钢球推压回程盘 13，回程盘和滑履、柱塞一同转动。在排油过程中斜盘 16 推动柱塞做轴向运动；在吸油时依靠回程盘、钢球和弹簧组成的回程装置将滑履紧紧压在斜盘表面上滑动，这样的泵具有较强的自吸能力。在滑履与斜盘相接触的部分有一个油室，它通过柱塞中间的小孔与泵体中的工作腔相连，压力油进入油室后在滑履与斜盘的接触面间形成了一层油膜。这层油膜起着静压支承的作用，使滑履作用在斜盘上的力大大减小，因而磨损也减小。传动轴 8 通过左端的花键带动泵体 5 旋转，由于滑履 12 紧贴在斜盘表面上，柱塞在随泵体旋转的同时做轴向往复运动。泵体中柱塞底部的密封工作容积是通过配流盘 6 与泵的进出口相通的。随着传动轴的转动，液压泵就连续地吸油和排油。

通过控制系统或手动调节手轮，变量活塞 17 处在不同位置，以改变斜盘的倾角 γ 实现变量。

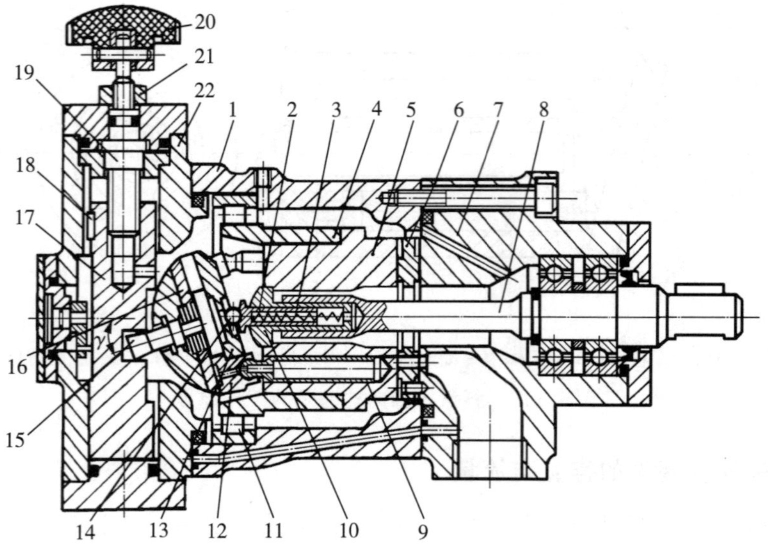

1—中间泵体；2—内套；3—弹簧；4—钢套；5—泵体；6—配流盘；7—前泵体；8—传动轴；
9—柱塞；10—外套；11—滚动轴承；12—滑履；13—回程盘；14—钢珠；15—轴销；16—斜盘；
17—变量活塞；18—滑键；19—丝杆；20—手轮；21—螺帽；22—变量缸体。

图 4－18　斜盘式轴向柱塞泵的结构

4. 轴向柱塞泵的主要结构分析

1）泵体 5

泵体 5 用铝青铜制成，它上面有 7 个与柱塞相配合的圆柱孔，其加工精度很高，以保证泵体既能相对滑动，又有良好的密封性能。泵体中心开有花键孔，与传动轴 8 相配合。泵体右端面与配流盘 6 相配合。泵体外表面镶有钢套 4 并装在滚动轴承 11 上。

2）柱塞 9 与滑履 12

柱塞的球头与滑履铰接。柱塞在缸体内做往复运动，并随缸体一起转动。滑履随柱塞做轴向运动，并在斜盘 16 的作用下绕柱塞球头中心摆动，使滑履平面与斜盘斜面贴合。柱塞和滑履中心开有直径为 1 mm 的小孔，缸中的压力油可进入柱塞和滑履、滑履和斜盘间的相对滑动表面，形成油膜，起静压支承作用，减小这些零件的磨损。

3）中心弹簧机构

弹簧 3 通过内套 2、钢珠 14 和回程盘（压盘）13 将滑履压向斜盘，使活塞得到回程运动，从而使泵具有较好的自吸能力。同时，弹簧 3 又通过外套 10 使泵体 5 紧贴配流盘 6，以保证泵启动时基本无泄漏。

4）配流盘 6

配流盘上开有 2 条月牙形配油窗口 a、b，外圈的环形槽 f 是卸荷槽，与回油相通，使直径超过卸荷槽的配流盘端面上的压力降低到零，保证配流盘端面可靠地贴合。2 个通孔 c（相当于叶片泵配流盘上的三角槽）起到减少冲击、降低噪声的作用。4 个小盲孔起储油润滑作用。配流盘下端的缺口，用来与右泵盖准确定位。

5）滚动轴承 11

滚动轴承用来承受斜盘 16 作用在泵体上的径向力。

6）变量机构

变量活塞 17 装在泵体 5 内，并与丝杆 19 相连。斜盘 16 前后有 2 根耳轴（图中未示出）支承在变量缸体 22 上，并可绕耳轴中心线摆动。斜盘中部装有销轴 15，其左侧球头插入变量活塞 17 的孔内。转动手轮 20，丝杆 19 带动变量活塞 17 上下移动（因导向键的作用，变量活塞不能转动），通过轴销 15 使斜盘摆动，从而改变了斜盘倾角 γ，达到变量的目的。

5. 径向柱塞泵

图 4－19 为径向柱塞泵的工作原理。泵由柱塞 1、转子（泵体）2、衬套 3、定子 4、配流轴 5 等主要零件组成。若干个柱塞沿径向均匀分布安装在转子上。衬套和转子紧密配合，并套装在配流轴上，配流轴固定不动。转子连同柱塞由电动机带动一起旋转。柱塞靠离心力（有些结构是靠弹簧或低压补油作用）紧压在定子的内壁面上。由于定子和转子之间有一个偏心距 e，因此当转子按图示方向旋转时，柱塞在上半周内向外伸出，其底部的密封腔容积逐渐增大，产生局部真空，于是通过固定在配流轴上的吸油孔 a 吸油。当柱塞处于下半周时，柱塞底部的密封腔容积逐渐减小，通过配流轴上的压油孔 d 把油液压出。转子转一周，每个柱塞各吸油、压油一次。若改变定子和转子的偏心距 e，则泵的输出流量也改变，为变量径向柱塞泵；若偏心距 e 从正值变为负值，则进油口和压油口互换，为双向变量径向柱塞泵。

径向柱塞泵制造工艺性好（主要配合面为圆柱面），变量容易，工作压力较高，轴向尺寸小，便于做成多排柱塞的形式。但其径向尺寸大，配流轴中的吸油、压油流道的尺寸受到限制不能做大，影响了泵的吸入性能。配流轴受径向不平衡液压力的作用，易磨损，封油区尺寸小，容易泄漏，这限制了工作压力和转速的提高，故应用极少。

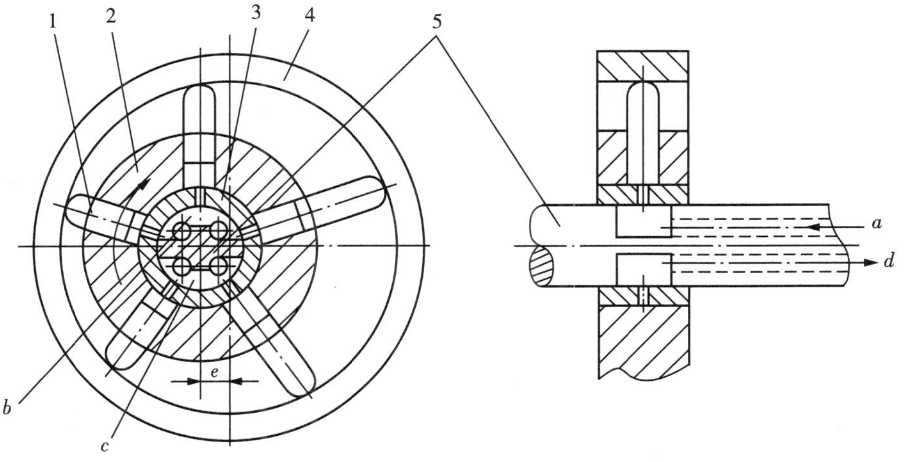

1—柱塞；2—转子；3—衬套；4—定子；5—配流轴。

图 4－19　径向柱塞泵的工作原理

4.3.3 变量泵-定量执行元件的容积调速回路

这种调速回路可由变量泵与液压缸或变量泵与定量液压马达组成。图 4－20（a）为变量泵与液压缸所组成的开式容积调速回路；图 4－20（b）为变量泵与定量液压马达组成的闭式容积调速回路。

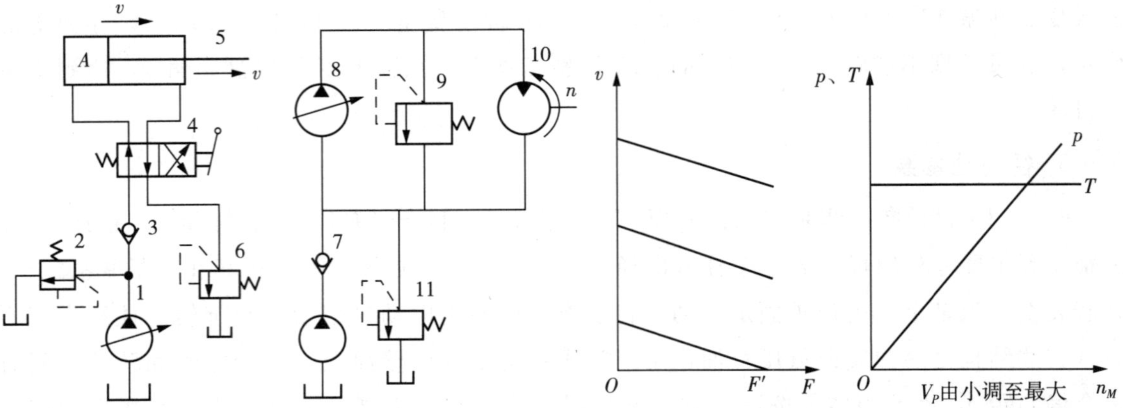

（a）变量泵与液压缸所组成的开式容积调速回路　（b）变量泵与定量液压马达组成的闭式容积调速回路　（c）按不同的q_t值作图　（d）回路的调速特性

1、8—变量泵；2、11—安全溢流阀；3、7 单向阀；

4—换向阀；5—液压缸活塞；6—背压阀；9—缓冲溢流阀；10—定量液压马达。

图 4－20　变量泵-定量执行元件调速特性

图 4－20（a）中液压缸活塞 5 的运动速度 v 由变量泵 1 调节，2 为安全溢流阀，6 为背压阀。若不考虑液压泵以外的元件和管道的泄漏，这种回路的活塞运动速度为

$$v=\frac{q_p}{A}=\frac{q_t-kF/A}{A} \tag{4-20}$$

式中：q_p 为变量泵的实际流量；q_t 为变量泵的理论流量；A 为缸的活塞面积；k 为变量泵的泄漏系数；F 为缸的负载。

将式（4－20）按不同的 q_t 值作图，可得一组平行直线［图 4－20（c）］。由于变量泵有泄漏，活塞运动速度会随负载的加大而减小。负载增大至某值时，在低速下会出现活塞停止运动的现象（F'点），这时变量泵的理论流量等于泄漏量，可见这种回路在低速下的承载能力是很差的。

图 4－20（b）中，采用变量泵来调节定量液压马达 10 的转速，变量泵 8 和定量液压马达 10 两者组成一个封闭系统，理论上泵输出的流量与马达输入的、输出的及泵吸入的流量都是相等的。调节变量泵的流量 q_p，也就调节了定量马达的转速 nM。但是，实际上存在泄漏，使密封系统内油液不能满足循环需要，故用低压辅助泵补油，其补油压力由低压溢流阀来调节；在运行中如果马达的负载突然增加甚至制动，会造成密封系统的压力急剧上升。为防止过载，人们设置了安全阀。当马达的负载转矩恒定时，输出转矩 T 恒定不变，马达的输出功率 P（$=TnM$）与转速 nM 成正比，故本回路的调速方式又称为恒转矩调速，回路的调速特

性如图 4-20（d）所示。

变量泵和定量液动机所组成的容积调速回路为恒转矩输出，可正反向实现无级调速，调速范围较大，适用于调速范围较大、要求恒转矩输出的场合，如大型机床的主运动或进给系统。

任务实施

（1）将学生分成若干组，确定组长。

（2）教师布置任务，让学生用多媒体简述叶片泵及柱塞泵的功能、典型结构和组成及拆检注意事项。

（3）学生分小组讨论制定具体拆检方案，经教师核定批准后实施。

（4）学生分小组讨论制定实现溢流调压、过载保护、远程与多级调压、使泵卸荷等功能的搭建与调试方案，经教师核定批准后实施。

（5）请你与小组成员讨论后，描述图 4-12、4-13 中叶片泵和柱塞泵的系统属性和第1～10 号零件的名称和作用。

（6）全班集中，由学生分小组派代表汇报学习情况，教师点评并提出新的要求。

（7）撰写学习报告。注意阐述限压式变量叶片泵、柱塞泵铭牌上标出的主要参数的含义；分析上述两种液压泵的工作原理及其流量的控制，写出自己的感受和建议。

任务评价

评价表见附录 3。

任务 4.4 液压马达的拆装

【课件】

任务 4.4

任务目标

掌握液压马达的类型、结构、性能、特点和工作原理。

任务描述

某液压件厂新引进了一台斜盘式轴向柱塞式液压马达，厂里希望在这台液压马达的基础上研发出符合特定要求的新型液压马达。张师傅让实习生小黄负责这台引进液压马达的结构图纸绘制工作。显然，这时首先要将液压马达拆卸并逐个测量零部件，才能绘制成整体结构图纸。

器材准备

（1）实物：YM 型双作用叶片马达、ZM 型缸体旋转式轴向柱塞液压马达等。

（2）工具：内六角扳手一套、钳工常用工具一套、油盘一个、耐油橡胶板一块等。

任务要求

（1）YM型双作用叶片马达拆卸。YM型双作用叶片马达结构如图4-21所示。拆卸步骤参考双作用叶片泵的拆卸步骤。拆卸后清洗、检验、分析。

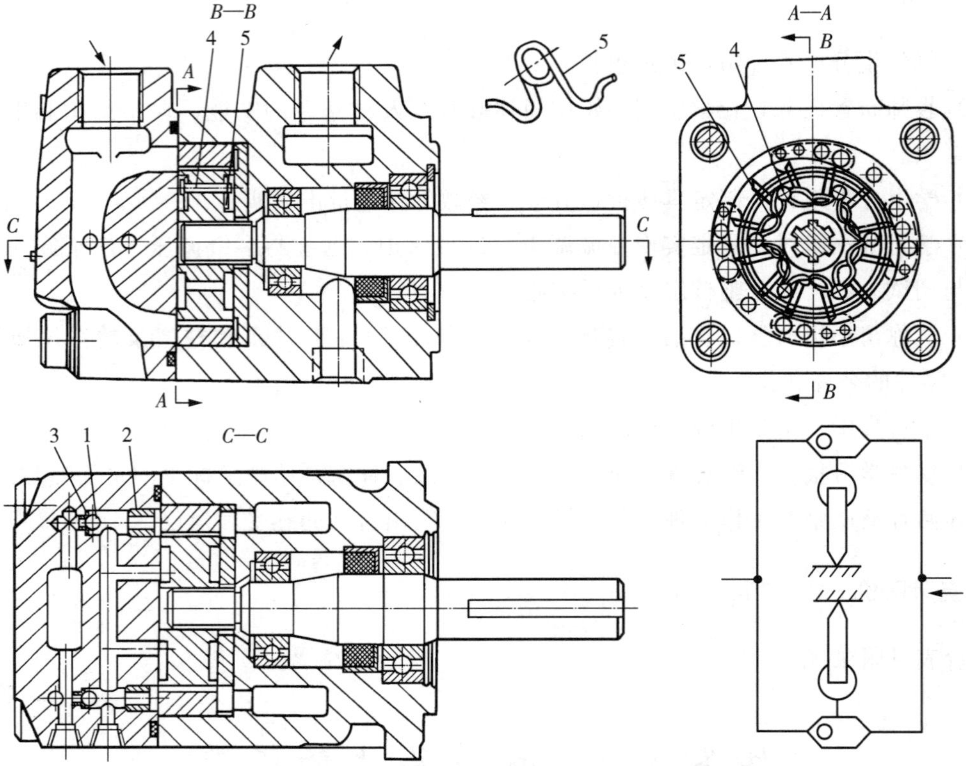

1—单向阀的钢球；2、3—阀座；4—销；5—燕式弹簧。

图4-21　YM型双作用叶片马达结构

（2）YM型双作用叶片马达结构分析要点。为适应正反转，叶片底部设有燕式弹簧5，径向安放且叶片倾角为0°，顶部对称倒角，壳体内设有两个单向阀，保证叶片底部在进行两种转向时都能依靠油压使叶片顶端与定子内表面压紧。

（3）ZM型缸体旋转式轴向柱塞液压马达拆装步骤。ZM型缸体旋转式轴向柱塞液压马达如图4-22所示。松开固定螺钉，分开左端壳体、中间壳体和右端壳体三部件；分解各部件；清洗、检验和分析。

（4）ZM型缸体旋转式轴向柱塞液压马达结构分析要点。缸体7装在输出轴1上，与之一起旋转；支承在滚动轴承3上的斜盘2角度固定不变；在缸体上均匀布置7个柱塞，配流盘8与后端做成一体。为了使配流盘表面不受缸体的倾翻力矩，减少磨损，缸体分为两部分，左半部分为鼓轮4与推杆10，它用键与输出轴相连，用以传递力；右半部分为缸体7及柱塞9，由销钉6带动，与鼓轮一起旋转。缸体在弹簧5作用下，压向配油表面，因此柱塞及缸体只承受轴向力，不受翻转力矩的影响。

（5）装配要领。装配前清洗各部件，按拆卸时的反向顺序装配，对于复杂的，可先装部件后总装。

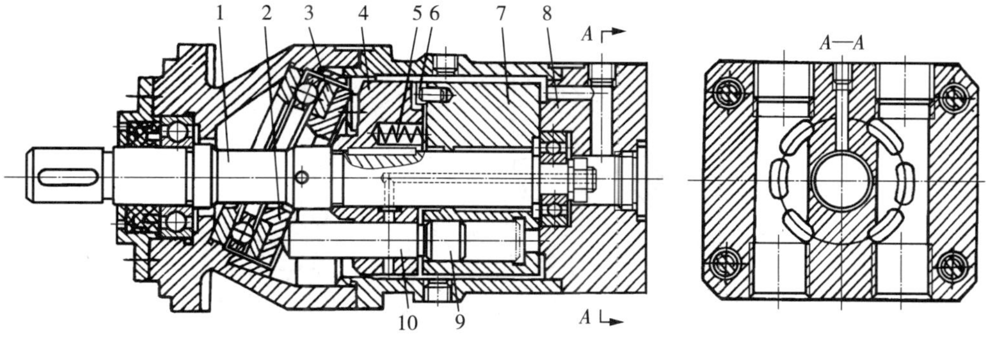

1—输出轴；2—斜盘；3—滚动轴承；4—鼓轮；5—弹簧；6—销钉；7—缸体；8—配流盘；9—柱塞；10—推杆。

图 4-22 ZM 型缸体旋转式轴向柱塞液压马达

知识准备

液压缸是定量的执行元件，而液压马达可以是变量的执行元件。除采用变量泵以外，我们可以通过改变液压马达的排量，实现速度控制。

4.4.1 液压马达

1. 液压马达的分类

液压马达是执行元件，它能将液体的压力能转换为机械能，输出转矩和转速。液压马达与液压泵工作原理是可逆的，结构基本相同。液压马达，按其结构形式可分为齿轮式、叶片式和柱塞式；按其排量是否可调分为变量式和定量式；按其额定转速分为高速液压马达（高于 500 r/min）和低速液压马达（低于 500 r/min）两大类。

从原理上讲，液压泵可作液压马达，液压马达也可作液压泵，但由于二者的使用目的和工作条件不同，故实际结构有所区别。通过调节变量马达的排量，我们可以实现执行元件液压马达的转动速度控制。

2. 液压马达的工作原理及应用

液压马达结构与同类型液压泵相似，现以叶片式液压马达和轴向柱塞式液压马达为例介绍液压马达的工作原理。

1）叶片式液压马达

如图 4-23 所示为双作用叶片式液压马达的工作原理。当压力油进入压油腔后，在叶片 1、3 和 5、7 上，一面有高压油，另一面则为低压油，由于叶片 3、7 的受力面积大于叶片 1、5，因此由叶片受力差构成的力矩推动转子和叶片做顺时针方向旋转。当改变输油方向时，液压马达反转。叶片式液压马达（简称“叶片马达”）在结构上与叶片泵有一些重要区别。为适应马达正反转要求，马达叶片均径向安装；为防止马达启动时（离心力尚未建立）高压腔、低压腔串通，叶片槽底装有弹簧，以便使叶片始终伸出贴紧定子。另外，为保证叶片槽底始终与高压相通，在吸油腔、压油腔通入叶片根部的油路中设有单向阀。叶片马达的体积小，转动惯量小，因此动作灵敏，可适应的换向频率较高。但泄漏量较大，不能在很低的转速下工作，因此，叶片马达一般用于转速高、转矩小和动作灵敏的场合。

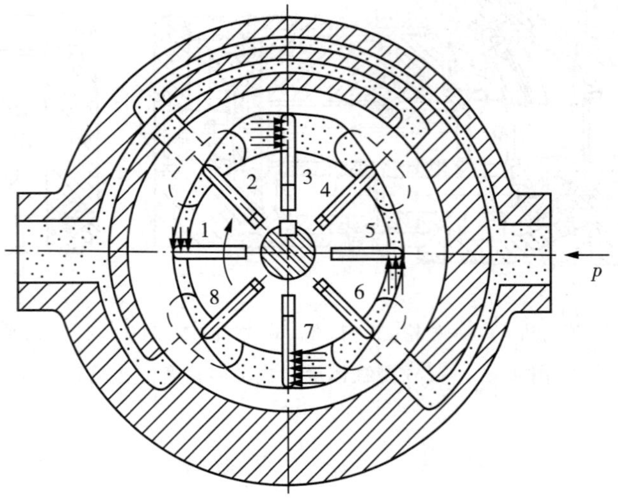

图 4-23　双作用叶片式液压马达的工作原理

注：图中数字均指叶片。

与单作用叶片马达相比，双作用叶片马达是在力偶作用下旋转的，运行更为平稳。单作用叶片马达可以被制作成变量马达，而双作用马达只能为定量马达。

2）轴向柱塞式液压马达

轴向柱塞式液压马达（简称“轴向柱塞马达”）的结构形式基本上与轴向柱塞泵一样，故其种类与轴向柱塞泵相同，也分为直轴式轴向柱塞马达和斜轴式轴向柱塞马达两类。直轴式轴向柱塞马达的工作原理如图 4-24 所示。当压力油进入液压马达的高压腔之后，工作柱塞便受到油压作用力 pA（p 为油压力，A 为柱塞面积）的作用，油压作用力通过滑靴压向斜盘，其反作用为 F。F 被分解成两个分力：沿柱塞轴向分力 F_x，与柱塞所受液压力平衡；另一分力 F_y，与柱塞轴线垂直向上，它与缸体中心线的距离为 a，这个力便产生驱动马达旋转的力矩。设斜盘倾斜角为 γ，柱塞和缸体的垂直中心线成 φ 角，此柱塞产生的转矩为

$$T_i = F_y a = F_y R\sin\varphi = F_x R\tan\gamma\sin\varphi \tag{4-21}$$

式中：R 为柱塞在缸体中的分布圆半径。

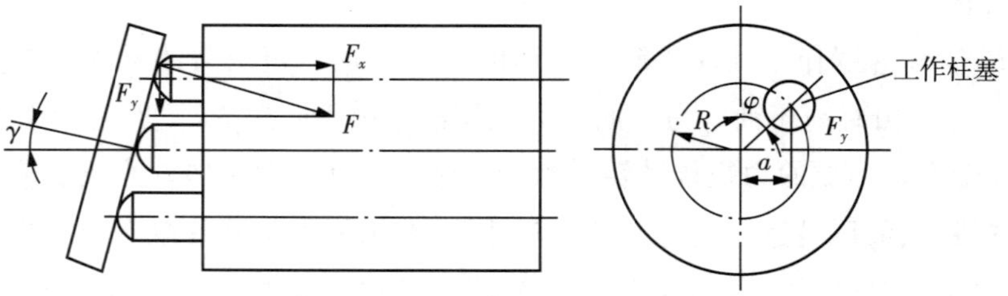

图 4-24　直轴式轴向柱塞马达的工作原理

液压马达输出的转矩应是高压腔柱塞产生转矩的总和。即

$$T=\sum F_x R\tan\gamma\sin\varphi \tag{4-22}$$

由于柱塞的瞬时方位角 φ 是变量，柱塞产生的转矩也发生变化，因此液压马达产生的总转矩也是脉动的。柱塞数为单数时，柱塞数越多，脉动越小。

3）液压马达的主要性能参数

（1）压力、排量和流量。压力、排量和流量均是指液压马达进油口处的输入值，它们的定义与液压泵相同。

（2）转速和容积效率。若液压马达的排量为 V_M（下标 M 均表示马达），以转速 n_M 旋转时，在理想情况下，液压马达需要油液流量为 $V_M n_M$，由于马达存在泄漏，故实际所需流量应大于理论流量。设马达的泄漏量为 Δq，则实际供给马达的流量应为

$$q_M=V_M n_M+\Delta q$$

液压马达的容积效率为理论流量和实际流量之比，即

$$\eta_{MV}=\frac{V_M n_M}{q_M} \tag{4-23}$$

液压马达的转速为

$$n_M=\frac{q_M}{V_M}\eta_{MV} \tag{4-24}$$

当液压马达工作转速过低时，往往不能保持均匀的速度，进入时动时停的不稳定状态，这种现象被称为爬行现象。液压马达最低稳定转速是指液压马达在额定负载下，不出现爬行现象的最低转速。

（3）转矩和机械效率。若不考虑马达的摩擦损失，液压马达的理论输出转矩 T_{Mt} 的公式与泵相同，即

$$T_{Mt}=\frac{p_M V_M}{2\pi}$$

实际上液压马达存在机械损失，设由摩擦损失造成的转矩为 ΔT_M，则液压马达实际输出转矩 $T_M=T_{Mt}-\Delta T_M$，设马达机械效率为 η_{Mm}，则

$$\eta_{Mm}=\frac{T_M}{T_{Mt}} \tag{4-25}$$

液压马达的输出转矩为

$$T_M=T_{Mt}\eta_{Mm}=\frac{p_M V_M}{2\pi}\eta_{Mm} \tag{4-26}$$

（4）功率和总效率。液压马达输入液压能，输出机械能。

输入功率为

$$P_{Mi}=p_M q_M \tag{4-27}$$

输出功率为

$$P_{Mo}=\omega T_M=2\pi n_M T_M \tag{4-28}$$

实际上，液压马达在能量转换过程中是有损失的，因此输出功率小于输入功率。两者之间的差值即功率损失，功率损失可以分为容积损失和机械损失两部分，可见液压马达的总效率 η 等于容积效率和机械效率的乘积。即

$$\eta_M=\eta_{Mm}\eta_{MV} \tag{4-29}$$

4.4.2 定量泵-变量执行元件的容积调速回路

定量泵-变量马达容积调速回路如图 4－25（a）所示。定量泵 1 输出流量不变，改变液压马达 2 的排量 V_M 就可以改变液压马达的转速。在这种调速回路中，由于液压泵的转速和排量均为常数，当负载功率恒定时，马达输出功率 P_M 和回路工作压力 p 都恒定不变，因为马达的输出转矩 $T=\Delta p_M V_M/2\pi$ 与马达的排量 V_M 成正比，马达的转速 n_M（$=qp/V_M$）则与 V_M 成反比。所以这种回路被称为恒功率调速回路，其调速特性如图 4－25（b）所示。这种回路调速范围很小，且不能使马达实现平稳的反向。因为反向时，双向液压马达的偏心量（或倾角）（即排量）必然要经历一个变小→为零→反向增大的过程，输出转矩就要经历转速变高→输出转矩太小的过程而不能带动负载转矩，甚至不能克服摩擦转矩，不能实现转速为零→反向高速的过程，调节很不方便，所以这种回路目前已很少单独使用。

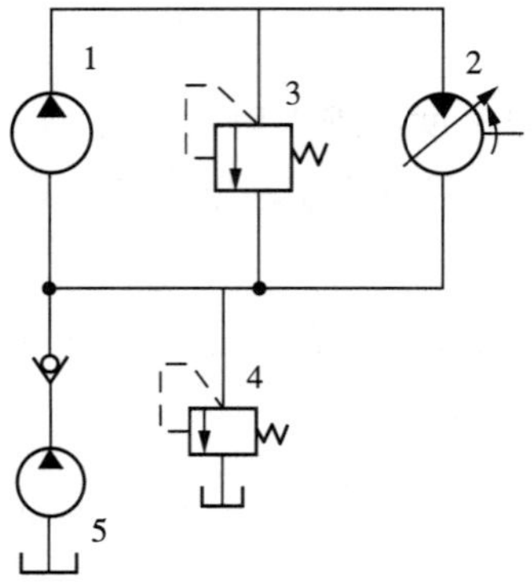

（a）调速回路

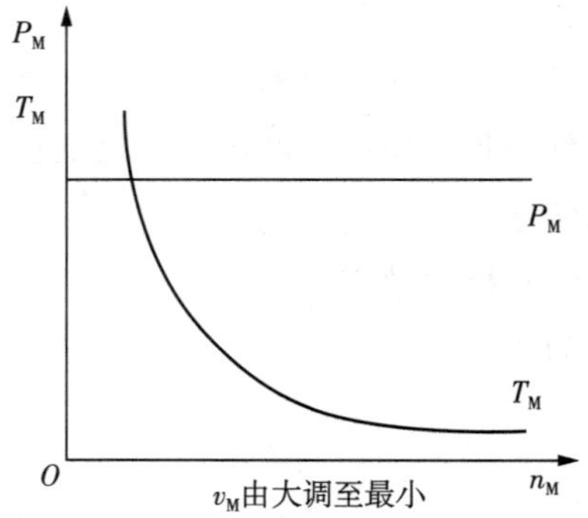

（b）调速特性

1—定量泵；2—液压马达；3—安全阀；4—补油溢流阀；5—补油辅助泵。

图 4－25 定量泵-变量马达容积调速回路及其特性

4.4.3 变量泵-变量执行元件的容积调速控制

图 4－26 为变量泵-变量马达容积调速回路及其回路特性。

图 4－26 中，双向变量泵 1 既可改变流量大小，又可改变供油方向，用以实现液压马达的调速和换向。单向阀 6 和 8 用以实现双向补油，单向阀 7 和 9 使安全阀 3 能在两个方向上起安全保护作用。液压泵和马达的排量都可改变，这扩大了调速范围，也增加了对马达转矩和功率输出特性的选择，即工作部件对转矩和功率的要求可通过对二者排量的适当调节来达到。例如，一般机械设备启动时，需较大转矩；高速时，要求有恒功率输出，以不同的转矩

和转速组合进行工作。这时可分两步调节转速：第一步，把马达排量固定在最大值上（相当于定量马达），从小到大调节泵的排量，使马达转速升高，此时属恒转矩调速；第二步，把泵的排量固定在调好的最大值上（相当于定量泵），从大到小调节马达的排量，使马达转速进一步升高，达到所需要求，此时属恒功率调速。其回路特性如图4－26（b）所示。显然，图4－26（b）是图4－20（d）和图4－25（b）的组合。

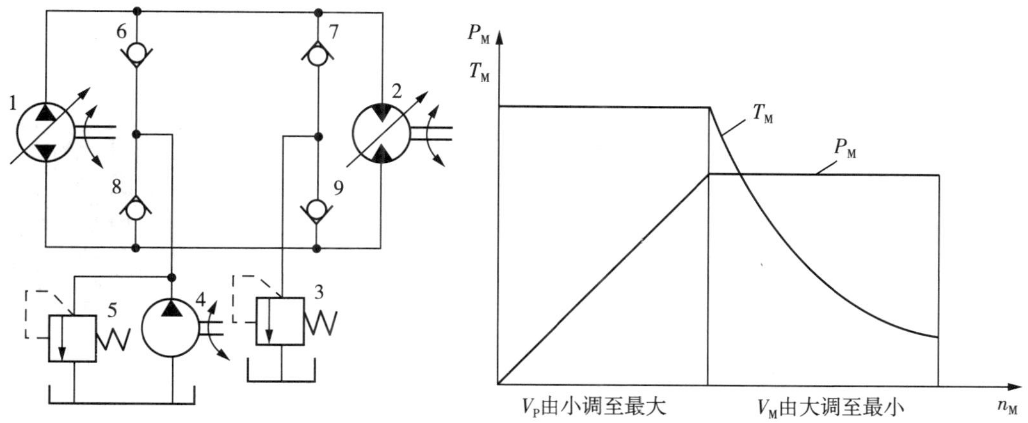

（a）调速回路　　（b）回路特性

1—双向变量泵；2—双向变量马达；3—安全阀；4—补油泵；5—补油溢流阀；6、7、8、9—单向阀。

图4－26　变量泵-变量马达容积调速回路及其回路特性

这种调速回路是上述变量泵-定量执行元件、定量泵-变量马达调速回路的组合，其调速特性也具有两者之特点，调速范围是变量泵调节范围和变量马达调节范围的乘积，所以其调速范围大（可达100倍），并且有较高的效率。它适用于大功率的场合，如矿山机械、起重机械以及大型机床的主运动液压系统。

任务实施

（1）全班学生自由分组，并推选出小组长，各组分配一个双作用叶片式液压马达和一个缸体旋转式轴向柱塞液压马达。

（2）拆卸前，放尽液压马达中的液压油。同时，为防止重装后旋向变化，须在输出轴端面上做好记号。

（3）拆卸时，先拆去配流端盖，然后将配流盘移出缸体。缸体中的零件须逐一做好对应的记号，以便复装时仍能保证原装配间隙。

（4）使用卡簧钳取出孔用弹簧挡圈，然后取出柱塞或叶片、缸体或转子及其他零部件。

（5）测量各零部件的尺寸，画出该液压马达的结构图。

（6）装配时，按上述相反程序进行，要注意确保轴承的轴向间隙。装配前必须清洗所有的零部件，检查并确保完好，并严防划伤或碰伤任何工作表面。

（7）撰写学习报告。注意阐述铭牌上标出的主要参数的含义；分析上述两种液压马达的工作原理及其流量的控制原理；比较双作用叶片马达和双作用叶片泵，分析双作用叶片马达壳体内所设的两个单向阀的作用。写出自己的感受和建议。

任务评价

评价表见附录 3。

任务 4.5　快速运动回路的组装

任务目标

【课件】
任务 4.5

掌握单杆活塞缸差动连接原理和增速缸工作原理。通过对快速运动回路的组装、观察与分析，进一步理解液压系统的工作原理及各液压元件所起的作用。

任务描述

实习生小黄最近跟着张师傅到某厂帮忙解决生产设备液压系统的故障问题。据操作该设备的师傅反映：原先设备可以自动实现快进、慢进、停留、快退的工艺动作循环，现在实现不了了，估计原因是液压系统出了问题。张师傅经进一步了解，判断是液压滑台的液压系统出了问题。于是，张师傅就开始给小黄讲解原理并着手检查调速回路。

器材准备

（1）液压系统实训台。

（2）液压元件：齿轮泵、三位四通换向阀、二位三通换向阀、单向调速阀、溢流阀、单杆活塞缸等。

任务要求

1. 正确设计和搭建液压缸差动连接快速运动回路

（1）在实验教师指导下，设计液压缸差动连接快速运动回路。（参考图 4 - 27）

（2）检查实验台上搭建的液压回路是否正确，各接管连接部分是否牢固，确定无误后接通电源，将换向阀插座与电磁换向阀进行连接，启动电气控制面板上的开关。

（3）旋转液压泵开关，调节液压泵的转速使压力表达到预定压力。将回路中的三位四通换向阀左电磁铁通电和二位三通换向阀电磁铁断电，使液压缸差动连接快进，测定并记录工作液压缸活塞的运动速度。

（4）将回路中的换向阀电磁铁通电，切除差动连接，使液压回路工进，缓慢调节调速阀调节旋钮，以使节流口逐渐增大（其调节量与速度传感器的测速精度相适应），测定并记录工作液压缸活塞的运动速度及调节量。

2. 正确设计和搭建其他快速运动回路

（1）组装增速缸快速运动回路。（参考图 4－29）

（2）组装速度换接回路。（参考图 4－31～图 4－33）

知识准备

为了提高生产效率，工作部件常常要求实现空行程（或空载）的快速运动。这要求液压系统流量大而压力低。这和工作运动时一般需要流量较小和压力较高的情况正好相反。对快速运动回路的要求主要是，在快速运动时，尽量减小需要液压泵输出的流量，或者加大液压泵的输出流量，在工作运动时又不会引起过多的能量消耗。以下介绍几种常用的快速运动控制方法。

4.5.1 液压缸差动连接快速运动控制

图 4－27 是利用二位三通换向阀实现的液压缸差动连接快速回路。在这种回路中，液压缸采用差动连接获得快进运动。在回路中，当电磁换向阀 1 和 3 在左位工作时，液压缸差动连接做快进运动；当电磁换向阀 3 通电时，电磁换向阀 3 右位工作，差动连接即被切除，液压缸回油经过调速阀，实现工进；将电磁换向阀 1 切换至右位后，压力油顶开单向阀绕过调速阀经电磁换向阀 3（右位）直接进入缸的有杆腔内实现快退。

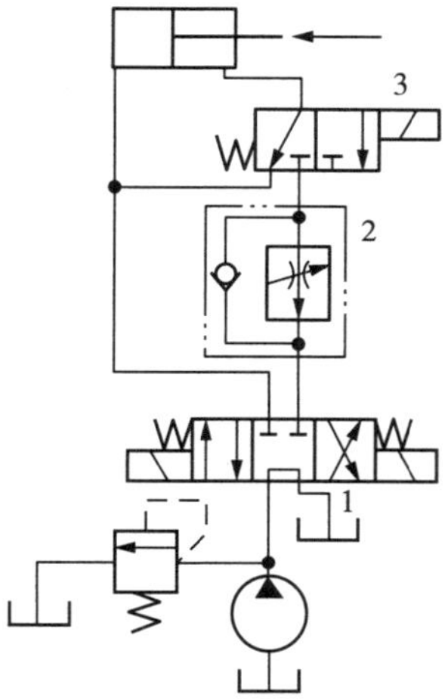

1—电磁换向阀；2—单向调速阀；3—电磁换向阀。

图 4－27 利用二位三通换向阀实现的液压缸差动连接快速运动回路

采用差动连接的快速回路方法简单、经济，可在不增加液压泵流量的情况下提高液压执行元件的运动速度，但快、慢速度的换接不够平稳。另外，泵的流量和有杆腔排出的流量合在一起后的总流量所经过的阀和管路，应按合成流量来选择，否则会使压力损失过大，以及泵的供油压力过大，致使泵的部分压力油从溢流阀溢回油箱而达不到差动快进的目的。

液压缸的差动连接也可用 P 型中位机能的三位换向阀来实现。

4.5.2 用蓄能器的快速运动控制

图 4－28 是采用蓄能器的快速回路。该回路适用于系统短期需要大流量的场合。

当液压缸停止工作时，液压泵向蓄能器充油，油液压力升至液控顺序阀的调定压力时，打开液控顺序阀，液压泵卸荷。当液压缸工作时，蓄能器和液压泵同时供油，使活塞短期获得较大的速度。这种回路可以采用小容量液压泵，以实现短期的大量供油，减少能量损耗。

4.5.3 增速缸快速运动控制

执行元件与速度控制密切相关。调节变量马达的排量，可以实现执行元件的速度控制；采用单杆活塞液压缸差动连接，可以获得较快的运动速度；另外，我们也可以采用增速缸以实现快速运动。

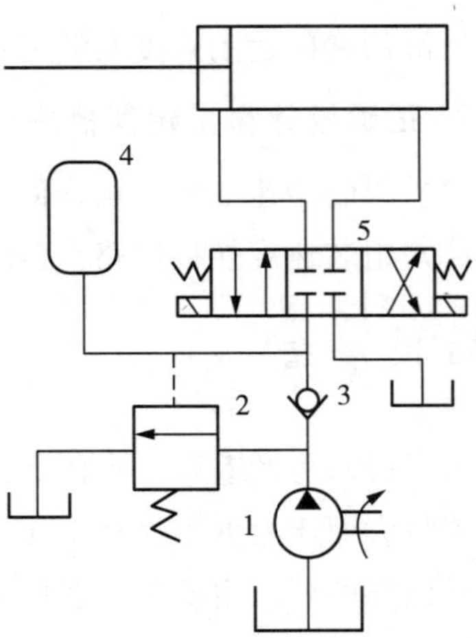

1—泵；2—安全溢流阀；3—单向阀；
4—蓄能器；5—换向阀。

图 4-28 采用蓄能器的快速回路

1. 增速缸

增速缸实际上是活塞缸与柱塞缸组成的复合缸。增速缸快速运动回路如图 4-29 所示，其活塞 2 内含有柱塞缸，中间有孔的柱塞又和增速缸体固定连接。当液压油进入柱塞缸时，活塞将快速运动；当液压油同时进入柱塞缸和活塞缸时，活塞慢速运动。

2. 增速缸快速运动控制

如图 4-29 所示，当换向阀 5 在左位工作时，液压泵输出的压力油先进入工作面积小的柱塞缸内的 B 腔，使活塞快进，增速缸 A 腔内出现真空，便通过液控单向阀 3 补油。活塞 2 伸出到工作位置时，由于负载加大，压力升高，打开顺序阀 4，高压油进入 A 腔，同时关闭单向阀。此时活塞杆 1 在压力油作用下继续外伸，但因有效面积加大，便获得大推力，低速运动，实现工作进给。换向阀 5 在右位工作时，压力油便进入工作面积很小的 C 腔并打开液控单向阀 3，增速缸快退。这种回路常被用于液压压力机的系统中。

4.5.4 双泵供油快速运动控制

双泵供油快速运动控制回路是利用低压大流量泵和高压小流量泵并联为系统供油的，双泵供油快速运动回路如图 4-30 所示。

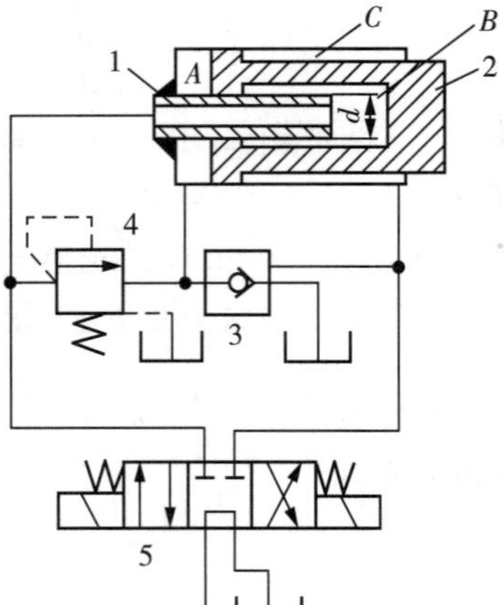

1—活塞杆；2—活塞；
3—液控单向阀；4—顺序阀；5—换向阀。

图 4-29 增速缸快速运动回路

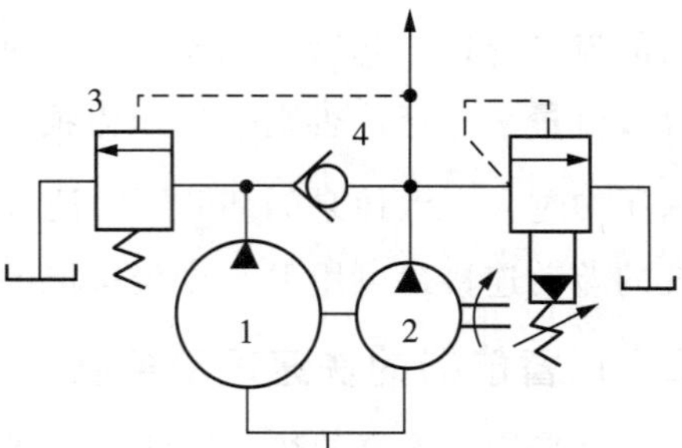

1—低压大流量泵；2—高压小流量泵；
3—液控顺序阀；4—单向阀。

图 4-30 双泵供油快速运动回路

图 4-30 中 1 为低压大流量泵，用以实现快速运动；2 为高压小流量泵，用以实现工作进给运动。在快速运动时，低压大流量泵 1 输出的油经单向阀 4 和高压小流量泵 2 输出的油共同向系统供油。在工作进给时，系统压力升高，打开液控顺序阀（卸荷阀）3 使 1 卸荷，此

时单向阀 4 关闭，由 1 单独向系统供油。溢流阀控制 2 的供油压力，它是根据系统所需最大工作压力来调节的，而卸荷阀 3 使 1 在快速运动时供油，在工作进给时则卸荷，因此它的调整压力应比快速运动时系统所需的压力要高，但比溢流阀的调整压力低 10%～20%。

双泵供油快速运动回路效率高，功率利用合理，快慢换接平稳，常用在执行元件快进和工进速度相差较大的场合，特别是在组合机床液压系统中得到了广泛的应用。其缺点是要用一个双联泵，油路系统也稍复杂。

4.5.5 速度换接回路

设备的工作部件在自动循环工作过程中，需要进行速度换接，例如机床的二次进给工作循环：快进→第一次工进→第二次工进→快退。这就存在着由快速转换为慢速、由第一种慢速转换为第二种慢速的速度换接等要求。满足这些要求的回路应该具有较高的速度换接平稳性。

1. 快速-慢速换接回路

能够实现快速与慢速换接的方法很多，前面提到的各种增速回路都可以使液压缸的运动由快速换接为慢速。下面再介绍用行程阀的快速-慢速换接回路。

如图 4-31 所示为行程阀快慢速换接回路。在图示状态下，液压缸快进，当活塞所连接的挡块压下液压行程阀 4 时，行程阀关闭，液压缸右腔的油液必须通过节流阀 6 才能流回油箱，液压缸就由快进转换为慢速工进。当手动换向阀 2 的左位接入回路时，压力油经单向阀 5 进入液压缸右腔，活塞快速向左返回。这种回路的快慢速换接比较平稳，换接点的位置比较准确，缺点是行程阀的安装位置不能任意布置，管路连接较为复杂。

2. 慢速-慢速换接回路

某些自动机床、注塑机等，需要在自动工作循环中变换两种以上的工作进给速度，这时需要采用两种（或多种）工作进给速度的换接回路。如图 4-32 所示为串联调速阀二次进给回路。当电磁换向阀 2 左位工作且电磁换向阀 5 接通时，实现第一次工进；当电磁换向阀 5 断开时，实现第二次工进。此回路的速度换接平稳性好，但调速阀 4 的开口需调得比调速阀 3 小，即第二次工进速度必须比第一次工进速度慢。此外，第二次工进时油液经过两个调速阀，能量损失较大。

图 4-33（a）为 2 个调速阀并联的二工进速度换接回路，由电磁换向阀 6 换接，便可实现第一次工进和第二次工进速度的换接。两个调速阀可单独调节，两速度互无干涉。但一阀工作，另一无油液通过的定差减压阀部分处于非工作状态，阀口完全打开，一旦换接，油液无节制地流进液压缸使之出现前冲现象。因此，此回路不宜用于在工作过程中的速度换接，只可用在速度预选的场合。

将图 4-33（a）中的电磁换向阀 6 改为图（b）中的五通阀后，两个调速阀始终处于工作状态，在由一种工作速度转换为另一种工作速度时，不会出现工作部件突然前冲的现象，因而工作可靠。但是，在液压系统工作过程中总有一定量的油液通过不起调速作用的那个调速阀流回油箱，造成能量损失，使系统发热。

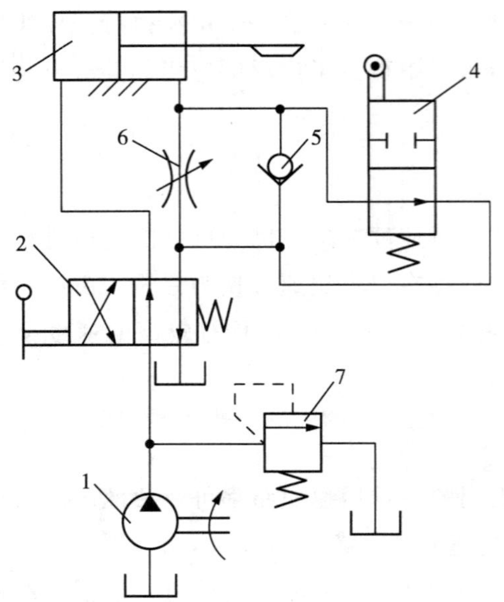

1—泵；2—手动换向阀；3—液压缸；4—液压行程阀；
5—单向阀；6—节流阀；7—安全溢流阀。

图 4－31　行程阀快慢速换接回路

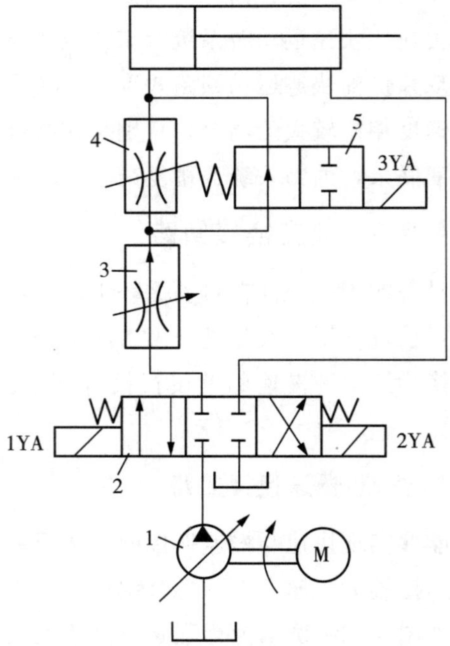

1—变量泵；2、5—电磁换向阀；3、4—调速阀。

图 4－32　串联调速阀二次进给回路

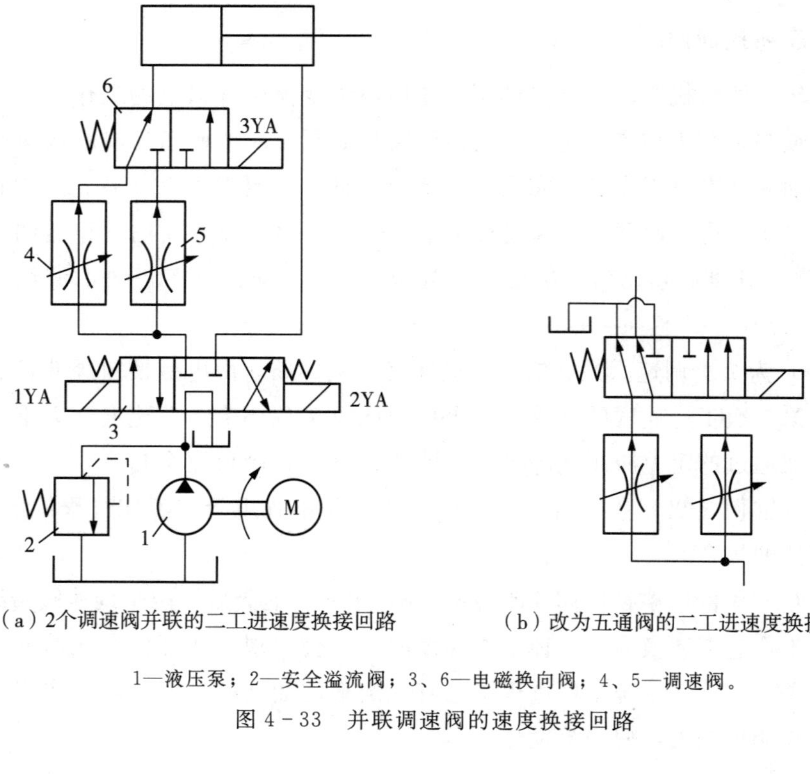

（a）2个调速阀并联的二工进速度换接回路

（b）改为五通阀的二工进速度换接回路

1—液压泵；2—安全溢流阀；3、6—电磁换向阀；4、5—调速阀。

图 4－33　并联调速阀的速度换接回路

任务实施

（1）将学生分成若干组，确定组长。

（2）教师布置任务，让学生用多媒体简述液压缸差动连接快速运动回路、增速缸快速运动回路及速度换接回路的作用原理、典型组成及搭建注意事项。

（3）学生分小组讨论制定搭建液压缸差动连接快速运动回路的工作方案，经教师核定批准后实施。

（4）学生分小组讨论制定增速缸快速运动回路、速度换接回路的搭建与调试方案，经教师核定批准后实施。

（5）全班集中，由学生分小组派代表汇报学习情况，教师点评并提出新的要求。

（6）撰写学习报告。注意画出所组装的快速运动回路图；阐述实验用液压泵、缸、阀等元器件的名称及性能；阐述单杆活塞缸差动连接能实现快速进给的原因，写出差动连接时液压缸速度计算公式；分析单杆活塞缸差动连接时缸产生的推力大小；简述增速缸的工作原理。写出自己的感受和建议。

任务评价

评价表见附录3。

项目小结

1. 本项目涉及的液压元件

本项目涉及的液压元件主要有流量控制阀、液压泵、液压马达、蓄能器等。

（1）流量控制阀：在压力差基本稳定的情况下，通过改变节流口面积调节阀口流量是节流阀的基本原理。节流口的形式以薄壁孔最为理想。调速阀由定差减压阀与节流阀串联而成，可以减弱负载变化对流量的影响，具有较好的流量稳定性。

（2）液压泵：液压泵是液压动力元件，定量泵有齿轮泵、双作用叶片泵，变量泵有单作用叶片泵、轴向和径向柱塞泵。基本工作原理可简要概括为高、低压腔要隔开，密封容积可变化及相应的配流方法。分析液压泵的密封容积构成及转动时，密封容积变化规律是分析各种液压泵工作原理的基本方法。

（3）液压马达：液压马达是液压执行元件，类型、结构与泵相似，原理与泵可逆。在分析液压马达的工作原理时，一定要找出可使液压马达转动的液压力产生的转矩。

（4）蓄能器：它是液压系统中用来储存和释放压力能的容器。

2. 液压系统的无级调速回路

液压系统的无级调速回路有节流调速回路、容积调速回路和容积节流调速回路三种类型。

节流调速回路有进油节流调速、回油节流调速和旁路节流调速回路。进油节流调速和回油节流调速的性能相似，速度-负载特性优于旁路节流调速回路，但效率较低。在三种节流调速回路中，使用调速阀取代节流阀可获得较好的速度平稳性。

在容积调速回路中，变量泵-定量马达调速和变量泵-变量马达调速应用较多，定量泵-变量马达调速应用较少。注意恒转矩和恒功率调速特性的命题条件。要区分开恒功率变量泵-定量马达调速中恒功率特性与定量泵-变量马达调速中恒功率特性的区别：前者回路中的工作压力为变量，后者回路中的工作压力为常量。在容积调速回路的分析计算中，因回路中无流量损失，液压泵的出口流量即液压马达入口流量。

对于容积节流调速，我们应着重掌握变量泵的输出流量与调速阀或节流阀的调节流量自动相适应的原理，要注意变量泵的流量-压力特性曲线与阀的流量-压力特性曲线的交点即回路工作点。

3. 液压缸的快速运动实现

液压缸的快速运动可以通过单杆活塞缸的差动连接、蓄能器、增速缸、双泵供油等方法实现。液压缸两种速度的换接可以通过调速阀的并联或串联以及行程阀、电磁阀的控制来实现。多个液压缸的速度同步可以通过机械连接、串联或并联液压缸来实现。

复习思考题

4－1　流量控制阀有哪些类型？常用节流口有哪些类型？为何多选用薄壁孔作为节流孔？分析并说明调速阀的工作原理。

4－2　在进油节流调速回路和回油节流调速回路中，如果没有溢流阀，调节节流阀的通流面积，可否改变执行元件的速度？分析说明原因。

4－3　在图 4－5（c）旁路节流调速回路中，液压泵输出流量 q＝10 L/min，液压缸无杆腔面积 A_1＝50 cm²，有杆腔面积 A_2＝25 cm²，溢流阀调定压力为 p_Y＝2.4 Mpa，节流阀通流面积 A_T＝0.05 cm²，负载 F＝10 kN。试计算液压缸速度和液压泵的工作压力。液压油密度 ρ＝870 kg/m³。

4－4　按图 4－34 所示的进油节流调速回路，说明油液通过各元件时的功率损失，并用数学表达式列出各部分的功率损失以及系统回路的效率公式。

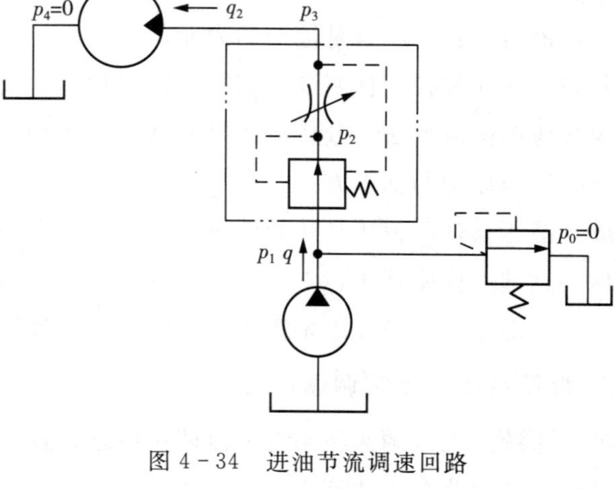

图 4－34　进油节流调速回路

4－5　在图 4－35 所示回路中，若泵的输出流量 q＝10 L/min，溢流阀调整压力 p_Y＝2 MPa，两个薄壁孔型节流阀的开口面积分别是 A_{T1}＝0.02 cm²，A_{T2}＝0.01 cm²，油液密度 ρ＝900 kg/m³，不考虑溢流阀的调压偏差时，试求：

（1）液压缸无杆腔的最高工作压力；

（2）溢流阀的最大溢流量。

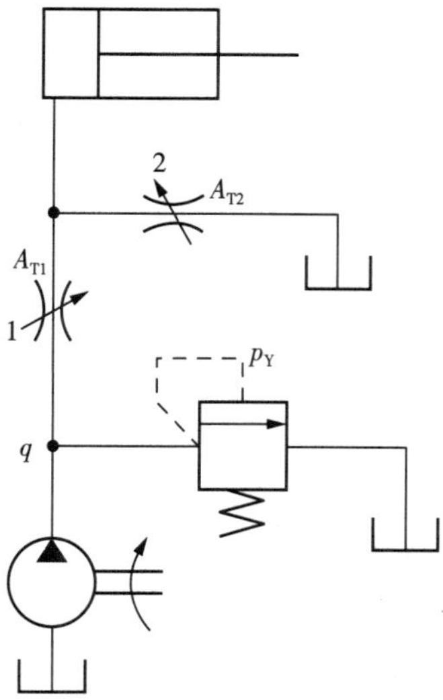

图 4-35 习题 4-5 图

4-6 某液压泵在转速为 950 r/min 时的理论流量为 160 L/min，在压力 29.5 MPa 和同样的转速下测得的实际流量为 150 L/min，总效率为 0.87，求：

（1）泵的容积效率；

（2）泵在上述工况下所需的电机功率；

（3）泵在上述工况下的机械效率；

（4）驱动此泵需多大转矩？

4-7 某液压泵的输出油压 $p=10$ MPa，转速 $n=1450$ r/min，排量 $V=200$ mL/r，容积效率 $\eta_V=0.95$，总效率 $\eta=0.9$，求泵的输出功率和电动机的驱动功率。

4-8 如图 4-36 所示为凸轮转子泵，其定子内曲线为完整的圆弧，壳体上有两片不旋转但可以伸缩（靠弹簧压紧）的叶片。转子外形与一般叶片泵的定子曲线相似。说明泵的工作原理，在图上标出其进油口、出油口，并指出凸轮转一圈，泵吸、排油的次数。

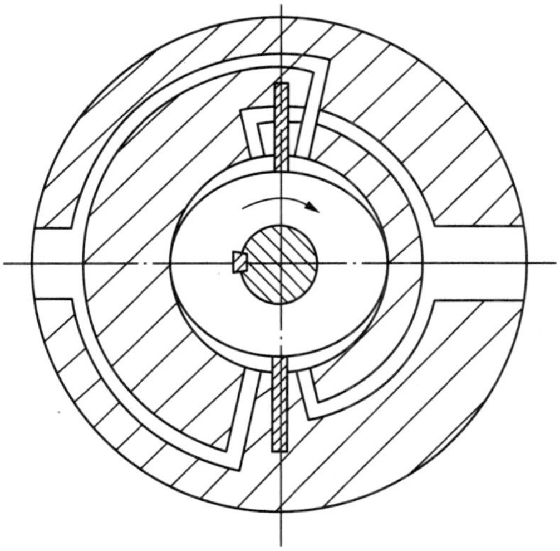

图 4-36 凸轮转子泵

4-9 图 4-20（b）中，泵的最大流量 $q_{max}=30$ L/min，马达几何排量 $V_M=25$ mL/r。回路最大允许工作压力 $p_{max}=8$ MPa，辅助泵溢流阀压力 $p_y=1$ MPa。不计元件管路机械和容积损失，试求：

（1）液压马达的最大输出功率、转速和转矩。

（2）当液压马达输出功率 $P_M=2$ kW 并保持稳定时，液压马达的最低转速。

（3）液压马达输出功率为最大输出功率的 20%，液压马达转矩最大时的转速。

4-10 某液压马达的排量 $V=200\ cm^3/r$，其总效率 $\eta=0.90$，容积效率 $\eta_V=0.92$，液压马达入口压力为 $p_1=10$ MPa，出口压力 $p_2=0.5$ MPa。当输入流量 $q=20$ L/min 时，试求液压马达的实际输出转速 n 和输出转矩 T。

4-11 一泵当工作压力为 8 MPa 时，输出流量为 96 L/min；而工作压力为 10 MPa 时，输出流量为 94 L/min。用此泵带动排量 $V=80\ cm^3/r$ 的液压马达，当液压马达转矩为 120 N·m时，液压马达的机械效率为 0.94，其转速为 1100 r/min，求此时液压马达的容积效率。（提示：先求液压马达的工作压力）

4－12 在图 4－37 所示的容积调速回路中，已知变量泵排量 $V_P=0\sim8\ cm^3/r$，变量泵转速 $n_P=1200\ r/min$，变量马达排量为 $V_M=4\sim12\ cm^3/r$；安全阀调定压力 $p=4.0\ MPa$。忽略所有损失，求：马达转速 n_M 分别为 200，400，1000，1600 r/min 时，可能输出的最大转矩 T_{max} 和最大功率 P_{max}，并将结果填入表 4－4 内。

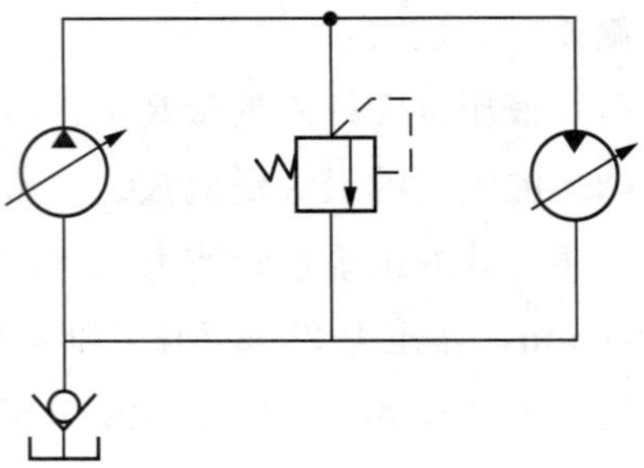

图 4－37 容积调速回路

表 4－4 题 4－12

计算项目	n_M/（r/min）			
	200	400	1000	1600
P_{max}/kW				
T_{max}/N·m				

4－13 如图 4－38 所示的回路能实现快进（差动连接）→慢进→快退→停止卸荷的工作循环，试列出其电磁铁动作表（通电用“＋”，断电用“－”）。

4－14 如图 4－39 所示液压系统中，已知液压泵流量 $q=10\ L/min$。液压缸慢进速度为 0.5 m/min，液压缸快进和快退的速度比为 3/2，试求液压缸两腔有效面积 A_1、A_2 及缸的快进和快退速度。

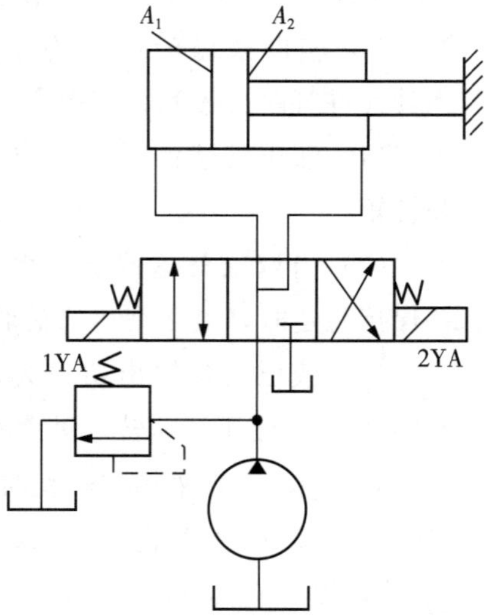

图 4－38 习题 4－13 图

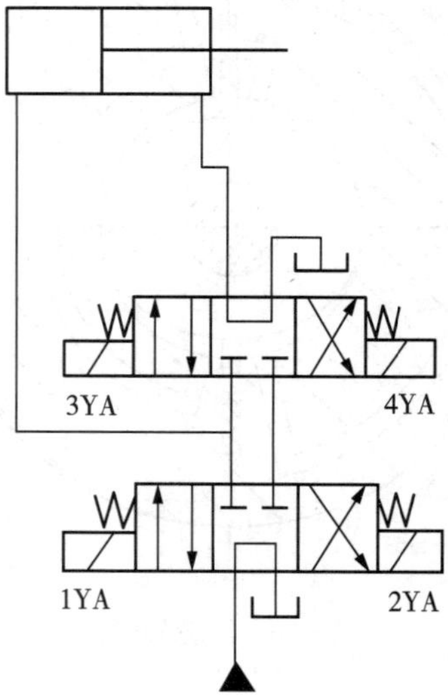

图 4－39 液压系统

4－15 图 4－31 中，已知液压缸大腔、小腔面积为 A_1 和 A_2，快进和工进时负载为 F_1 和 F_2（$F_1<F_2$），相应的活塞移动速度为 v_1 和 v_2，若液流通过节流阀 6 和卸荷阀时的压力损失为 Δp_1 和 Δp_2，其他的阻力可忽略不计，试求：

（1）溢流阀和卸荷阀的压力调整值 p_Y 和 p_2；

(2) 大流量泵、小流量泵的输出流量 q_1 和 q_2；

(3) 快进和工进时的回路效率 η_1 和 η_2

4-16 解答下列关于图 4-40 所示的液压系统的问题：

(1) 列出实现“快进→工进Ⅰ→工进Ⅱ→快退→原位停且泵卸荷”工作循环的电磁铁动作顺序表；

(2) 若溢流阀调整压力为 2 MPa，液压缸有效工作面积 $A_1=80\ \text{cm}^2$，$A_2=40\ \text{cm}^2$，在工进中当负载 F 突然为零时，节流阀进口压力为多大？

(3) 在工进时当负载 F 变化时，分析活塞速度有无变化。说明理由。

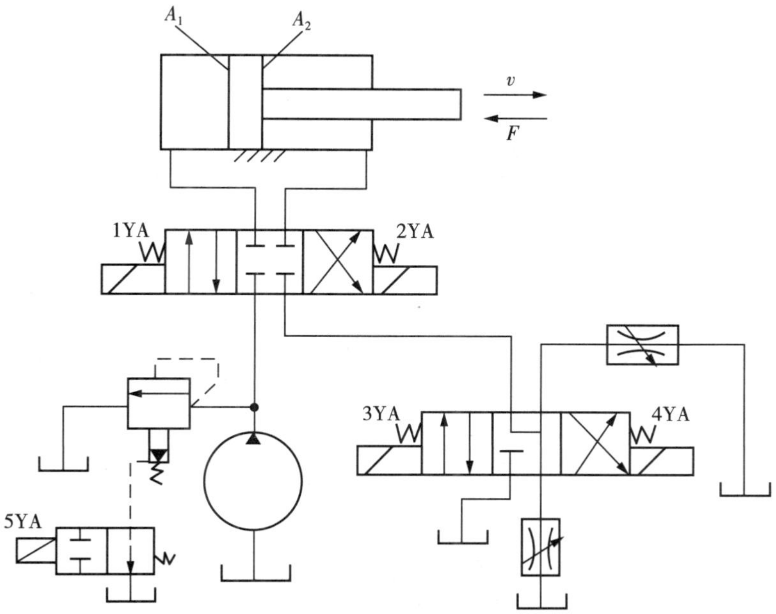

图 4-40 液压系统

项目5　液压系统装调及故障诊断与排除

项目目标

知识目标
（1）了解管件和密封装置的种类、应用及基本作用原理。
（2）理解油箱和滤油器的各类应用及工作原理。
（3）掌握对液压系统进行分析的步骤和方法及液压系统图读图方法。

素质目标
（1）培养脚踏实地、认真负责、求真务实、团结协作的工作作风。
（2）培养执着专注、科学严谨、精益求精、追求卓越的工匠精神。
（3）培养勇于探索、敢为人先、知难而进、乐于奉献的创新精神。
（4）培养环保意识、经济意识、工作过程导向意识、社会接受意识。

能力目标
（1）能使用管件，按功能要求将各元件组装成回路并完成调试。
（2）能正确使用液压系统，并对液压系统进行常规维护。
（3）能利用原理图分析中等复杂液压系统的工作原理并查找故障部位。
（4）能正确分析液压系统图，写出动作流程。
（5）能根据实物系统画出正确的液压系统图。

【微课】
气动系统日常维护与常见故障排除

【微课】
液压系统日常维护与常见故障排除

【课件】
任务5.1

任务5.1　液压系统的安装调试

任务目标

学会按液压系统图选择安装液压元件。掌握对液压系统的调试方法，使之达到系统的设计要求。对前面所学内容有一个整体性的选择运用，学会全面考虑液压系统所需要解决的实际问题。在实训过程中发现问题，能通过教师的指导解决问题，为下一步的学习设定目标，提升学习动力。

任务描述

某机械厂最近在研制一台专用机床，需要安装液压动力滑台（详见图 5－1），滑台的液压系统已设计完成并购买了所需要的液压元件，请求小黄实习所在的修理厂帮忙。张师傅让小黄制定工作方案，小黄感到束手无策，因为之前小黄只是给张师傅打下手，这次好像要“唱主角”。张师傅告诉小黄，应该从分析所设计的液压系统原理图开始，搞清楚工作原理后再进行具体的安装调试。在张师傅的悉心指导下，小黄经过一番努力，最终完成任务。

器材准备

带液压动力滑台的综合实训设备一套，常用拆装工具一套等。

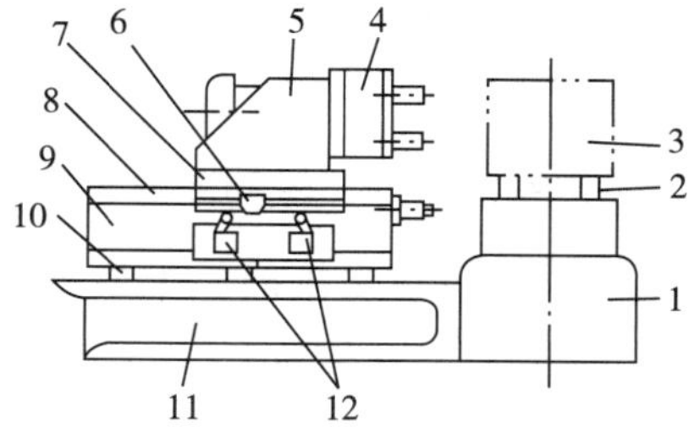

1—中间底座；2—定位块；3—工件；
4—主轴箱；5—动力箱；6—挡铁；7—滑台；
8—动力部分；9—滑座；10—垫块；
11—侧底座；12—行程开关。

图 5－1　液压动力滑台

任务要求

正确搭建与调试液压动力滑台：

（1）在教师指导下按照要求，分析液压动力其液压系统原理图，搞清楚其工作原理，参见图 5－2；

（2）制定安装调试工作方案；

（3）检查实验台上搭建的液压动力滑台是否正确，各接管连接部分是否牢固，确定无误并征得指导教师同意后接通电源，让系统进入待机状态；

（4）按照事先制定的工作方案，按下动力滑台启动开关；

（5）观察滑台运行情况，在运行过程基本符合要求后，仔细调整各环节的滑台运动速度，直至符合设计要求为止。

知识准备

5.1.1　液压系统图

1. 如何阅读液压系统图

液压传动系统是根据机械设备的工作要求，将若干液压元件（包括能源装置、控制元件、执行元件等）用管路组合起来，并能完成一定动作的整体；或能完成一定动作的各个液压基本回路的组合。

液压系统图有两种表示方法。一种是采用半结构式表示的工作原理图，这种原理图虽然直观性强，容易理解，当液压系统发生故障时，根据工作原理图检查也较方便。但图形较复杂，特别是当系统中元件较多时，绘制也不方便。因此，在实际工作中人们基本不用这种图，而是采用根据国标 GB/T 786.1—2021/ISO 1219－1：2012 所规定的液压与气动元（辅）件的图形符号（参看附录）来绘制的液压系统图。使用图形符号可方便绘图，并能使液压系统图简单明了，只是直观性较差。要看懂液压系统图，首先必须熟悉液压元件图形符号，本书附录 1 中有一些常用的液压元件图形符号，以供参考；其次要了解清楚各种常用液压元件的结构与工作原理；另外还要常看勤练，结合实物看图、画图，弄清楚各种元件在图中的位置和在实物中的位置。在实际安装时，液压系统除了采用手动控制外，还采用电气、计算机等控制手段。而液压系统图往往是独立画出来的，在读图时则要考虑各种控制元件的控制方法，把机、电、液、气、计算机相结合，做到各种控制系统的有机统一。

总之，要多熟悉一些机器的液压系统图，既要看懂液压系统图，又要看懂图中所示元件在机器上的具体位置，还要根据实物图画出系统图并结合工作原理分析改正所画的系统图，这对从事液压系统的设计、安装和分析维护是十分必要的。这里给出两个典型的中等复杂的液压系统实例，通过学习和分析，加深对液压元件功能的理解和对基本回路组合的运用，掌握阅读液压系统图的方法和步骤，为以后从事液压技术工作打下一定的基础。

2. 按液压传动系统的工况要求与特点分类

液压传动系统种类繁多，它的应用涉及机械制造、轻工、纺织、工程机械、船舶、航空和航天等各个领域，但根据其工作情况，典型液压系统视液压传动系统的工况要求与特点可分为如下几种。

(1) 以速度变换为主的液压系统（例如组合机床系统）：①能实现工作部件的自动工作循环，生产率较高；②快进与工进时，其速度与负载相差较大；③要求进给速度平稳，刚性好，有较大的调速范围；④进给行程终点的重复位置精度高，有严格的顺序动作；⑤能实现严格的顺序动作。

(2) 以压力变换为主的液压系统（例如液压压力机系统）：①系统压力要能经常变换和调节，并能产生很大的压力（吨位）；②空程时速度快，加压时推力大，系统的功率大，利用率高；③系统多采用高压、低压泵组合或恒功率变量泵供油，以满足空程与压制时低压快速行程和高压慢速行程速度与压力的变化要求。

(3) 以换向精度为主的液压系统（如磨床系统）：①运动平稳性高，有较低的稳定速度；②启动与制动迅速平稳、无冲击，有较高的换向频率（最高可达 150 次/min）；③换向精度高，换向前停留时间可调。

(4) 多个执行元件配合工作的液压系统（例如注塑机液压系统）：①在各执行元件动作频繁换接、压力急剧变化的情况下，系统足够可靠，避免误动作；②能实现严格的顺序动作，完成工作部件规定的工作循环；③满足各执行元件对速度、压力及换向精度的要求。

3. 阅读液压系统图的一般步骤

阅读一个较复杂的液压系统图，大致可按以下步骤进行。

(1) 了解机械设备工况对液压系统的要求，了解在工作循环中的各个工步对力、速度和方向这 3 个参数的质与量的要求。

(2) 初读液压系统图，一般“先看两头，后看中间”，了解系统中包含哪些元件，且以执行元件为中心，将系统分解为若干个工作单元。

(3) 先单独分析每一个子系统，一般“先看图示位置，后看其他位置”“先看主油路，后看其他油路”，了解其执行元件与相应的阀、泵之间的关系和基本回路。参照电磁铁/控制元件动作表和执行元件的动作要求，理清其液流路线。

(4) 在全面读懂液压系统的基础上，根据系统所使用的基本回路的性能，对系统做综合分析，归纳总结整个液压系统的特点，以加深对液压系统的理解。

5.1.2 组合机床液压动力滑台液压系统分析

1. 组合机床液压动力滑台液压系统

组合机床是由通用部件和某些专用部件所组成的高效率和自动化程度较高的专用机床。它能完成钻、镗、铣、刮端面、倒角、攻螺纹等加工和工件的转位、定位、夹紧、输送等动作。组合机床 YT4543 型液压动力滑台液压系统如图 5-2 所示，主要由通用滑台和辅助部分（如定位、夹紧）组成。动力滑台是组合机床的一种通用部件，本身不带传动装置，可根据加工需要安装不同用途的动力头和主轴箱，以完成钻、扩、铰、镗、刮端面、铣削及攻丝等工序。如图 5-2 (a) 所示为组合机床 YT4543 型液压动力滑台液压系统组成简图。液压动力滑台利用液压缸将泵站所提供的液压能转变成滑台运动所需的机械能。它对液压系统性能的主要要求是速度换接平稳，进给速度稳定，功率利用合理，效率高，发热少。如图 5-2 (b)

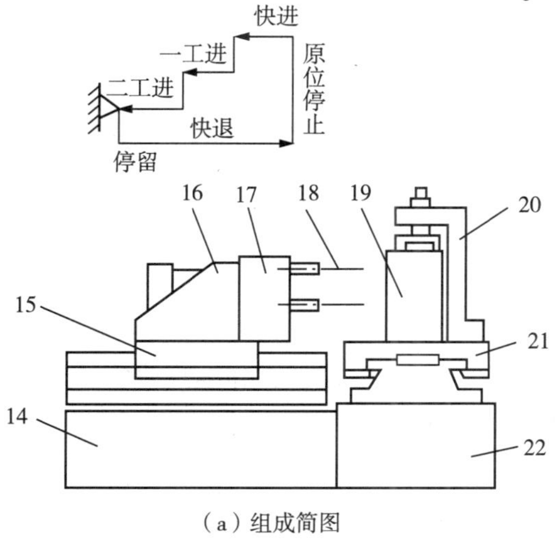

(a) 组成简图

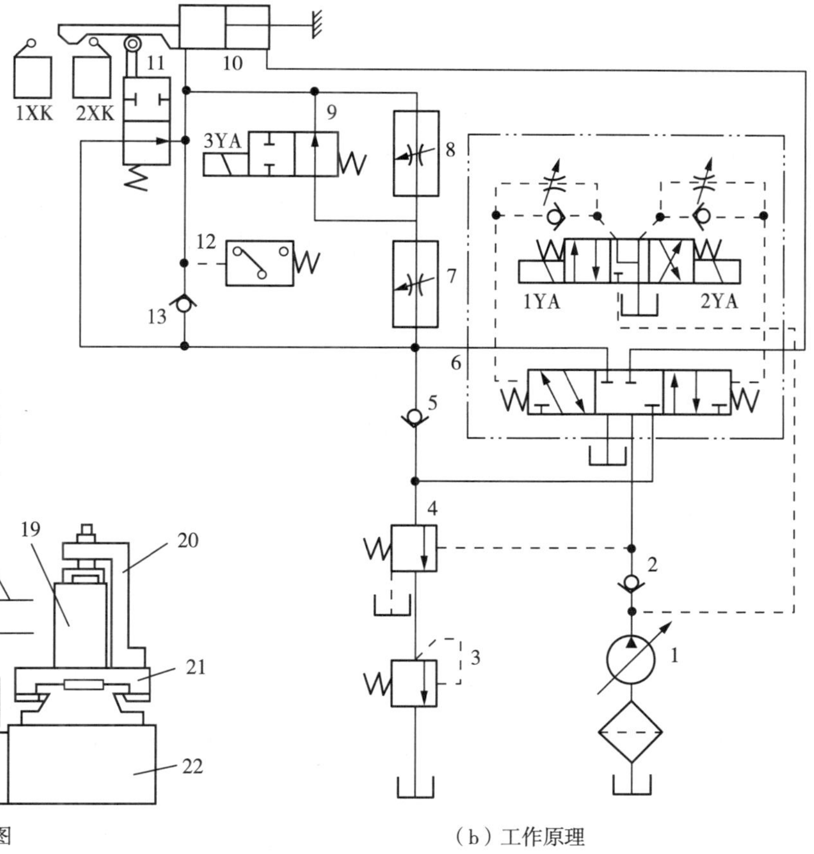

(b) 工作原理

1—限压式变量泵；2、5、13—单向阀；3—背压阀；4—顺序阀；6—电液动换向阀；7、8—调速阀；9—二位二通电磁换向阀；10—滑台液压缸；11—机动行程阀；12—压力继电器；14—床身；15—动力滑台；16—动力头；17—主轴箱；18—刀具；19—工件；20—夹具；21—工作台；22—底座。

图 5-2 组合机床 YT4543 型液压动力滑台液压系统

所示为其工作原理。该系统采用限压式变量泵 1 供油、电液动换向阀 6 换向，快进由滑台液压缸 10 差动连接来实现。用机动行程阀 11 实现快进与工进的转换，用二位二通电磁换向阀 9 来实现两个工进速度之间的转换。为了保证进给的尺寸精度，该系统采用了止挡块停留来限位。通常实现的工作循环为快进→第一挡工作进给→第二挡工作进给→止挡块停留→快退→原位停止。

2. 组合机床 YT4543 型液压动力滑台液压系统的工作原理

1）快进

按下启动按钮，电磁铁 1YA 得电，电液动换向阀 6 的先导阀阀芯向右移动，阀左位运行，控制油进入主阀左腔，推动主阀芯右移，使其左位接入系统，其主油路如下。

进油路：限压式变量泵 1→单向阀 2→电液动换向阀 6（左位）→机动行程阀 11（通位）→滑台液压缸 10 无杆腔。

回油路：滑台液压缸 10 的有杆腔→电液动换向阀 6→单向阀 5（与泵来油会合）→机动行程阀 11→滑台液压缸 10 无杆腔，形成差动连接而获得快进。因为在快进阶段，滑台的载荷较小且进油道阻力小，使系统压力较低，所以限压式变量泵 1 输出流量大，又加上液压缸小腔回油一起进入大腔，这样就实现了动力滑台的快速前进。

2）第一挡工作进给

当滑台快速运动到预定位置时，滑台上的斜面行程块压下机动行程阀 11 的阀芯，阀上位运行，截断油路，迫使压力油经调速阀 7、二位二通电磁换向阀 9 进入滑台液压缸 10 的无杆腔内。由于油液流经调速阀，系统压力上升，打开顺序阀 4，此时单向阀 5 因出口压力大于进口压力而关闭，切断了液压缸的差动回路，回油经顺序阀 4 和背压阀 3 流回油箱，此时因系统压力较高，泵的输出油量减少，加之无差动油参加，进入液压缸流量减少，使滑台动作缓慢成为第一挡工作进给，简称“一工进”。其油路如下。

（1）进油路：限压式变量泵 1→单向阀 2→电液动换向阀 6（左位）→调速阀 7→二位二通电磁换向阀 9（右位）→滑台液压缸 10 无杆腔。

（2）回油路：滑台液压缸 10 有杆腔→电液动换向阀 6→顺序阀 4→背压阀 3→油箱。

进给速度快慢由调速阀 7 调节。

3）第二挡工作进给

一工进结束后，行程块触发预设的电气行程开关 1XK 使 3YA 通电，二位二通电磁换向阀 9 右移左位，将通路切断，进油必须经调速阀 7、8 才能进入液压缸，而且调速阀 8 的开口量小于 7，这就使系统压力进一步升高、泵输出油量进一步减少、缸的工作速度进一步降低，实现第二挡工作进给，简称“二工进”。其油路情况似一工进，不再赘述。

4）止挡块停留

当滑台工作进给完毕之后，碰上止挡块的滑台停留不动（相当于阻力无穷大），使系统压力升高。当压力升高到压力继电器 12 的调定值时，压力继电器动作，触发时间继电器（图中未画出）延时后，发出信号使滑台返回。滑台的停留时间由时间继电器在一定范围内调整。

5）快退

时间继电器经延时后发出滑台返回信号，2YA 通电，1YA、3YA 断电，电液动换向阀 6

的先导阀左移右位，控制油进入主阀右腔，主阀左移右位，压力油进入滑台液压缸10的有杆腔内，推动滑台返回。主油路如下。

（1）进油路：限压式变量泵1→单向阀2→电液动换向阀6（右位）→滑台液压缸10有杆腔。

（2）回油路：滑台液压缸10无杆腔→单向阀13→电液动换向阀6（右位）→油箱。

滑台返回的阻力很小，系统压力较低，限压式变量泵1输出流量大，加上液压缸有杆腔的储油断面积较小，使动力滑台快速退回，设计上使动力滑台快退的速度与快进的大致相等。

6）原位停止

当滑台退回原位时，行程挡块触发电气行程开关2XK，发出信号，使2YA断电，电液动换向阀6返回中位，液压缸失去液压动力源，滑台停止运动。限压式变量泵1输出的油液利用电液动换向阀6的M型中位机能直接回油箱，泵空载运行，实现泵卸荷，完成一个工作循环。

电液动换向阀6的电磁阀上设置有单向节流阀，这里节流的目的是减缓主阀芯的运动速度，使换向获得柔顺效果。该系统的动作循环和各电磁铁及行程阀动作见表5－1所列。

表5－1 该系统的动作循环和各电磁铁及行程阀动作

工 况	元 件			
	电磁铁1YA	电磁铁2YA	电磁铁3YA	行程阀11
快 进	+	−	−	−
一工进	+	−	−	+
二工进	+	−	+	+
止挡块停留	−	−	−	−
快 退	−	+	−	−
原位停止	−	−	−	−
备 注	“+”号表示通电或者行程阀下移上位运行，“−”号表示断电或者行程阀下位运行			

5.1.3 组合机床YT4543型液压动力滑台液压系统常见故障分析及排除

1. 组合机床YT4543型液压动力滑台液压系统的特点

为了实现自动工作循环，该液压系统应用了下列一些基本回路。

（1）调速回路：采用了由限压式变量泵和调速阀组成的调速回路，调速阀放在进油路上，回油经过背压阀以保证稳定的低速运动（进给速度最小可达6.6 mm/min），有较好的速度刚性和较大的调速范围。

（2）快速运动回路：应用限压式变量泵在低压时输出流量大的特点，并采用差动连接来实现快速前进，能源利用比较合理。滑台停止运动时，换向阀使液压泵在低压下卸荷，减少了能量损耗。

(3) 换向回路：应用电液动换向阀实现换向，工作平稳、可靠，并用压力继电器与时间继电器发出的电信号控制换向信号。

(4) 快速运动与工作进给的换接回路：采用行程换向阀实现速度的换接，换接的性能较好，同时利用换向后系统中的压力升高使液控顺序阀接通，系统由快速运动的差动连接转换为使回油排回油箱，简化了电气回路，而且使动作可靠，换接精度亦比电气控制高；两个工进速度之间的换接采用了两个调速阀串联的回路结构，由于两者速度都较低，电磁阀完全能保证换接精度。

2. 常见故障分析及排除

组合机床 YT4543 型液压动力滑台液压系统的故障产生原因和排除方法见表 5-2 所列。

表 5-2 组合机床 YT4543 型液压动力滑台液压系统的故障产生原因和排除方法

故障现象	故障原因	故障处理
1. 压力调不上去	(1) 压力表或压力表开关堵塞，系统压力没反映出来	清洗压力表或压力表开关
	(2) 管道中有较严重的泄漏	排除管道泄漏
	(3) 管路连接错误，使液压泵卸荷	更正管路的连接
	(4) 液压缸中有较严重的泄漏	排除液压缸泄漏
	(5) 溢流阀因下列原因而处于打开位置：阻尼孔堵塞，控制卸荷油路中有泄漏，污物卡阻或锥阀座处不密封，主阀弹簧太软等	排除溢流阀故障，保证溢流正常工作
	(6) 换向阀卡死于中间位置，使液压泵卸荷	修理换向阀
	(7) 限压式变量泵调压弹簧太软	更换弹簧
	(8) 液压泵壳体有气孔、砂眼，液压泵中的零件损坏	更换液压泵壳体，检修或更换液压泵
2. 噪声	(1) 油面过低，油箱的空气滤清器堵塞	添加油液，清洗空气滤清器
	(2) 油的黏度过大	换黏度较低的油
	(3) 管路未固定牢	将管路固定牢
	(4) 液压泵壳体未固定好	固定好液压泵壳体
	(5) 液压泵吸油管道或滤油器堵塞	清洗吸油管道或滤油器
	(6) 吸油管道或滤油器通油能力不够	更换吸油管道或滤油器
	(7) 吸入油中含有气泡	排除吸入油中的空气
	(8) 吸油管道或液压泵轴密封处漏气	排除吸油管道或液压泵轴密封处的漏气点
	(9) 溢流阀振动或系统共振	检查溢流阀，消除共振
	(10) 叶片泵的叶片卡死、定子断裂等	修理或更换叶片泵
	(11) 液压泵轴和电机轴不同心	重新调整

（续表）

故障现象	故障原因	故障处理
3. 工作部件爬行	(1) 油箱中油面过低，系统中有空气	补充加油，排出系统中空气
	(2) 导轨镶条或压板过紧	调整镶条或压板
	(3) 液压缸回油腔背压不足	适当调高背压
	(4) 溢流阀的压力调整过低	适当调高溢流阀的压力
	(5) 进给量过小	适当改变进给量
	(6) 溢流阀振动或系统共振	检修溢流阀，消除共振
	(7) 调速阀中的减压阀或溢流阀卡死	检修调速阀
	(8) 液压缸活塞杆的密封件扭曲，或润滑不良	调整或更换密封件，改善润滑性能
	(9) 液压泵供油不均匀	修理或更换液压泵
	(10) 液压缸中心线与导轨面平行度误差过大	调整液压缸与导轨面的平行度
	(11) 导轨润滑不良或导轨表面有机械损伤	改善润滑性能，修理导轨表面
	(12) 立式机床的平衡重锤与床身内壁有摩擦	调整重锤位置
	(13) 液压缸过于细长，主轴箱过大	更换液压缸，改进设计
4. 无慢进给或最小进给速度过快	(1) 节流阀的节流口堵塞，阀前的滤油器堵塞	清洗节流阀开口，清洗滤油器
	(2) 调速阀中的溢流阀或减压阀的弹簧过弱或过强	检查节流阀进出口压力降（应为0.2～0.35 MPa），必要时更换弹簧
	(3) 调速阀中的溢流阀或减压阀卡死	清洗、检修调速阀
	(4) 节流阀的调速机构定位不准确	修理调速机构
5. 负荷增加时进给速度显著下降	(1) 液压泵、液压缸活塞处或系统中其他部位泄漏量过大	排除有关部位泄漏
	(2) 调速阀中的减压阀或溢流阀卡死于打开位置	清洗、检修调速阀
6. 负荷不变时进给速度逐渐下降	(1) 油中混入杂质太多	清洗油箱、管道和元件并换油
	(2) 节流阀前的滤油器或节流阀的节流开口堵塞	清洗滤油器和节流阀开口
	(3) 油温过高，油的黏度降低	排除油温过高的因素
7. 空行程时系统压力过高	(1) 导轨镶条或压板过紧，或润滑不良	重新调整，改善润滑性能
	(2) 背压过高，管子被压扁或堵塞	调低背压，更换管子
	(3) 系统中各部位通径过小，系统压力损失大	扩大有关部位通径
	(4) 液压缸轴线与导轨不平行，活塞和活塞杆处密封装置间的摩擦力过大	调整平行度，调整密封装置
	(5) 立式机床平衡重锤过重	减轻重锤
	(6) 换向阀阀芯位置偏差开口过小	修理换向阀
8. 系统中油温过高	(1) 系统不工作时，液压泵未卸荷	检查、调整卸荷
	(2) 液压泵容积效率低，内泄漏严重	检修液压泵
	(3) 系统工作效率低或油箱设计不合理	检查并改进系统设计及油箱设计
注：同一个故障有多个可能原因时，按先易后难、由表及里的原则列出处理步骤		

5.1.4 主要辅助元件及液压系统安装调试

1. 油箱的用途与结构

1）油箱的用途

油箱的功能主要是储存油液，此外还起着散发油液中热量（在周围环境温度较低的情况下则是保持油液中热量）、释出混在油液中的气体、沉淀油液中的污物等作用。

2）油箱的结构

按油面是否与大气相通，油箱可分为开式油箱与闭式油箱。开式油箱被广泛用于一般的液压系统中，闭式油箱则被用于水下和高空无稳定气压的场合，这里仅介绍开式油箱。

下面根据图 5-3 分述设计要点。

(1) 油箱的有效容积。油箱的有效容积，是指油面高度为油箱高度 80%时的容积。我们应根据液压系统发热、散热平衡的原则来计算，这项计算在系统负载较大、长期连续工作时是必不可少的。但一般来说，油箱的有效容积可以按液压泵的额定流量 q_p (L/min) 估计出来。

$$V=\xi q_p \tag{5-1}$$

式中：V 为油箱的有效容量；q_p 为液压泵的流量；ξ 为经验系数，$\xi=2\sim4$（低压系统），$\xi=5\sim7$（中压系统），$\xi=6\sim12$（中高压或高压系统）。

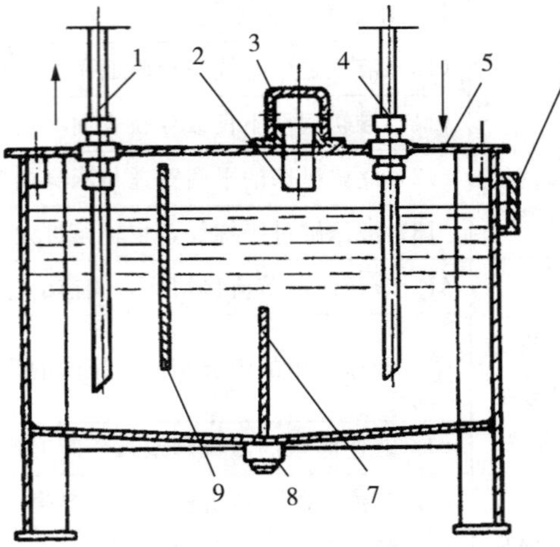

1—吸油管；2—滤油网；3—盖；4—回油管；5—上盖；6—油位计；7、9—隔板；8—放油阀。

图 5-3　油箱结构示意

对于功率较大且连续工作的液压系统，必要时还要进行热平衡计算，以此确定油箱容量。

(2) 吸油管和回油管。吸油管和回油管应尽量相距远些，两管之间要用隔板隔开，以拉长油液循环路线，使油液有足够的时间分离气泡、沉淀杂质、消散热量。隔板高度一般为箱内油面高度的 3/4。吸油管入口处要装粗滤油器。精滤油器与回油管管端在油面最低时仍应淹没在油中，其通常与油箱底间的距离要大于管径的 2～3 倍，以防止吸油时卷吸空气或回油冲入油箱时搅动油面而混入气泡。粗滤油器距箱底不应小于 20 mm，离箱壁要有 3 倍管径的距离，以便四面进油。管端与箱底、箱壁间距离均不宜小于管径的 3 倍。回油管管端宜斜切约 45°，以增大出油口截面积，减慢回油出口流速。此外，应使回油管斜切口面对箱壁，以利于油液散热。当回油量很大时，宜使出口高出油面并向一个倾角为 5°～15°的斜槽排油，使油流散开，一方面减慢流速，另一方面排走油液中的空气。也可以采取让回油通过扩散室的办法来达到消减回油流速和冲击搅拌作用的目的。泄油管管端亦可斜切面壁，但不可淹没于油中。

(3) 防止油液污染。为了防止油液污染，油箱上各盖板、管口处都要妥善密封。注油器上要加滤油网。为防止油箱出现负压而设置的通气孔上须装空气滤清器。空气滤清器的作用是使油箱与大气相通，保证泵的自吸能力，滤除空气中的灰尘杂物，有时兼作加油口，它一般布置在顶盖上靠近油箱边缘处。空气滤清器的容量至少应为液压泵额定流量的 2 倍。油箱内回油集中部分及清污口附近宜装设一些磁性块，以去除油液中的铁屑和带磁性颗粒。

(4) 油箱底部和滤油器安装位置。为了易于散热和便于对油箱进行搬移及维护保养，按 GB/T 3766—2015 的规定，箱底离地至少 150 mm 以上。箱底应适当倾斜，在最低处设置堵塞或放油阀，以便排放污油。为了便于换油时清洗油箱，对于大容量的油箱，一般均在侧壁设清洗窗口。按照 GB/T 3766—2015 的规定，箱体上注油口的近旁必须设置液位计。滤油器的安装位置应便于装拆。箱内各处应便于清洗。

(5) 热交换器的安装位置。油箱中如要安装热交换器，必须考虑好它的安装位置，以及测温、控制等措施。

(6) 油箱壁。分离式油箱一般用 2.5～4 mm 钢板焊成。一般来说，箱壁愈薄，散热愈快。有资料建议 100 L 容量的油箱箱壁厚度取 1.5 mm，400 L 以下的取 3 mm，400 L 以上的取 6 mm，箱底厚度大于箱壁，箱盖厚度应为箱壁的 4 倍。大尺寸油箱要加焊角板、筋条，以增加刚性。当液压泵及其驱动电机和其他液压件都要装在油箱上时，油箱顶盖要相应地加厚。最高油面只允许达到油箱高度的 80%，油箱底脚高度应在 150 mm 以上，以便散热、搬移和放油。油箱四周要有吊耳，以便起吊装运。

(7) 油箱防锈。油箱内壁应涂上耐油防锈的涂料。外壁如涂上一层极薄的黑漆（厚度不超过 0.025 mm），会有很好的辐射冷却效果。铸造的油箱内壁一般只进行喷砂处理，不涂漆，油箱正常工作温度应为 15～66 ℃，必要时应安装温度控制系统或设置加热器和冷却器。

2. 滤油器的用途与结构类型

1) 滤油器的功能

滤油器的功能是过滤混在液压油液中的杂质，降低进入系统中的油液的污染度，保证系统正常工作。

2) 滤油器的类型

滤油器按其滤芯材料的过滤机制来分，有表面型滤油器、深度型滤油器和吸附型滤油器三种。常见的滤油器及其特点详见表 5-3 所列。

表 5-3 常见的滤油器及其特点

类　型	结构简图/名称	特点说明
表面型	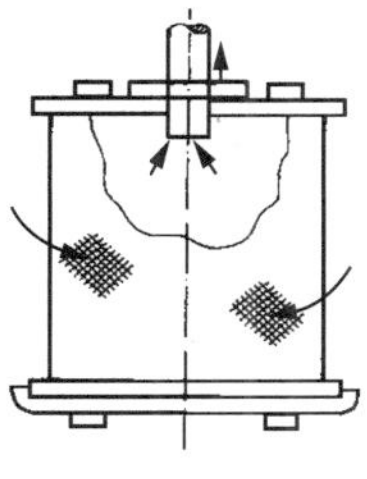	(1) 过滤精度与铜丝网层数及网孔大小有关。在压力管路上常用 100 目、150 目、200 目（每英寸长度上孔数）的铜丝网，在液压泵吸油管路上常采用 20～40 目铜丝网； (2) 压力损失不超过 0.004 MPa； (3) 结构简单，通流能力强，清洗方便，但过滤精度低

（续表）

类　型	结构简图/名称	特点说明
表面型	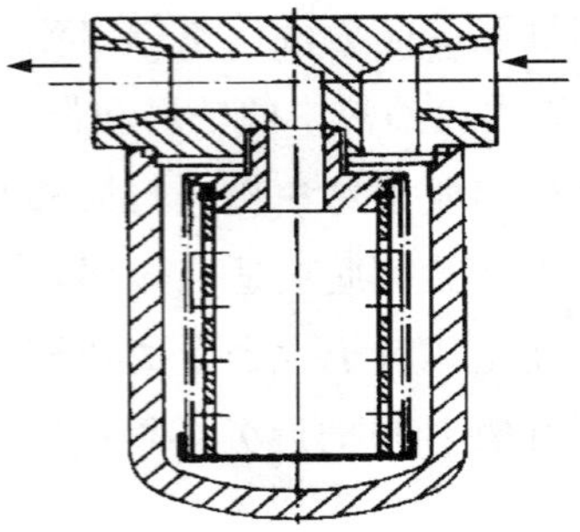	(1) 滤芯由绕在心架上的一层金属线组成，依靠线间微小间隙来挡住油液中杂质的通过； (2) 压力损失为 0.03～0.06 MPa； (3) 结构简单，通流能力强，过滤精度高，但滤芯材料强度低，不易清洗； (4) 用于低压管道中，当用在液压泵吸油管上时，它的流量规格宜选得比液压泵大
深度型	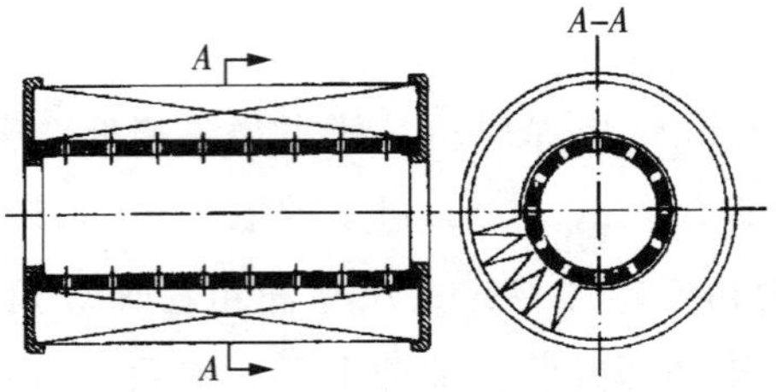	(1) 结构与线隙式相同，但滤芯为用平纹或波纹的酚醛树脂或木浆微孔滤纸制成的纸芯。为了增大过滤面积，纸芯常制成折叠形； (2) 压力损失为 0.01～0.04 MPa； (3) 过滤精度高，但堵塞后无法清洗，必须更换纸心； (4) 通常用于精过滤
	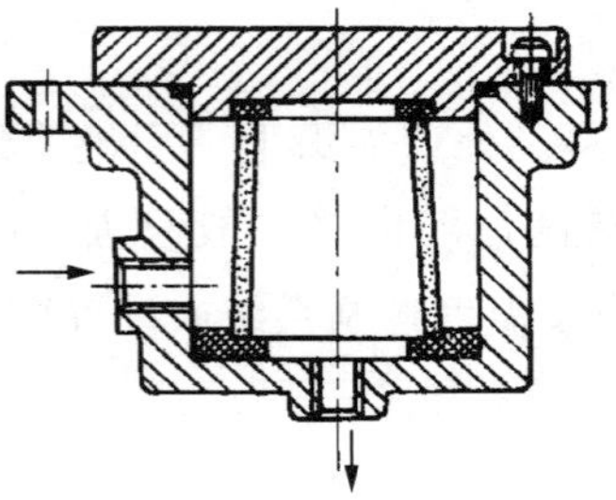	(1) 滤芯由金属粉末烧结而成，利用金属颗粒间的微孔来挡住油中杂质通过。改变金属粉末的颗粒大小，就可以制出过滤精度不同的滤芯； (2) 压力损失为 0.03～0.2 MPa； (3) 过滤精度高，滤芯能承受高压，但金属颗粒易脱落，堵塞后不易清洗； (4) 适用于精过滤
吸附型	磁性滤油器	(1) 滤芯由永磁铁制成，能吸住油液中的铁屑、铁粉、带磁性的磨料； (2) 常与其他形式滤芯合起来制成复合式滤油器； (3) 特别适用于加工钢铁件的机床液压系统

(1) 表面型滤油器。整个过滤作用是由一个几何面来实现的。滤下的污染杂质被截留在滤芯元件靠油液上游的一面。在这里，滤芯材料具有均匀的标定小孔，可以滤除比小孔尺寸大的杂质。由于污染杂质积聚在滤芯表面上，因此它很容易被阻塞住。编网式滤芯、线隙式滤芯属于这种类型。

(2) 深度型滤油器。这种滤芯材料为多孔可透性材料，内部具有曲折迂回的通道。大于表面孔径的杂质直接被截留在外表面，较小的污染杂质进入滤材内部，撞到通道壁上，由于吸附作用的存在而得到滤除。滤材内部曲折的通道也有利于污染杂质的沉积。纸芯、毛毡、烧结金属、陶瓷和各种纤维制品等属于这种类型。

(3) 吸附型滤油器。滤芯材料把油液中的有关杂质吸附在其表面上。磁芯即属于此类。

3）滤油器的过滤精度

过滤精度表示滤油器对各种不同尺寸的污染颗粒的滤除能力，用绝对过滤精度、过滤比和过滤效率等指标来评定。

（1）绝对过滤精度，是指通过滤芯的最大坚硬球状颗粒的尺寸（y），它反映了过滤材料中最大通孔尺寸。它可以用试验的方法进行测定。

（2）过滤比 β_x，是指滤油器上游油液单位容积中大于某给定尺寸的颗粒数与下游油液单位容积中大于同一尺寸的颗粒数之比，即对于尺寸为 x 的颗粒来说，其过滤比 β_x 的表达式为

$$\beta_x = N_u / N_d \tag{5-2}$$

式中：N_u 为上游油液中大于某一尺寸 x 的颗粒浓度；N_d 为下游油液中大于同一尺寸 x 的颗粒浓度。

从上式可看出，β_x 愈大，过滤精度愈高。当过滤比的数值达到 75％时，y 即被认为是滤油器的绝对过滤精度。过滤比能确切地反映滤油器对不同尺寸颗粒污染物的过滤能力，它已被国际标准化组织采纳并作为评定滤油器过滤精度的性能指标。一般要求系统的过滤精度要小于运动副间隙的一半。此外，压力越高，对过滤精度要求越高。过滤精度推荐值见表 5-4 所列。

（3）过滤效率 E_c，可以通过下式直接换算出来：

$$E_c = (N_u - N_d) / N_u = 1 - 1/\beta_x \tag{5-3}$$

表 5-4　过滤精度推荐值

系统类别	润滑系统	传动系统			伺服系统
工作压力/MPa	0～2.5	≤14	14＜p＜21	≥21	21
过滤精度/μm	100	25～50	25	10	5

4）滤油器的压降特性

液压回路中的滤油器对油液流动来说是一种阻力，因而油液通过滤芯时必然要出现压力降。一般来说，在滤芯尺寸和流量一定的情况下，滤芯的过滤精度愈高，压力降愈大；在流量一定的情况下，滤芯的有效过滤面积愈大，压力降愈小；油液的黏度愈大，流经滤芯的压力降也愈大。滤芯所允许的最大压力降，应以不使滤芯元件发生结构性破坏为原则。在高压系统中，滤芯在稳定状态下工作时承受的仅仅是它那里的压力降，这就是为什么纸质滤芯亦能在高压系统中使用的原因。油液流经滤芯时的压力降，大部分是通过试验或经验公式来确定的。

5）纳垢容量

这是指滤油器在压力降达到其规定限值之前可以滤除并容纳的污染物数量，这项性能指标可以用多次通过性试验来确定。滤油器的纳垢容量愈大，使用寿命愈长，所以它是反映滤油器寿命的重要指标。一般来说，滤芯尺寸愈大，即过滤面积愈大，纳垢容量就愈大。增大

过滤面积，可以使纳垢容量至少成比例地增加。滤油器过滤面积 A 的表达式为

$$A=q\mu/a\Delta p \tag{5-4}$$

式中：q 为滤油器的额定流量（L/min）；μ 为油液的黏度（Pa·s）；Δp 为压力降（Pa）；a 为滤油器单位面积通过能力（L/cm^2），由试验确定。在 20 ℃时，特种滤网 $a=0.003\sim0.006$，纸质滤芯 $a=0.035$，线隙式滤芯 $a=10$，一般网式滤芯 $a=2$。式（5-4）清楚地说明了过滤面积与油液的流量、黏度、压力降和滤芯形式的关系。

6）滤油器的选用和应用

滤油器应根据液压系统的技术要求，按过滤精度、通流能力、工作压力、油液黏度、工作温度等条件选定其型号。滤油器在液压系统中的安装位置不同，就有不同的要求和特点，滤油器选用和应用特点详见表 5-5 所列。

表 5-5　滤油器选用和应用特点

分类			技术要求和应用特点
选用	粗过滤器	大于 100 μm	①过滤精度应满足预定要求；②能在较长时间内保持足够的通流能力；③滤芯具有足够的强度，不因液压的作用而损坏；④滤芯抗腐蚀性能好，能在规定的温度下持久地工作；⑤滤芯清洗或更换简便
	普通过滤器	10～100 μm	
	精密过滤器	5～10 μm	
	特精过滤器	1～5 μm	
应用	安装在泵的吸油口处		一般安装表面型滤油器，目的是滤去较大的杂质微粒以保护液压泵。此外，滤油器的过滤能力应为泵流量的 2 倍以上，压力损失小于 0.02 MPa
	安装在泵的出口油路上		目的是滤除可能侵入阀类等元件的污染物。过滤精度应为 10～15 μm，承受工作压力和冲击压力，压力降应小于 0.35 MPa。同时应安装安全阀以防滤油器堵塞
	安装在系统的回油路上		这种安装起间接过滤作用。一般与过滤器并联安装一个背压阀，当过滤器堵塞达到一定压力值时，打开背压阀保持系统的暂时运转
	安装在系统的分支油路上		在某些大流量开式液压系统中，为减小滤油器的尺寸，常采用通过能力较小的滤油器并且安装在系统的某些支路上，对部分工作液体进行过滤。为保证过滤效果，支路流量不得小于系统流量的 20%～30%
	单独过滤系统		大型液压系统可专设一个液压泵和滤油器组成独立过滤回路
	安装在重要元件前面		如伺服阀、精密节流阀等，单独安装精密滤油器来确保它们的正常工作

3. 液压元件的安装

1）安装前的准备

（1）审查液压系统。主要是审查该项设计能否达到预期的工作目标，能否实现机器的各项性能指标；安装工艺有无实现的可能；全面了解设计总体各部分的组成和作用。审查的主

要内容：①审查液压系统的设计；②鉴定液压系统原理图的合理性；③评价系统的制造工艺水平；④检查并确认液压系统的净化程度；⑤确认液压系统零部件。

（2）技术资料的准备与熟悉。液压系统原理图、电气原理图、管道布置图、液压元件、辅件、管件清单和有关元件样本等，这些资料都应准备齐全，以便工程技术人员对具体内容和技术要求逐项熟悉和研究。

（3）物资准备。按照液压系统图和液压件清单，核对液压件的数量，确认所有液压元件的质量状况。尤其要严格检查压力表的质量，查明压力表交验日期，对检验时间过长的压力表要重新进行校验，确保准确可靠。

（4）质量检查。液压元件在运输或储存过程中极易被污染和锈蚀，库存时间过长会使液压元件中的密封件老化而丧失密封性，有些液压元件由于加工及装配质量不良使性能不可靠，所以我们必须对元件进行严格的质量检查。液压元件质量检查项目与要求见表5-6所列。

表5-6　液压元件质量检查项目与要求

类　型	检查项目与要求	备　注
液压元件质量检查	（1）各类液压元件型号必须与元件清单一致	
	（2）要查明液压元件保管时间是否过长，或保管环境是否符合要求，应注意液压元件内部密封件老化程度，必要时进行拆洗、更换，并进行性能测试	
	（3）每个液压元件上的调整螺钉、调节手轮、锁紧螺母等都要完整无损	
	（4）液压元件所附带的密封件表面质量应符合要求，否则应予以更换	
	（5）板式连接元件连接平面不准有缺陷。安装密封件的沟槽加工精度要符合有关标准	
	（6）管式连接元件的连接螺纹口不准有破损和活扣现象	
	（7）板式阀安装底板的连接平面不准有凹凸不平的缺陷，连接螺纹不准有破损和活扣现象	
	（8）将通油口堵塞取下，检查元件内部是否清洁	
	（9）检查电磁阀中的电磁铁芯及外表质量，若有异常不准使用	
	（10）各液压元件上的附件必须齐全	
液压辅件质量检查	（1）油箱要达到规定的质量要求。油箱上附件必须齐全。油箱内部不准有锈蚀，装油前油箱内部一定要清洗干净	
	（2）所选用的滤油器型号与设计要求必须一致，确认滤芯精度等级，滤芯不得有缺陷，连接螺口不准有破损，所带附件必须齐全	
	（3）各种密封件外观质量要符合要求，并查明所领密封件保管期限。有异常或保管期限过长的密封件不准使用	
	（4）蓄能器质量要符合要求，所带附件要齐全。查明保管期限，对存放过长的蓄能器要严格检查，不符合技术指标和使用要求的蓄能器不准使用	
	（5）空气滤清器用于过滤空气中的粉尘，通气阻力不能太大，保证箱内压力为大气压。所以空气滤清器要有足够大的通过空气的能力	

（续表）

类　型	检查项目与要求	备　注
管子和接头质量检查	(1) 管子的材料、通径、壁厚和接头的型号及加工质量都要符合设计要求	
	(2) 所用管子不准有缺陷。有下列异常，不准使用：①管子内、外壁表面已腐蚀或有显著变色；②管子表面伤口裂痕深度为管子壁厚的10%以上；③管子壁内有小孔；④管子表面凹凸程度达到管子直径的10%以上	
	(3) 使用弯曲的管子时，有下列异常不准使用：①管子弯曲部位内、外壁表面曲线不规则或有锯齿形；②管子弯曲部位其椭圆度大于10%；③扁平弯曲部位的最小外径为原管子外径的70%以下	
	(4) 所用接头不准有缺陷。若有下列异常，不准使用：①接头体或螺母的螺纹有伤痕、毛刺或断扣等现象；②接头体各结合面加工精度未达到技术要求；③接头体与螺母配合不良，有松动或卡涩现象；④安装密封圈的沟槽尺寸和加工精度未达到规定的技术要求	
	(5) 软管和接头有下列缺陷时不准使用： ①软管表面有伤皮或老化现象；②接头体有锈蚀现象；③螺纹有伤痕、毛刺、断扣和配合有松动、卡涩现象	
	(6) 法兰件有下列缺陷时不准使用：①法兰密封面有气孔、裂缝、毛刺、径向沟槽；②法兰密封沟槽尺寸、加工精度不符合设计要求；③法兰上的密封金属垫片不准有各种缺陷，材料硬度应低于法兰硬度	

2）泵的安装

(1) 在安装时，油泵、电动机、支架、底座各元件相互的结合面上必须无锈、无凸出斑点和油漆层。在这些结合面上应涂一薄层防锈油。

(2) 安装液压泵、支架和电动机时，液压泵与电动机两轴之间的同轴度允差、平行度允差应符合规定，或者不大于液压泵与电动机之间联轴器制造商推荐的同轴度、平行度要求的数值。

(3) 直角支架安装时，泵支架的支口中心高，允许比电动机的中心高略高0～0.8 mm。这样在安装时，调整泵与电动机的同轴度时，可只垫高电动机的底面。允许在电动机与底座的接触面之间垫入图样未规定的金属垫片（垫片数量不得超过3个，总厚度不大于0.8 mm）。一旦调整好后，电动机一般不再拆动。必要时只拆动泵支架，而泵支架应有定位销定位。

3）集成块的安装

对于集成块的安装，我们应注意以下几点。

(1) 阀块各油流通道内，尤其是空腔与孔贯穿交会处，都必须仔细去净毛刺，用探灯伸入孔中仔细检查清除；阀块外周及各周棱边必须倒角去毛刺。加工完毕的阀块与液压阀、管接头、法兰相贴合的平面上不得留有伤痕，也不得留有划线的痕迹。

(2) 阀块加工完毕后必须用防锈清洗液反复加压清洗。各孔流道，尤其是盲孔，应特别注意洗净。清洗槽应分粗洗和精洗。清洗后的阀块，如暂不装配，应立即将各孔口盖住，可用大幅的胶纸封在孔口上。

（3）往阀块上安装液压阀时，要核对它们的型号，各阀都必须有产品合格证，并确认其清洁度合格。

（4）核对所有密封件的型号、材质及出厂日期，应在使用期内。

（5）装配前再一次检查阀块上所有的孔道是否与设计图一致、正确。

（6）检查所用的连接螺栓的材质及强度是否达到设计要求以及液压件生产厂规定的要求。各液压阀的连接螺栓都必须用测力扳手拧紧。拧紧力矩应符合液压阀制造厂的规定。

（7）凡有定位销的液压阀，必须装上定位销。

（8）阀块上应钉上金属小标牌，标明各液压阀在设计图上的序号、各回路名称、各外接口的作用。

（9）阀块装配完毕后，在装到阀架或液压系统上之前，应将阀块单独进行耐压试验和功能试验。

4）管道的安装

液压系统中使用的油管种类很多，有钢管、铜管、尼龙管、塑料管、橡胶管等，须按照安装位置、工作环境和工作压力来正确选用。管道的种类、特点和适用场合见表5－7所列。

表5－7 管道的种类、特点和适用场合

种类		特点和适用场合
硬管	钢管	能承受高压，价格低廉，耐油，抗腐蚀，刚性好，但装配时不能任意弯曲；常在装拆方便处用作压力管道，中压、高压用无缝管，低压用焊接管
	紫铜管	易弯曲成各种形状，但承压能力一般不超过6.5 MPa，抗振能力较弱，又易使油液氧化；通常用在液压装置内配接不便之处
软管	尼龙管	乳白色，半透明，加热后可以随意弯曲成形或扩口，冷却后又能定形不变，承压能力因材质而异，自2.5 MPa至8 MPa不等
	塑料管	质轻耐油，价格便宜，装配方便，但承压能力弱，长期使用会变质老化，只宜用作压力低于0.5 MPa的回油管、泄油管等
	橡胶管	高压管由耐油橡胶夹几层钢丝编织网制成，钢丝网层数越多，耐压越高，价昂，用作中压、高压系统中两个相对运动件之间的压力管道；低压管由耐油橡胶夹帆布制成，可用作回油管道

管道的内径 d 和壁厚可采用下列两式计算，并需调整为标准数值，即

$$d=2\sqrt{\frac{q}{\pi v}} \qquad \delta=\frac{pdn}{2\sigma_b}$$

式中：v 为允许流速，吸油管推荐值为 0.5～1.5 m/s，回油管推荐值为 1.5～2 m/s，压力油管推荐值为 2.5～5 m/s，控制油管推荐值取 2～3 m/s，橡胶软管推荐值应小于 4 m/s；n 为安全系数（对于钢管，$p<7$ MPa时，$n=8$；7 MPa$\leqslant p \leqslant$17.5 MPa 时，$n=6$；$p\leqslant$17.5 MPa 时，$n=4$）；σ_b 为管道材料的抗拉强度，可从材料手册中查出。

管道应尽量短，最好横平竖直，拐弯少。为避免管道皱折，减少压力损失，管道装配的弯曲半径要足够大，管道悬伸较长时要适当设置管夹。

管道尽量避免交叉，平行管距要大于 100 mm，以防接触振动，并便于安装管接头。

软管直线安装时要有 30%左右的余量，以适应油温变化、受拉和振动的需要。弯曲半径要大于 9 倍软管外径，弯曲处到管接头的距离至少等于 6 倍外径。

液压管道安装是液压设备安装的一项主要工程。管道安装质量的好坏是关系到液压系统工作性能是否正常的关键之一。管道安装的具体要求如下。

(1) 布管设计和配管时都应先根据液压原理图，对所需连接的组件、液压元件、管接头、法兰做一个通盘的考虑。

(2) 管道的敷设排列和走向应整齐一致，层次分明。尽量采用水平或垂直布管，水平管道的不平行度应不大于 2/1000，垂直管道的不垂直度应不大于 2/400，用水平仪检测。

(3) 平行或交叠的管系之间，应有 10 mm 以上的空隙。

(4) 管道的配置必须使管道、液压阀和其他元件装卸、维修方便。系统中任何一段管道或元件应尽量能自由拆装而不影响其他元件。

(5) 配管时必须使管道有一定的刚性和抗振动能力。应适当配置管道支架和管夹。弯曲的管子应在起弯点附近设支架或管夹。管道不得与支架或管夹直接焊接。

(6) 管道的重量不应由阀、泵及其他液压元件和辅件承受，也不应由管道支撑较重的元件重量。

(7) 较长的管道必须考虑有效措施以防止温度变化使管子伸缩而引起应力。

(8) 使用的管道材质必须有明确的原始依据，材质不明的管子不允许使用。

(9) 液压系统管子直径在 50 mm 以下的，可用砂轮切割机切割。直径在 50 mm 以上的管子一般应采用机械加工方法切割。若用气割，则必须用机械加工方法车去因气割形成的组织变化部分，同时可车出焊接坡口；除回油管外，压力油管道不允许用滚轮式挤压切割器切割；管子切割表面必须平整，去除毛刺、氧化皮、熔渣等，切口表面与管子轴线应垂直。

(10) 一条管路由多段管与配套件组成时应依次逐段接管，完成一段组装后，再配置其后一段，以避免一次焊完产生累积误差。

(11) 为减少局部压力损失，管道各段应避免断面的局部急剧扩大或缩小以及急剧弯曲。

(12) 与管接头或法兰连接的管子必须是一段直管，即这段管子的轴心线应与管接头、法兰的轴心平行、重合。此直线段长度要不小于 2 倍管径。

(13) 外径小于 30 mm 的管子可采用冷弯法。管子外径在 30～50 mm 时可采用冷弯或热弯法。管子外径大于 50 mm 时，一般采用热弯法。

（14）焊接液压管道的焊工应持有有效的高压管道焊接合格证。

（15）焊接工艺的选择：乙炔气焊主要用于一般碳钢管壁厚度不大于 2 mm 的管子。电弧焊主要用于碳钢管壁厚大于 2 mm 的管子。管子的焊接最好用氩弧焊。对壁厚大于 5 mm 的管子应采用氩弧焊打底，电弧焊填充。在必要的场合，应采用管孔内充保护气体方法焊接。

（16）焊条、焊剂应与所焊管材相匹配，其牌号必须有明确的依据资料，有产品合格证，且在有效使用期内。焊条、焊剂在使用前应按其产品说明书规定烘干，并在使用过程中保持干燥，在当天使用。焊条药皮应无脱落和显著裂纹。

（17）液压管道焊接都应采用对接焊。焊接前应将坡口及其附近宽 10～20 mm 的表面的脏物、油迹、水分和锈斑等清除干净。

（18）管道与法兰的焊接应采用对接焊法兰，不可采用插入式法兰。

（19）管道与管接头的焊接应采用对接焊，不可采用插入式的形式。

（20）管道与管道的焊接应采用对接焊，不允许用插入式的焊接形式。

（21）液压管道采用对接焊时，焊缝内壁必须比管道高出 0.3～0.5 mm。不允许出现凹入内壁的现象。在焊完后，再用锉或手提砂轮把内壁中高出的焊缝修平，去除焊渣、毛刺，达到光洁程度。

（22）对接焊焊缝的截面应与管子中心线垂直。

（23）焊缝截面不允许在转角处，也应避免在管道的两个弯管之间。

（24）在焊接配管时，必须先按安装位置点焊定位，再拆下来焊接，焊后再组装整形。

（25）在焊接过程中，应防止风、雨、雪的侵袭。管道焊接后，对壁厚不大于 5 mm 的焊缝，应在室温下自然冷却，不得用强风或淋水强迫冷却。

（26）焊缝应焊透，外表应均匀平整。压力管道的焊缝应进行抽样探伤检查。

（27）管道配管焊接以后，所有管道都应按所处位置预安装一次。将各液压元件、阀块、阀架、泵站连接起来。各接口应自然贴合、对中，不能强扭连接。当松开管接头或法兰螺钉时，相对结合面中心线不许有较大的错位、离缝或翘角。如发生此种情况可用火烤整形消除。

（28）可以在全部配管完毕后将管夹与机架焊牢，也可以按需求交替进行。

（29）管道在配管、焊接、预安装后，再次拆开进行酸洗磷化处理。向酸洗磷化后的管道内通入热空气进行快速干燥。干燥后，如在几日内就复装成系统、管内通入液压油，一般可不做防锈处理，但应妥善保管。若需长期搁置，需要涂防锈涂料，则必须在磷化处理 48 小时后才能涂装。应注意，防锈涂料必须能与以后管道清洗时的清洗液或使用的液压油相容。

（30）在管道酸洗、磷化、干燥后再次安装起来之前，需先对每一根管道内壁进行一次预清洗。预清洗完毕后应尽早复装成系统，进行系统的整体循环净化处理，直至达到系统设计要求的清洁度等级。

（31）软管的应用只限于以下场合：设备可动元件之间、替换件的更换处、抑制机械振动或噪声的传递处。

(32) 安装软管时一定要注意不要使软管和接头出现附加的受力、扭曲、急剧弯曲、摩擦等不良工况。

(33) 在将软管装入系统前，也应将其内腔及接头清洗干净。

5.1.5 液压系统使用与维护

1. 液压系统使用与维护基本知识

液压系统安装完毕后，在使用前必须对管道、流道等进行循环清洗，使系统清洁度达到设计要求：

(1) 清洗液要选用低黏度的专用清洗油，或本系统同牌号的液压油。

(2) 清洗工作以主管道系统为主。清洗前将溢流阀压力调到 0.3～0.5 MPa；对其他液压阀的排油回路，要在阀的入口处临时切断；将主管路连接临时管路，并使换向阀换向到某一位置，使油路循环。

(3) 在主回路的回油管处临时接一个滤油器。一般液压系统在不同清洗循环阶段，分别使用 30 μm、20 μm、10 μm 过滤精度的滤芯；伺服系统用 20 μm、10 μm、5 μm 过滤精度的滤芯，分阶段分次清洗。清洗后液压系统必须达到净化标准，达不到净化标准的系统不准运行。

(4) 复杂的液压系统可以按工作区域，分别对各个区域进行清洗。

(5) 清洗后，将清洗油排尽，确认清洗油排尽后，才算清洗完毕。

(6) 确认液压系统净化达到标准后，将临时管路拆掉，恢复系统，按要求加油。

2. 液压系统使用与维护注意事项

1) 液压系统使用注意事项

(1) 确认液压系统净化符合标准后，向油箱内加入规定的介质。加入介质时一定要过滤，滤芯的精度要符合要求，并要经过检测确认。

(2) 检查液压系统各部分，确认安装合理无误。

(3) 向油箱内灌油，当油液充满液压泵后，用手转动联轴节，直至泵的出油口出油并见不到气泡为止。对有泄油口的泵，要向泵壳体中灌满油。

(4) 放松并调整液压阀的调节螺钉，使调节压力值能维持空转即可。调整好执行机构的极限位置，并维持在无负载状态。如有必要，伺服阀、比例阀、蓄能器、压力传感器等重要元件应临时与循环回路脱离。节流阀、调速阀、减压阀等应调到最大开度。

(5) 接通电源、点动液压泵电机，检查电源连线是否正确。延长启动时间，检查空运转有无异常。按说明书规定的空运转时间进行试运转。此时要随时了解滤油器的滤芯堵塞情况，并注意随时更换堵塞的滤芯。

(6) 在空运转正常的前提下，进行加载试验，即压力调试。加载可以利用执行机构，也可用节流阀加载，使系统建立起压力。压力升高要逐级进行，每一级为 1 MPa，并稳压 5 分钟左右。最高试验调整压力应按设计要求的系统额定压力或实际工作对象所需的压力进行调节。

（7）压力试验过程中出现的故障应及时排除。排除故障必须在泄压后进行。若焊缝需要重焊，必须将该件拆下，除净油污后方可焊接。

（8）调试过程应详细记录，整理后纳入设备档案。

（9）注意：不准在执行元件运动状态下调节系统压力；调压前应先检查压力表，无压力表的系统不准调压；压力调节后应将调节螺钉锁住，防止松动。

2）液压系统维护注意事项

（1）按照设计规定和工作要求，合理调节液压系统的工作压力与工作速度。压力阀、调速阀调到所要求的数值时，应将调节螺钉紧固，防止松动。

（2）在液压系统生产运行过程中，要注意油质的变化状况，要定期取样化验，若发现油质不符合要求，要进行净化处理或更换新油液。

（3）液压系统油液工作温度不得过高。

（4）为保证电磁阀正常工作，应保持电压稳定，其波动值不应超过额定电压的5％～10％。

（5）电气柜、电气盒、操作台和指令控制箱等应有盖子或门，不得敞开使用。

（6）当系统某部位发生异常时，要及时分析原因并进行处理，不要勉强运转。

（7）定期检查冷却器和加热器工作性能。

（8）经常观察蓄能器工作性能，若发现气压不足或油气混合，要及时充气和修理。

（9）高压软管、密封件要定期更换。

（10）主要液压元件定期进行性能测定，实行定期更换维修制度。

（11）定期检查润滑管路是否完好，润滑元件是否运动灵活，润滑油脂量是否达标。

（12）检查所有液压阀、液压缸、管件是否有泄漏。

（13）检查液压泵或马达运转是否有异常噪声。

（14）检查液压缸运动全行程是否正常平稳。

（15）检查系统中各测压点压力是否在允许范围内，压力是否稳定。

（16）检查系统各部位有无高频振动。

（17）检查换向阀工作是否灵敏。

（18）检查各限位装置是否变动。

任务实施

（1）把学生分组并确定组长，每组发一份系统原理图。

（2）学生分小组讨论制定系统搭建方案和调试方案，经教师核定批准后实施。

（3）由学生自己列出清单选择元件，经教师检查修正后领取实训器材。

（4）安装后由教师检查同意才能试运行。

（5）请你与小组成员讨论后，描述如图5-1所示液压动力滑台第4～12号零件的名称和作用。

（6）全班集中，由学生分小组派代表汇报学习情况，教师点评并提出新的要求。

（7）撰写学习报告。应包含的内容：①画出系统原理图，阐述系统的工作原理和工作参数要求、元件的型号；②液压动力滑台安装调试工作方案；③实训过程中遇到的问题及解决方法。

任务评价

评价表见附录 3。

任务 5.2　基于 COMET 能力模型的压力机液压系统故障诊排

任务目标

学会根据液压系统故障现象分析故障原因，结合液压系统原理图快速查找故障点。学会运用故障分析表，提高查找、判断故障点的速度与准确性。掌握排除故障的基本方法。在学习过程中发现问题，能通过教师的指导解决问题，为下一步的学习设定目标和激发兴趣。熟练掌握中等复杂液压系统故障的分析与处理。理解 COMET（职业能力与职业认同感测评）能力模型的内涵，能针对任务要求应用 COMET 能力模型的行动维度，按工作过程导向的六阶段法制定解决方案。

【课件】
任务 5.2

任务描述

某机械厂机修班长陈先生上午 9 点给小黄实习所在的修理厂打来电话求助，反映该厂负责压制特型钢梁的液压压力机压出的钢梁不合格。他仔细观察发现液压压力机根本压不到位置，初步判断其原因为系统压力不足，经机修班 6 人抢修 7 天也未能解决问题，严重影响全厂生产。张师傅接到任务，让小黄协助做好前期准备工作并按工作过程导向的六阶段法制定解决方案。小黄联系陈先生了解具体情况后，约陈先生下午到修理厂面谈，随即着手做前期准备工作。液压压力机如图 5-4 所示。

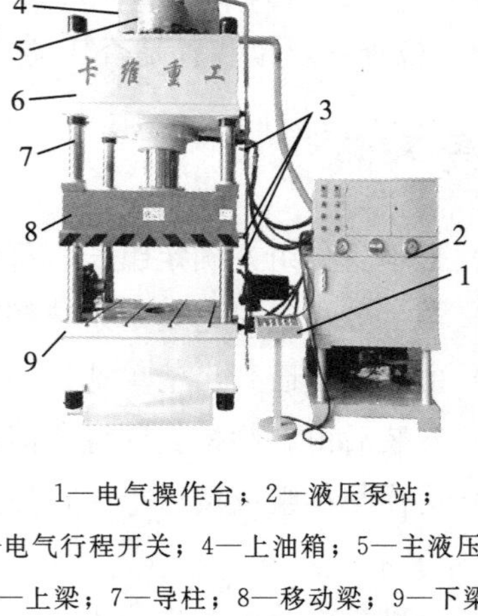

1—电气操作台；2—液压泵站；3—电气行程开关；4—上油箱；5—主液压缸；6—上梁；7—导柱；8—移动梁；9—下梁。

图 5-4　液压压力机

器材准备

(1) 已安装调试合格的典型液压系统一套，由教师设置适当的故障点。

(2) 常用拆装工具一套，有条件的学校可提供液压测试器、液压泵故障测试器、液压油污染度检测器等。

(3) 液压压力机不少于1台及专用修理工具1套等。

任务要求

对液压压力机压出的钢梁不合格问题进行分析处理。

(1) 在教师指导下按照要求，分析YB32-200型液压压力机的液压系统原理图，搞清楚其工作原理。

(2) 根据压力机的故障现象，参考表5-8～表5-16和COMET能力模型行动维度的六阶段法制定一份完整而详细的解决方案。

(3) 检查液压压力机，确定各方面正常无误并征得指导教师同意后接通电源，让系统进入待机状态。

(4) 按照事先制定的工作方案，按下液压压力机启动开关。

(5) 观察液压压力机空运行情况，在运行过程基本符合要求后，开始进行试件压制，直至压出的工件符合设计要求为止。

知识准备

5.2.1　液压系统故障特点及检查分析的一般方法

液压设备是由机械、液压、电气等装置组合而成的，故出现的故障也是多种多样的。某一种故障现象可能是由许多因素造成的，因此分析液压故障必须能看懂液压系统原理图，对原理图中各个元件的作用有一个大体的了解，然后根据故障现象进行分析、判断，针对许多因素引起的故障原因需逐一分析，抓住主要矛盾，才能较好地排除和解决。液压系统中工作液在元件和管路中的流动情况，外界是很难了解到的，这给分析、诊断带来了较多的困难。因此要求人们具备较强的分析、判断故障的能力，在机械、液压、电气诸多复杂的关系中找出故障原因和部位并及时、准确地加以排除。

1. 简易故障诊断法

简易故障诊断法是目前采用的最普遍的方法。它是靠维修人员凭个人的经验，利用简单仪表根据液压系统出现的故障，客观地采用问、看、听、摸、闻等方法了解系统工作情况，分析、诊断、确定产生故障的原因和部位，具体做法如下：

(1) 询问设备操作者，了解设备运行状况：液压系统工作是否正常；液压泵有无异常现象；液压油检测清洁度的时间及结果；滤芯清洗和更换情况；发生故障前是否对液压元件进行了调节；是否更换过密封元件；故障前后液压系统出现过哪些不正常现象；过去该系统出现过什么故障，是如何排除的等，需逐一进行了解。

（2）看液压系统工作的实际状况，观察系统压力、速度、油液、泄漏、振动等是否存在问题。

（3）听液压系统的声音，如冲击声；泵的噪声及异常声；判断液压系统工作是否正常。

（4）根据温升、振动、爬行及连接处的松紧程度判断运动部件工作状态是否正常。

总之，简易故障诊断法只是简易的定性分析，对快速判断和排除故障，具有较广泛的实用性。

2. 液压系统原理图分析法

根据液压系统原理图分析液压传动系统出现的故障，找出故障产生的部位及原因，并提出排除故障的方法。液压系统原理图分析法是目前工程技术人员应用最为普遍的方法，它要求人们具有一定的液压知识基础并能看懂液压系统图，掌握各图形符号所代表元件的名称、功能，对元件的原理、结构及性能也应有一定的了解。有这样的基础，结合动作循环表对照分析、判断故障就很容易了。所以认真学习液压基础知识、掌握液压原理图是故障诊断与排除最有力的助手，也是其他故障分析法的基础，必须认真掌握。

3. 其他分析法

液压系统发生故障时，人们往往不能立即找出故障发生的部位和根源。为了避免盲目性，人们必须根据液压系统原理进行逻辑分析，或采用因果分析等方法逐一排除，最后找出发生故障的部位，这就是用逻辑分析的方法查找出故障。为了便于应用，故障诊断专家设计了逻辑流程图或其他图表对故障进行逻辑判断，为故障诊断提供了方便。

5.2.2 液压系统常见故障与分析排除

液压系统常见故障包含液压件和液压系统的常见故障。主要液压件包含泵、液压马达、液压缸、压力阀（溢流阀、减压阀、顺序阀），其常见故障及处理分别见表 5－8、5－9、5－10、5－11、5－12、5－13 所列；液压系统常见故障主要有系统噪声、振动大，系统压力不正常、冲击大，系统动作不正常、油温过高等，其故障分析及消除方法详见表 5－14、5－15、5－16 所列。

表 5－8 泵常见故障及处理

故障现象	原因分析		消除方法
1. 泵不输出油	1）泵不转	（1）电动机轴未转动： ①未接通电源；②电气线路及元件故障	检查电气并排除故障
		（2）电动机发热跳闸： ①溢流阀调压过高；②溢流阀阀芯卡死，阀芯中心油孔堵塞或溢流阀阻尼孔堵塞造成超压不溢流；③泵出口单向阀装反或阀芯卡死；④电动机出现故障	①调节溢流阀压力值；②检修溢流阀 ③检修单向阀；④检修或更换电动机
		（3）泵轴与电动机轴连接失效：①键折断；②漏装键	①更换键；②补装键

（续表）

故障现象	原因分析		消除方法
1. 泵不输出油	1）泵不转	（4）泵内部滑动副卡死：①配合间隙太小；②零件精度低，装配质量差，齿轮与轴同轴度偏差太大，柱塞头部卡死/叶片垂直度差/转子摆差太大/转子槽有伤口/叶片有伤痕受力后断裂而卡死；③油液太脏；④油温过高使零件热变形；⑤泵吸油腔因进入脏物而卡死	①拆检泵，按要求选配间隙；②更换零件，重新装配，使配合间隙达到要求；③检查油质，过滤或更换油液；④检查冷却器的冷却效果，检查油箱油量并加油至油位线；⑤拆开清洗并在吸油口安装吸油过滤器
	2）泵反转	①电动机电气线路接错；②泵体上旋向箭头错误	①纠正电气线路；②纠正泵体上旋向箭头
	3）泵轴正常转动	（1）泵轴内部折断：①轴质量差；②泵内滑动副卡死	①检查原因，更换新轴；②处理见本表1.→1）→（4）条消除方法
		（2）泵不吸油：①油箱油位过低；②吸油过滤器堵塞、过滤精度太高或通油面积太小；③泵吸油管上阀门未打开；④泵或吸油管密封不严；⑤泵吸油高度超标准且吸油管细长、弯头太多；⑥油的黏度太高；⑦叶片泵叶片未伸出，或变量机构动作不灵使偏心量为零；⑧柱塞泵变量机构失灵，如加工精度差，装配不良，配合间隙太小，泵内部摩擦阻力太大，伺服活塞、变量活塞及弹簧芯轴卡死，通向变量机构的个别油道有堵塞以及油液太脏，油温太高，使零件热变形等；⑨柱塞泵缸体与配油盘之间不密封（如柱塞泵中心弹簧折断）；⑩叶片泵配油盘与泵体之间不密封	①加油至油位线；②清洗或更换滤芯，选择合适的过滤精度或加大滤油器规格；③检查阀门；④检查和紧固接头处，紧固泵盖螺钉，在泵盖结合处和接头连接处涂上油脂，或先向泵吸油口灌油；⑤降低吸油高度，更换管子，减少弯头；⑥检查油的黏度，更换适宜的油液，冬季要检查加热器的效果；⑦拆开清洗，合理选配间隙，检查油质，过滤更换油液，更换或调整变量机构；⑧拆开检查，修配或更换零件，合理选配间隙，过滤或更换油液，检查冷却器效果，检查油箱内的油位并加至油位线；⑨更换弹簧；⑩拆并洗重新装配
2. 泵噪声大	1）吸空现象严重	①吸油过滤器有部分堵塞，吸油阻力大；②吸油管距油面较近；③吸油位置太高或油箱液位太低；④泵和吸油管口密封不严；⑤油的黏度过高；⑥泵的转速太高（使用不当）；⑦吸油过滤器通油面积过小；⑧非自吸泵的辅助泵供油量不足或有故障；⑨油箱上空气过滤器堵塞；⑩泵轴油封失效	①清洗/更换过滤器；②适当加长吸油管长度或调整位置；③降低泵的安装高度或提高液位高度；④检查连接处和结合面的密封，并紧固；⑤检查油质，按要求选用油的黏度；⑥控制在最高转速以下；⑦更换通油面积大的滤器；⑧修理/更换辅助泵；⑨清洗/更换空气过滤器；⑩更换泵轴油封

（续表）

故障现象	原因分析		消除方法
2. 泵噪声大	2）吸入气泡	①油液中溶解一定量的空气，在工作过程中又生成气泡；②回油涡流强烈生成泡沫；③管道内或泵壳内存有空气；④吸油管浸入油面的深度不够	①在油箱内增设隔板，将回油经过隔板消泡后再吸入，在油液中加消泡剂；②吸油管与回油管要隔开一定距离，回油管口要插入油面以下；③空载运转，排除空气；④加长吸管，向油箱内注油使液面升高
	3）液压泵运转不良	①泵内轴承磨损严重或破损，零件破损或磨损；②定子环内表面磨损严重；③齿轮精度低	①拆开清洗，更换；②更换定子圈；③研配修复或更换
	4）泵的结构因素	①泵的卸荷槽设计不佳/加工精度差；②变量泵变量机构工作不良（间隙过小，加工精度低，油液太脏等）；③双级叶片泵的压力分配阀工作不正常（间隙过小/加工精度差/油液太脏等）	①改进设计，提高卸荷能力/提高加工精度；②拆开清洗，修理，重新装配达到性能要求，过滤或更换油液；③拆开清洗，修理，重装达到性能要求，过滤/更换油液
	5）泵安装不良	①泵轴与电动机轴同轴度差；②联轴器安装不良，同轴度差并有松动	重新安装
3. 泵出油量不足	1）容积效率低	（1）泵内部滑动零件磨损严重： ①叶片泵配油盘端面磨损严重；②齿轮端面与测板磨损严重；③齿轮泵因轴承损坏使泵体孔磨损严重；④柱塞泵柱塞与缸体孔磨损严重；⑤柱塞泵配油盘与缸体端面磨损严重	拆开清洗/修理/更换 ①研磨配油盘端面；②研磨修理或更换；③更换轴承并修理；④更换柱塞并配研到要求间隙，清洗后重新装配；⑤研磨两端面使之要求，清洗后重新装配
		（2）泵装配不良： ①定子与转子、柱塞与缸体、齿轮与泵体、齿轮与侧板之间的间隙太大；②叶片泵及泵盖上螺钉拧紧力矩不匀或有松动；③叶片和转子反装	①重新装配，按技术要求选配间隙；②重新拧紧螺钉使之受力均匀；③纠正方向重新装配
		（3）油的黏度过低（如用错油或油温过高）	更换油液/检查油温过高原因，提出降温措施
	2）泵吸气现象	参见本表 2.→1）、2）条	参见本表 2.→1）、2）条
	3）泵内部不良	参见本表 2.→3）→①条	参见本表 2.→3）→①条
	4）供油不足	非自吸泵的辅助泵供油量不足或有故障	修理或更换辅助泵
4. 压力不足或压力升不高	1）漏油严重	参见本表 3.→1）→（1）条	参见本表 3.→1）→（1）条
	2）驱动机构功率过小	（1）电动机输出功率过小：①设计不合理；②电动机有故障	①核算电动机功率，若不足应更换 ②检查电动机并排除故障；
		（2）机械驱动机构输出功率过小	核算驱动机构输出功率并更换驱动机构
	3）泵排量过大/调压过高	驱动机构或电动机功率不足	重新计算并匹配压力、流量和功率，使之合理

（续表）

故障现象	原因分析		消除方法
5. 压力/流量不稳定	1）泵吸有气体	参见本表 2.→1）、2）条	参见本表 2.→1）、2）条
	2）油液太脏	个别叶片在转子槽内卡住或伸出困难	过滤或更换油液
	3）泵装配不良	①个别叶片在转子槽内间隙过大，造成高压油向低压腔流动；②转子槽内间隙过小，造成个别叶片卡住或伸出困难；③个别柱塞与缸体孔配合间隙过大，造成漏油量大	①拆开清洗，修配或更换叶片，合理选配间隙；②修配，使叶片运动灵活；③修配后使配合间隙达到要求
	4）泵结构因素	参见本表 2.→4）条	参见本表 2.→4）条
	5）供油量波动	非自吸泵的辅助泵有故障	修理或更换辅助泵
6. 异常发热	1）装配不良	（1）间隙选配不当（如柱塞与缸体、叶片与转子槽、定子与转子、齿轮与测板等配合间隙过小，造成滑动部件过热烧伤）	拆开清洗，测量间隙，重新配研达到规定间隙
		（2）装配质量差，传动部分同轴度未达到技术要求，运转时有“别劲”现象	拆开清洗，重新装配，达到技术要求
		（3）轴承质量差，或装配时被打坏，或安装时未清洗干净，造成运转时“别劲”	拆开检查，更换轴承，重新装配
		（4）经过轴承的润滑油排油口不畅通：①回油口螺塞未打开（未接管子）；②安装时油道未清洗干净，有脏物堵住；③安装时回油管弯头太多或有压扁现象	①安装好回油管；②清洗管道；③更换管子，减少弯头
	2）油液质量差	①油液的黏-温特性差，黏度变化大；②油中含大量水分，造成润滑不良；③油液污染严重	①按规定选用液压油；②更换合格的油液，清洗油箱内部；③更换油液
	3）管路故障	①泄油管压扁或堵死；②泄油管径太细，不能满足排油要求；③吸油管径细，吸油阻力大	①清洗更换；②更改设计，更换管子；③加粗管径，减少弯头，降低吸油阻力
	4）受外界影响	外界热源温度高，散热条件差	消除外界影响，增设隔热措施
	5）内漏大	参见本表 3.→1）→（1）条	参见本表 3.→1）→（1）条
7. 轴封漏油	1）安装不良	①密封件唇口装反；②轴的倒角不适当、密封件唇口翻开或装轴时不小心，使弹簧脱落；③密封件唇口沾有异物；④密封件唇口通过花键轴时被拉伤；⑤沟槽内径尺寸太小或沟槽倒角过小使油封装斜；⑥装配时造成油封严重变形；⑦轴倒角太小或轴倒角处太粗糙导致密封件唇口 翻卷	①拆下重新安装，拆装时不要损坏密封件唇口，若有变形或损伤应更换；②按加工图纸要求重新加工并重新安装；③取下清洗，重新装配；④更换后重新安装；⑤检查沟槽尺寸，按规定重新加工；⑥检查沟槽尺寸及倒角；⑦检查轴倒角尺寸和粗糙度，可用砂布打磨倒角，装配时在轴倒角处涂油脂

（续表）

故障现象	原因分析		消除方法
7. 轴封漏油	2）轴和沟槽加工不良	（1）轴加工错误：①轴颈不适宜，使油封唇口部位磨损，发热；②轴倒角不合要求，使油封唇口拉伤，弹簧脱落；③轴颈外表有车削或磨削痕迹；④轴颈表面粗糙，使油封唇口磨损加快；	①检查尺寸，换轴，油封处的公差常用 h8；②重新加工轴倒角；③重新修磨，消除磨削痕迹；④重新加工，达到图纸要求
		（2）沟槽加工错误 ①沟槽尺寸过小，使油封歪斜；②沟槽尺寸过大，油从外周漏出；③沟槽表面有划伤或其他缺陷，油从外周漏出	更换泵盖，修配沟槽达到配合要求
	3）油封本身有缺陷	油封质量不好，不耐油或与液压油的相容性差，变质、老化、失效造成漏油	更换相适应的油封橡胶件
	4）容积效率低	参见本表 3.→1）条	参见本表 3.→1）条
	5）泄油孔被堵	泄油孔被堵后，泄油压力增加，造成密封唇口变形太大，接触面积增加，摩擦产生热老化，使油封失效，引起漏油	清洗油孔，更换油封
	6）外接泄油管过细或过长	泄油困难，泄油压力增加	适当增大管径或缩短泄油管长度
	7）未接泄油管	泄油管未打开或未接泄油管	打开螺塞，接上泄油管

表 5-9　液压马达常见故障及处理

故障现象	原因分析		消除方法
1. 转速低、转矩小	1）泵供油量不足	①电动机转速不够；②吸油过滤器滤网堵塞；③油箱中油量不足或吸油管径过小造成吸油困难；④密封不严，不泄漏，空气侵入内部；⑤油的黏度过大；⑥液压泵轴向及径向间隙过大、内泄增大	①找出原因，进行调整；②清洗或更换滤芯；③加足油量、适当加大管径，使吸油通畅；④拧紧接头，防止泄漏或空气侵入；⑤选黏度小的油液；⑥适当修复液压泵
	2）泵输出油压不足	①液压泵效率太低；②溢流阀调整压力不足或发生故障；③油管阻力过大（管道过长或过细）；④油的黏度较小，内部泄漏量较大	①检查液压泵故障，并加以排除；②检查溢流阀故障，排除后重新调高压力；③更换孔径较大的管道或尽量减少长度；④检查内泄漏部位的密封情况，更换油液或密封件
	3）液压马达泄漏	①液压马达接合面没有拧紧或密封性不好，有泄漏；②液压马达内部零件磨损，泄漏严重	①拧紧接合面，检查密封情况或更换密封圈；②检查其损伤部位，并修磨或更换零件
	4）失效	配油盘的支承弹簧疲劳，失去作用	检查、更换支承弹簧

（续表）

故障现象	原因分析		消除方法
2. 泄漏	1）内部泄漏	①配油盘磨损严重；②轴向间隙过大；③配油盘与缸体端面被磨损，轴向间隙过大；④弹簧疲劳；⑤柱塞与缸体磨损严重	①检查配油盘接触面，并加以修复；②检查并将轴向间隙调至规定范围；③修磨缸体及配油盘端面；④更换弹簧；⑤研磨缸体，重配柱塞
	2）外部泄漏	①油端密封圈被磨损；②盖板处的密封圈损坏；③接合面有污物或螺栓未拧紧；④管接头密封不严	①更换密封圈并查明磨损原因；②更换密封圈；③检查、清除并拧紧螺栓；④拧紧管接头
3. 噪声		①密封不严，有空气侵入内部；②液压油被污染，有气泡混入；③联轴器不同心；④液压油黏度过大；⑤液压马达的径向被严重磨损；⑥叶片已磨损；⑦叶片与定子接触不良，有冲撞现象；⑧定子被磨损	①检查有关部位的密封性，紧固各连接处；②更换清洁的液压油；③校正同心；④更换黏度较小的液压油；⑤修磨缸孔，重配柱塞；⑥尽可能修复或更换；⑦进行修整；⑧进行修复或更换，如因弹簧过硬而造成磨损加剧，应更换刚度较小的弹簧

表5－10　液压缸常见故障及处理

故障现象	原因分析		消除方法
1. 活塞杆不能动作	1）压力不足	（1）油液未进入液压缸：①换向阀未换向；②系统未供油	①检查换向阀未换向的原因并排除；②查找液压泵和主要液压阀的故障原因并排除
		（2）虽有油，但没有压力：①系统出现故障，主要是泵或溢流阀出现故障；②内漏严重，活塞与活塞杆松脱，密封件损坏严重	①查找泵或溢流阀的故障原因并排除；②紧固活塞与活塞杆并更换密封件
		（3）压力达不到规定值：①密封件老化、失效，密封圈唇口装反或有破损；②活塞杆损坏；③系统调定压力过低；④压力调节阀有故障；⑤阀的流量过小，液压缸内泄漏量增大时，流量不足，造成压力不足	①更换密封件，并正确安装；②更换活塞杆；③重新调整压力，直至达到要求值；④检查原因并排除；⑤调整阀的流量，使之必须大于液压缸内泄漏量
	2）压力已达到要求但仍不动作	（1）液压缸结构上的问题：①活塞端面与缸筒端面紧贴在一起，工作面积不足，故不能启动；②具有缓冲装置的缸筒上单向阀回路被活塞堵住	①端面上要加一条通油槽，使工作液体迅速流到活塞的工作端面上；②缸筒的进、出油口位置应与活塞端面错开
		（2）活塞杆移动“别劲”：①缸筒或导向套与活塞杆配合间隙过小；②活塞杆与夹布胶木导向套之间的配合间隙过小；③液压缸装配不良（如活塞杆、活塞和缸盖之间同轴度差，液压缸与工作台平行度差）	①检查配合间隙，并配研到规定值；②检查配合间隙，修刮导向套孔，使之达到要求的配合间隙；③重新装配和安装，不合格零件应更换
		（3）主要是液压缸背压腔油液未与油箱相通，回油路上的调速阀节流口调节过小或连通回油的换向阀未动作	检查原因并消除

（续表）

故障现象		原因分析	消除方法
2. 速度达不到规定值	1）内泄漏严重	①密封件破损严重；②液压油的黏度太低；③油温过高	①更换密封件；②更换适宜黏度的液压油；③检查原因并排除
	2）外载荷过大	①设计错误，选用压力过低；②工艺和使用错误，造成外载比预定值大	①核算后更换元件，调大工作压力；②按设备规定值使用
	3）活塞移动时“别劲”	（1）加工精度差，缸筒孔锥度和圆度超差	检查零件尺寸，更换无法修复的零件
		（2）装配质量差：①活塞、活塞杆与缸盖之间同轴度差；②液压缸与工作台平行度差；③活塞杆与导向套配合间隙过小	①按要求重新装配；②按照要求重新装配；③检查配合间隙，修刮导向套孔，使之达到要求的配合间隙
	4）脏物进入滑动部位	①油液过脏；②防尘圈破损；③装配时未清洗干净或带入脏物	①过滤或更换油液；②更换防尘圈；③拆开清洗，装配时要注意清洁
	5）活塞在端部行程时速度急剧下降	①缓冲调节阀的节流口调节过小，在进入缓冲行程时，活塞可能停止或速度急剧下降；②固定式缓冲装置中节流孔直径过小；③缸盖上固定式缓冲节流环与缓冲柱塞之间间隙过小	①缓冲调节阀的开口度要调节适宜，并能起到缓冲作用；②适当加大节流孔直径；③适当加大间隙
	6）活塞移动中途速度变慢或停止	①缸筒内径加工精度差，表面粗糙，使内泄量增大；②缸壁胀大，当活塞通过增大部位时，内泄漏量增大	①修复或更换缸筒；②更换缸筒
3. 液压缸产生爬行	1）液压缸活塞杆运动“别劲”	参见本表 2.→3）条	参见本表 2.→3）条
	2）缸内进入空气	①对于新液压缸、修理后的缸或长时间停机的缸，缸内有气或液压缸管道中排气未排净；②缸内部形成负压，从外部吸入空气；③从缸到换向阀的管道容积比液压缸容积大得多，液压缸工作时这段管道油液未排完，空气很难排净；④液压泵吸入空气（参见液压泵故障）；⑤油液中混入空气（参见液压泵故障）	①空载大行程往复运动，直到把空气排完；②先用油脂封住结合面和接头处，若吸空情况有好转，则紧固螺钉和拧紧接头；③可在靠近液压缸的管道高处加排气阀，拧开排气阀，活塞在全行程情况下运动多次，把气排完后再关闭排气阀；④参见液压泵故障消除对策；⑤参见液压泵故障消除对策
4. 缓冲装置出现故障	1）缓冲作用过度	①缓冲调节阀节流口开口过小；②缓冲柱塞“别劲”，如柱塞头与缓冲环间隙太小，活塞倾斜或偏心；③柱塞头与缓冲环间有脏物；④固定式缓冲装置柱塞头与衬套间隙太小	①将节流口调节到合适位置并紧固；②拆开清洗，适当加大间隙，不合格的零件应更换；③修去毛刺，清洗干净；④适当加大间隙

（续表）

故障现象	原因分析		消除方法
4. 缓冲装置出现故障	2）缓冲作用失灵	①缓冲调节阀处于全开状态；②惯性能量过大；③缓冲调节阀不能调节；④单向阀处于全开状态或单向阀阀座封闭不严；⑤活塞上密封件破损，当缓冲腔压力升高时，工作液体从此腔向工作压力一侧倒流使活塞不减速；⑥柱塞头或衬套内表面上有伤痕；⑦镶在缸盖上的缓冲环脱落；⑧缓冲柱塞锥面长度和角度不适宜	①调节到合适位置并紧固；②应设计合适的缓冲机构；③修复或更换；④检查尺寸，更换锥阀芯或钢球，更换弹簧，并配研修复；⑤更换密封件；⑥修复或更换；⑦更换新缓冲环；⑧修正
	3）缓冲行程段出现“爬行”	①加工不良，如缸盖、活塞端面的垂直度不合要求，在全长上活塞与缸筒间隙不匀，缸盖与缸筒不同心，缸筒内径与缸盖中心线偏差大，活塞与螺帽端面垂直度不合要求造成活塞杆挠曲等；②装配不良，如缓冲柱塞与缓冲环相配合的孔有偏心或倾斜现象等	①对每个零件均仔细检查，不合格的零件不准使用；②重新装配确保质量
5. 有外泄漏	1）装配不良	①液压缸装配时端盖装偏，活塞杆与缸筒不同心，使活塞杆伸出困难，加速密封件磨损；②液压缸与工作台导轨面平行度差，使活塞伸出困难，加速密封件磨损；③密封件安装差错，如密封件划伤、切断，密封件唇口装反、破损或轴倒角尺寸不对，密封件装错或漏装；④密封压盖未装好	①拆开检查，重新装配；②拆开检查，重新安装，并更换密封件；③更换并重新安装密封件；④重新安装
	2）密封件质量问题	①保管期太长，密封件自然老化失效；②保管不良，变形或损坏；③胶料性能差，不耐油或胶料与油液相容性差；④制品质量差，尺寸不对，公差不符合要求	更换
	3）活塞杆和沟槽加工质量差	（1）活塞杆表面粗糙，活塞杆头部倒角不符合要求或未倒角	表面粗糙度应为 $R_a 0.2\ \mu m$，并按要求倒角
		（2）沟槽尺寸及精度不符合要求：①设计图纸有错误；②沟槽尺寸加工不符合标准；③沟槽精度差，毛刺多	①按有关标准设计沟槽；②检查尺寸，并修正到要求尺寸；③修正并去毛刺
	4）油黏度过低	用错了油品或油液中掺有其他牌号的油液	更换适宜的油液
	5）油温过高	①液压缸进油口阻力太大；②周围环境温度太高；③泵或冷却器等有故障	①检查进油口是否畅通；②采取隔热措施；③检查原因并排除
	6）高频振动	①螺钉松动；②管接头松动；③安装位置产生移动	①应定期紧固螺钉；②应定期紧固管接头；③应定期紧固安装螺钉
	7）活塞杆拉伤	①防尘圈老化、失效侵入砂粒、切屑等脏物；②导向套与活塞杆之间的配合太紧，使活动表面过热，造成活塞杆表面铬层脱落而被拉伤	①清洗、更换防尘圈，修复活塞杆表面拉伤处；②检查、清洗，用刮刀修刮导向套内径，达到配合间隙

表 5－11　溢流阀常见故障及处理

<table>
<tr><th>故障现象</th><th colspan="2">原因分析</th><th>消除方法</th></tr>
<tr><td rowspan="5">1. 调不上压力</td><td>1）主阀出现故障</td><td>①主阀芯阻尼孔堵塞（未清洗干净，油液过脏）；②主阀芯在开启位置卡死（如零件精度低，装配质量差，油液过脏）；③主阀芯复位弹簧折断或弯曲，使主阀芯不能复位</td><td>①清洗阻尼孔使之畅通，过滤或更换油液；②拆开检修，重新装配，阀盖紧固螺钉拧紧力要均匀，过滤或更换油液；③更换弹簧</td></tr>
<tr><td>2）先导阀出现故障</td><td>①调压弹簧折断；②调压弹簧未装；③锥阀或钢球未装；④锥阀损坏</td><td>①更换弹簧；②补装；③补装；④更换</td></tr>
<tr><td>3）远腔口电磁阀出现故障或远控口未加丝堵而直通油箱</td><td>①电磁阀未通电；②滑阀卡死；③电磁铁线圈被烧毁或铁芯卡死；④电气线路出现故障</td><td>①检查电气线路，接通电源；②检修、更换；③更换；④检修</td></tr>
<tr><td>4）装错</td><td>进出油口安装错误</td><td>纠正</td></tr>
<tr><td>5）液压泵出现故障</td><td>①滑动副之间间隙过大（如齿轮泵、柱塞泵）；②叶片泵的多数叶片在转子槽内卡死；③叶片和转子方向装反</td><td>①修配间隙到适宜值；②清洗，修配间隙达到适宜值；③纠正方向</td></tr>
<tr><td rowspan="3">2. 压力调不高</td><td rowspan="2">1）主阀出现故障（若主阀为锥阀）</td><td>（1）主阀芯锥面封闭性差：
①主阀芯锥面磨损或不圆；②阀座锥面磨损或不圆；③锥面处有脏物；④主阀芯锥面与阀座锥面不同心；⑤主阀芯工作有卡滞现象，阀芯不能与阀座严密结合</td><td>①更换并配研主阀芯锥面；②更换并配研阀座锥面；③清洗锥面并配研；④修配使之结合良好；⑤修配使之结合良好</td></tr>
<tr><td>（2）主阀压盖处有泄漏（如密封垫损坏，装配不良，压盖螺钉有松动等）</td><td>拆开检修，更换密封垫，重新装配，并确保螺钉拧紧力均匀</td></tr>
<tr><td>2）先导阀出现故障</td><td>①调压弹簧弯曲，或太弱，或长度过短；
②锥阀与阀座结合处封闭性差（如锥阀与阀座磨损，锥阀接触面不圆，接触面太宽，从而进入脏物或被胶质粘住）</td><td>①更换调压弹簧；②检修、更换、清洗，使之达到要求</td></tr>
<tr><td rowspan="2">3. 压力突然升高</td><td>1）主阀出现故障</td><td>主阀芯工作不灵敏，动作工程突然卡死（如零件加工精度低，装配质量差，油液太脏等）</td><td>检修，更换零件，过滤或更换油液</td></tr>
<tr><td>2）先导阀出现故障</td><td>①先导阀阀芯与阀座结合面突然黏在一起，脱不开；②调压弹簧弯曲造成卡滞</td><td>①清洗、修配或更换油液；②更换调压弹簧</td></tr>
</table>

（续表）

故障现象	原因分析		消除方法
4. 压力突然下降	1）主阀出现故障	①主阀芯阻尼孔突然被堵死；②主阀芯工作不灵敏，在关闭状态下突然卡死（如零件加工精度低，装配质量差，油液太脏等）；③主阀盖处密封垫突然破损	①清洗，过滤或更换油液；②检修、更换零件，过滤或更换油液；③更换密封件
	2）先导阀出现故障	先导阀阀芯突然破裂或调压弹簧突然折断	更换先导阀阀芯或更换调压弹簧
	3）远腔口电磁阀出现故障	电磁铁突然断电，使溢流阀卸荷	检查电气故障并消除
5. 压力波动不稳	1）主阀出现故障	①主阀芯动作不灵活，有时有卡住现象；②主阀芯阻尼孔有时堵有时通；③主阀芯锥面与阀座锥面接触不良，磨损不均匀；④阻尼孔径太大，造成阻尼作用弱	①检修更换零件，压盖螺钉拧紧力应均匀；②拆开清洗，检查油质，更换油液；③修配或更换零件；④适当缩小阻尼孔径
	2）先导阀出现故障	①调压弹簧弯曲；②锥阀与锥阀座接触不良，磨损不均；③压力调节螺钉锁紧螺母松动使压力变动	①更换调压弹簧；②修配或更换零件；③调压后应把锁紧螺母锁紧
6. 振动与噪声	1）主阀出现故障	①阀体与主阀芯几何精度低，棱边有毛刺；②阀体内有污物使配合间隙增大或不均匀	①检查零件精度，不符合要求的零件应更换并去掉棱边毛刺；②检修更换零件
	2）先导阀出现故障	①锥阀与阀座接触不良、圆度不好、粗糙度数值大，造成调压弹簧受力不平衡，使锥阀振荡加剧，产生尖叫声；②调压弹簧轴心线与端面不够垂直，这样针阀会倾斜，造成接触不均匀；③调压弹簧在定位杆上偏向一侧；④阀座装偏；⑤调压弹簧侧向弯曲	①把封油面圆度误差控制为0.005～0.01 mm；②提高锥阀精度，粗糙度应达R_a0.4 μm；③更换调压弹簧；④提高装配质量
	3）系统中有空气	泵吸入空气或系统中存在空气	排除空气
	4）阀使用不当	通过流量超过允许值	在额定流量范围内使用
	5）回油不畅	回油管路阻力过高或回油过滤器堵塞或回油管贴近油箱底面	适当增大管径，减少弯头，回油管口应离油箱底面2倍管径以上，更换滤芯
	6）远控口管径选择不当	溢流阀远控口与电磁阀之间的管子通径不宜过大，过大会引起振动	一般管径取6 mm较适宜

表 5－12　减压阀常见故障及处理

故障现象	原因分析		消除方法
1. 无二次压力	1）主阀出现故障	主阀芯在全闭位置卡死（如零件精度低）；主阀弹簧折断、变形，阻尼孔堵塞	修理、更换零件，过滤或更换油液
	2）无油源	未向减压阀供油	检查油路，消除故障
2. 不起减压作用	1）使用错误	泄油口不通：①螺塞未拧开；②泄油管细长、弯多、阻力大；③泄油管与主回油管道相连，回油背压太大；④泄油通道堵塞、不通	①将螺塞拧开；②更换符合要求的泄油管；③泄油管必须与主回油管道分开，单独流回油箱；④清洗泄油通道
	2）主阀出现故障	主阀芯在全开位置时卡死（如零件精度低，油液太脏等）	修理、更换零件，检查油质或换油
	3）锥阀出现故障	调压弹簧太硬，弯曲并卡住不动	更换调压弹簧
3. 二次压力不稳定	主阀出现故障	①主阀芯与阀体几何精度低，工作时不灵敏；②主阀弹簧太弱、变形使阀芯移动困难或卡住；③阻尼小孔时堵时通	①检修，使其动作灵活；②更换主阀弹簧；③清洗阻尼小孔
4. 二次压力升不高	1）外泄漏	①顶盖结合面漏油，其原因如下：密封件老化失效，螺钉松动或拧紧力矩不均；②螺纹连接处有漏油现象	①更换密封件，紧固螺钉，并保证力矩均匀；②紧固并消除外漏
	2）锥阀出现故障	①锥阀与阀座接触不良；②调压弹簧太弱	①修理或更换锥阀或阀座；②更换调压弹簧

表 5－13　顺序阀常见故障及处理

故障现象	原因分析	消除方法
1. 始终出油，顺序阀不起作用	①阀芯在打开位置上卡死（如几何精度低，间隙太小；弹簧弯曲，断裂；油液太脏）。②单向阀在打开位置上卡死（如几何精度差，间隙太小；弹簧弯曲、断裂；油液太脏）。③单向阀密封不良（如几何精度差）。④调压弹簧断裂。⑤调压弹簧漏装。⑥未装锥阀或钢球	①修理，使配合间隙达到要求，并使阀芯移动灵活；检查油质，若不符合要求应过滤或更换；更换调压弹簧。②修理，使配合间隙达到要求，并使单向阀芯移动灵活，检查油质，若不符合要求应过滤或更换；更换弹簧。③修理，使单向阀的密封良好。④更换调压弹簧。⑤补装调压弹簧。⑥补装锥阀或钢球
2. 始终不出油，顺序阀不起作用	①阀芯在关闭位置卡死（如几何精度低、弹簧弯曲、油脏）；②控制油液流动不畅通（如阻尼孔堵死或远控管道被压扁堵死）；③远控压力不足或下端盖结合处漏油严重；④通向调压阀油路的阻尼孔堵死；⑤泄油管道背压太高使滑阀不能移动；⑥调节弹簧太硬或压力调太高	①修理，使滑阀移动灵活，更换弹簧，过滤或更换油液；②清洗或更换管道，过滤或更换油液；③提高控制压力，拧紧端盖螺钉并使之受力均匀；④清洗；⑤泄油管道不能接在回油管道上，应单独接回油箱；⑥更换调压弹簧，适当调整压力

（续表）

故障现象	原因分析	消除方法
3. 调定压力值不符合要求	①调压弹簧调整不当；②调压弹簧侧向变形，最高压力调不上去；③滑阀卡死，移动困难	①重新调整所需要的压力；②更换调压弹簧；③检查滑阀的配合间隙，修配，使滑阀移动灵活，过滤或更换油液
4. 振动与噪声	①回油阻力（背压）太高；②油温过高	①降低回油阻力；②控制油温在规定范围内
5. 单向顺序阀反向不能回油	单向阀卡死打不开	检修单向阀

表 5－14 系统噪声、振动大的故障分析及消除方法

故障现象及原因	消除方法	故障现象及原因	消除方法
1. 泵中有噪声、振动，引起管路、油箱共振	①在泵的进油口、出油口用软管连接；②泵不要装在油箱上，应将电动机和泵单独装在底座上，和油箱分开；③加大液压泵，降低电动机转数；④在泵底座和油箱下面塞进防振材料；⑤选择低噪声泵，用立式电动机将液压泵浸在油液中	4. 管道内油流激烈流动的噪声	①加粗管道，使流速控制在允许范围内；②少用弯头，多采用曲率小的弯管；③采用胶管；④油流紊乱处不采用直角弯头或三通；⑤采用消声器、蓄能器等
2. 阀弹簧所引起的系统共振	①改变弹簧的安装位置；②改变弹簧的刚度；③把溢流阀改成外部泄油形式；④采用遥控的溢流阀；⑤完全排出回路中的空气；⑥改变管道的长短、粗细、材质、厚度等；⑦增加管夹使管道不致振动；⑧在管道的某一部位装上节流阀	5. 油箱有共鸣声	①增厚箱板；②在侧板、底板上增设筋板；③改变回油管末端形状或位置
		6. 阀换向产生的冲击噪声	①降低电液阀换向的控制压力；②在控制管路或回油管路上增设节流阀；③选用带先导卸荷功能的元件；④采用电气控制方法，使两个以上的阀不能同时换向
3. 空气进入液压缸引起的振动	①很好地排出空气；②在液压缸活塞、密封衬垫上涂上二硫化钼润滑脂即可	7. 溢流、卸荷、液控单向、平衡等阀不良使管道振动、噪声	①在适当处装上节流阀；②改变外泄形式；③对回路进行改造；④增设管夹

表 5－15 系统压力不正常、冲击大的故障分析及消除方法

故障现象	原因	消除方法	故障现象	原因	消除方法
1. 压力不足	溢流阀、旁通阀损坏	修理或更换	4. 换向时产生冲击	换向时瞬时关闭、开启，造成动能或势能相互转换时产生冲击	延长换向时间
	减压阀设定值太低	重新设定			设计带缓冲的阀芯
	集成通道块设计有误	重新设计			加粗管径、缩短管路
	减压阀损坏	修理或更换			
	泵、马达或缸损坏、内泄量大	修理或更换			

（续表）

故障现象	原因	消除方法	故障现象	原因	消除方法
2. 压力不稳定	油中混有空气	堵漏、加油、排气	5. 缸运动中突然制动产生液压冲击	液压缸运动时，具有很大的动量和惯性，突然被制动，引起较大的压力增值，故产生液压冲击	在液压缸进、出油口处分别设置反应快、灵敏度高的小型安全阀
	溢流阀内磨损、弹簧刚性差	修理或更换			在满足驱动力时尽量减少系统工作压力，或适当提高系统背压
	油液污染、堵塞阀内阻尼孔	清洗、换油			
	蓄能器或充气阀失效	修理或更换			
	泵、马达或缸磨损	修理或更换			液压缸附近安装囊式蓄能器
3. 压力过高	减压阀、溢流阀或卸荷阀设定值不对	重新设定	6. 缸到终点时产生液压冲击	液压缸运动时产生的动量和惯性与缸体发生碰撞，引起液压冲击	在液压缸两端设缓冲装置
	变量机构不工作	修理或更换			在液压缸进、出油口处分别设置灵敏度高的小型溢流阀
	减压阀、溢流阀或卸荷阀堵塞或损坏	清洗或更换			设置行程（开关）阀

表 5－16　系统动作不正常、油温过高的故障分析及消除方法

系统动作不正常			系统油温过高		
故障现象及原因		消除方法	故障原因		消除方法
1. 系统压力正常但执行元件无动作	电磁阀中电磁铁有故障	排除或更换	1	设定压力过高	适当调整压力
	限位或顺序装置（机械式、电气式或液动式）不工作或调得不对	调整、修复或更换	2	溢流阀、卸荷阀、压力继电器等卸荷回路元件工作不良	改正各元件工作不正常状况
	机械故障	排除	3	卸荷回路元件调定值不适当，卸压时间短	重新调定，延长卸压时间
	没有指令信号	查找、修复	4	阀存在漏损失，卸荷时间短	修理漏损失的阀，考虑不采用大规格阀
	放大器不工作或调不对	调整、修复或更换	5	高压小流量、低压大流量时不要由溢流阀溢流	变更回路，采用卸荷阀、变量泵
	阀不工作	调整、修复或更换			
	缸或马达损坏	修复或更换			
2. 执行元件动作太慢	泵输出流量不足或系统泄漏量太大	检查、修复或更换	6	因黏度低或泵故障使泵内漏量增大，泵壳温度升高	换油、修理、更换液压泵
			7	油箱内油量不足	加油，加大油箱
	油液黏度太高或太低	检查、调整或更换	8	油箱结构不合理	改进结构，使油箱周围温升均匀
	阀的控制压力不够或阀内阻尼孔堵塞	清洗、调整	9	蓄能器容量不足或出现故障	更换或修理蓄能器
	外负载过大	检查、调整	10	需要安装冷却器，冷却器容量不足，冷却器有故障，进水阀门工作不良，水量不足，油温自动调节装置有故障	安装冷却器，加大冷却器，修理冷却器，修理阀门，增加水量，修理调温装置
	放大器失灵或调得不对	调整修复或更换			
	阀芯卡涩	清洗、过滤或换油			
	缸或马达磨损严重	修理或更换			

（续表）

系统动作不正常			系统油温过高		
故障现象及原因		消除方法	故障原因		消除方法
3. 动作不规则	压力不正常	见表 5 - 15	11	溢流阀遥控口节流过量，卸荷的剩余压力高	进行适当调整
	油中混有空气	加油、排气			
	指令信号不稳定	查找、修复	12	管路的阻力大	采用适当的管径
	放大器失灵或调得不对	调整、修复或更换	13	附近热源影响，辐射热大	采用隔热材料反射板或变更布置场所；设置通风、冷却装置等，选用合适的工作油液
	传感器反馈失灵	修理或更换			
	阀芯卡涩	清洗、滤油			
	缸或马达被磨损或损坏	修理或更换			

5.2.3 液压压力机液压系统原理

YB32 - 200 型液压压力机液压系统原理如图 5 - 5 所示。

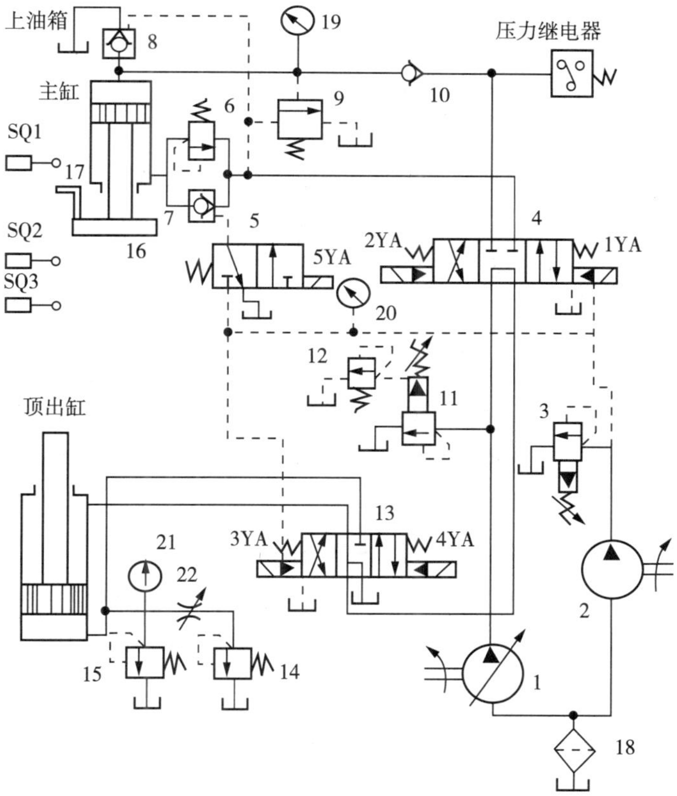

1—变量泵；2—定量泵；3、9、11、12、14、15—安全溢流阀；4、13—电液换向阀；5—电磁换向阀；6—平衡阀；7、8—液控单向阀；10—单向阀；16—滑块；17—挡铁；18—滤油器；19、20、21—压力表；22—节流阀。

图 5 - 5　YB32 - 200 型液压压力机液压系统原理

液压压力机是一种利用液压传动系统提供的静压力对金属、塑料、橡胶、粉末制品等进行压力加工的机械设备，可以用来完成调直、压装、冷冲压、冷挤压和弯曲等各种锻压及加压成形加工，是很早应用液压传动技术的机械之一。液压压力机液压系统可用于机器的主传动，这种液压系统通常具有如下要求：

（1）液压系统中压力要能经常实现加压、保压延时及泄压等压力变换和调节，并能产生较大的压力（吨位），以满足工况要求；

（2）空程时速度快，加压时推力大，因而系统功率大，且要求功率利用率高；

（3）空程与压制时，其速度与压力相差甚大，液压系统加压时，压力能缓慢或急剧上升，产生大推力，到最大负载点，保持恒定或急剧下降，应该特别注意提高系统效率和防止液压冲击。

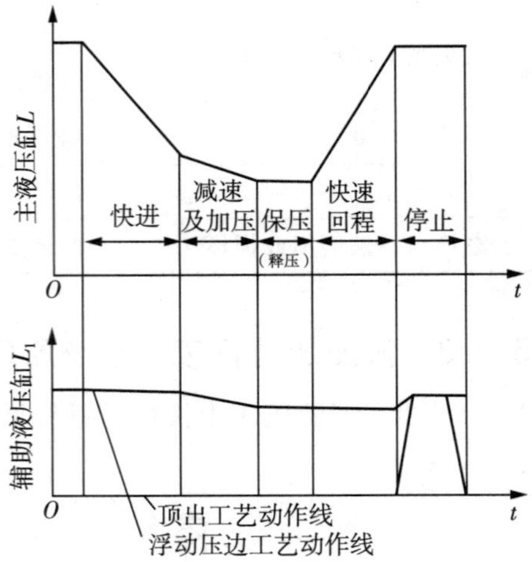

图 5－6　液压压力机的典型工艺循环

液压压力机的类型很多，委托方采用的是四柱式液压压力机，这是最为典型的机型。这种液压压力机在它的四个立柱上安置着上、下两个液压缸。液压压力机液压系统主要完成如图 5－6 所示的液压压力机的典型工艺循环。

主机动作要求：液压压力机根据其工作循环要求，有快进、减速接近工件，加压，保压延时，泄压，快速回程及保持停留在行程的任意位置等基本动作，同时需要顶料缸活塞前进、停止和退回等配合动作。若对薄板进行拉伸，还要求有液压垫上升、停止和压力回程等辅助动作。有时还需用压边缸将料压紧。现以一般定压成型压制工艺为例，说明该液压压力机液压系统的工作原理。

1. 主缸运动

（1）快速下行：按下启动按钮，电磁铁 1YA、5YA 通电，电液换向阀 4、电磁换向阀 5 切换至右位，定量泵 2 的控制油经电磁换向阀 5，打开液控单向阀 7，使主缸下腔的油液经液控单向阀 7、电液换向阀 4、电液换向阀 13，以较小阻力直通油箱；变量泵 1 的出油经电液换向阀 4 顶开单向阀 10 进入主缸上腔。

进油路：变量泵 1→电液换向阀 4 右位→单向阀 10→主缸上腔。

回油路：主缸下腔→液控单向阀 7→ 电液换向阀 4 右位→电液换向阀 13 中位→油箱。

另外，因回油通道畅通，滑块 16 在自重作用下快速下降，主缸上腔出现微弱真空，上油箱油液顶开液控单向阀 8 大流量地补进主缸。

（2）减速接近：当滑块 16 上的挡铁 17 压下行程开关 SQ2 时，5YA 断电，电液换向阀 5 处于常态（左位），液控单向阀 7 关闭；主缸下腔油液要具备一定的背压才能打开平衡阀 6，经电液换向阀 4 和 13 流回油箱，在背压的作用下滑块 16 开始减速并以缓慢的速度接近工件。

（3）慢速加压：当滑块 16 接触工件后，阻力急剧增加，主缸上腔油压进一步升高，变量泵 1 的排油量自动减少，主缸活塞速度减慢。

（4）保压：当主缸上腔的压力达到预定值时，压力继电器发出信号，使电磁铁 1YA 断电，电液换向阀 4 回复中位。变量泵 1 经电液换向阀 4、13 中位卸荷。用单向阀 10 实现保压，保压时间由时间继电器设定（图中未给出）。

（5）卸压回程：时间继电器发出信号，使电磁铁 2YA 通电，电液换向阀 4 处于左位，接通回程油路，主缸下腔进压力油。此时主缸上腔油压很高，为防止高压油回流时产生冲击飞溅，必须先采用小流量卸压，使主缸上腔油压降低后才能快速回程。卸压前，主缸上腔没有通路，主缸不动，主缸下腔压力上升，打开液控单向阀 8 中的小卸荷阀芯，上腔高压油经卸荷阀芯的开口泄回上油箱。

快速回程：主缸上腔压力油压力逐渐减小，液控单向阀 8 的阀芯开口量也逐渐减小，液控单向阀 8 两端压力差逐渐变大，推开液控单向阀 8 的主阀芯，主缸油液通过液控单向阀 8 回到上油箱，主缸快速回程。

（6）停止：随着滑块上移，挡铁 17 推动行程开关 SQ1，电磁铁 2YA 断电，各阀恢复常态，主缸停止运动。此时变量泵 1 在卸荷状态下继续运转，油路为变量泵 1→电液换向阀 4 中位→电液换向阀 13 中位→油箱。

表 5－17 为该液压系统的电磁铁动作顺序表。

表 5－17 该液压系统的电磁铁动作顺序表

电磁铁		1YA	2YA	3YA	4YA	5YA
主缸运动	快速下行	＋	－	－	－	＋
	减速接近	＋	－	－	－	－
	慢速加压	＋	－	－	－	－
	保压	－	－	－	－	－
	泄压回程	－	＋	－	－	－
	停止	－	－	－	－	－
顶出缸运动	顶出	－	－	＋	－	－
	退回	－	－	－	＋	－
	压边	＋	－	－	－	＋
备　注	表中“＋”表示电磁铁通电，“－”表示断电					

2. 顶出缸运动

（1）顶出：按下启动按钮，3YA 通电，电液换向阀 13 切换至左位，压力油路为变量泵 1→电液换向阀 4 中位→电液换向阀 13 左位→顶出缸下腔。上腔油液经电液换向阀 13 回油箱，顶出缸活塞上移。

（2）退回：3YA 断电，4YA 通电，电液换向阀 13 切换至右位，顶出缸上腔进油、下腔回油、活塞下降。

3. 其他运动要求

（1）压边运动：有压边要求时，顶出缸在主缸下滑前应处于上位，电液换向阀 13 处于中位，顶出缸随主缸下压一起运动，顶出缸下腔回油经节流阀 22 和安全溢流阀（此处称为背压阀）14 流回油箱，从而建立起所需的压边力，压边力的大小由安全溢流阀 14 和 15 配合整定。其中安全溢流阀 15 主要起安全保护作用。

(2) 图中安全溢流阀 3、9、11、12 作为安全阀使用，其具体的保护原理参看压力控制阀自行练习分析；电液换向阀 4 和 13 互锁，保证主缸和顶出缸的动作协调。即只有电液换向阀 4 处于中位，主缸不工作时，液压油才能经电液换向阀 13 进入顶出缸使之上下运动。

4. YB32－200 型液压压力机液压系统的特点

(1) 采用高压、大流量、恒功率变量泵供油，既符合工艺要求，又节省能源。

(2) 采用顶置充液油箱提供主缸快速下行所需的特大流量，大大地降低了对主泵输出流量的要求，既提高了系统效率，降低了系统油温，又降低了系统元件成本。

(3) 系统利用管道和油液的弹性变形来实现保压，方法简单，但对液控单向阀 8 和单向阀 10 以及管道的密封性能要求较高。

(4) 液压压力机上、下两缸的动作协调由两个电液换向阀 4 和 13 互锁来保证。

(5) 采用变量泵 1 作为主动力源，采用定量泵 2 作为控制动力源，即采用主系统和控制系统分离的方案，避免了因系统干扰而产生的误动作。

(6) 在系统的总体布置上，为了检修方便，只有液控单向阀 8 浸泡于油中与上油箱一起被置于压力机的顶部，其余控制元件和液压泵一起被布置于压力机后部的下油箱上。

5.2.4 液压压力机卸压振动噪声故障诊断处理

1. 故障现象

在压力机从保压阶段转为回程工况时，系统振动并发出噪声。

2. 故障分析处理

在压力机卸压工况刚刚开始时，主缸上腔从高压突然变为低压，会产生液压冲击，使系统振动并发出噪声。因此，在压力机从保压阶段转为回程工况时，要先小流量卸压，让压力的下降有一个过渡过程之后，再大流量回油，以避免振动和噪声。这个任务由液控单向阀 8 来完成。液控单向阀 8 的阀芯上设计有一个卸荷阀芯。当保压时间到时，时间继电器发出信号，2YA 得电、电液换向阀 4 左位，主缸下腔进压力油；因上腔没有通路，主缸不动，系统压力上升，打开液控单向阀 8 上的卸荷阀芯，主缸上腔高压油经卸荷阀芯的开口泄回上油箱使压力逐步下降，主缸缓缓提升；当主缸上腔压力降到一定程度时，液控单向阀 8 的主阀被打开，主缸快速提升，上腔油液经液控单向阀 8 返回上油箱。

由上述分析可知，在压力机从保压阶段转为回程工况时，系统振动并发出噪声的故障原因出自液控单向阀 8 上的卸荷阀芯，通常是有异物卡死，拆检修复即可。

5.2.5 液压压力机液压系统压力不足故障诊断处理

1. 故障现象

用液压压力机进行工件压制时，系统压力不足，仅达到额定压力的 70%左右，各部分运行正常。

2. 故障原因分析处理

采取“操作性先易后难，可能性先高后低”的原则逐个排查。

（1）油箱缺油。检查并确保上油箱、下油箱内油液均达正常油位。

（2）各个元件内漏严重，尤其是与主缸上腔相连的阀 8、4、11、12 的内漏和变量泵 1 的内漏。因液控单向阀 8 高高在上并浸泡于油中，不便检查，泵的故障概率较低且检查处理困难，故先检查其余 3 个阀。检查处理的步骤如下。①应该注意到，因发生故障时压力不足，液压压力机总是无法进入保压阶段。我们可以在加压阶段拆开安全溢流阀 11 和电液换向阀 13 的回油管接头，观察出油量，应该有很小的出油量。如果安全溢流阀 11 出油量较大，则应停机并拆检安全溢流阀 11、12；若电液换向阀 13 出油量较大，则应停机并拆检电液换向阀 4；在确认电液换向阀 4 和安全溢流阀 11、12 正常后，若故障还存在，则执行下一步。②拆开电液换向阀 4 与主缸上腔的连接油管，在油泵来油出口处装上压力表，启动试压。若压力仍然不足，则需拆检变量泵 1。在确认变量泵 1 正常后，若故障还存在，则执行下一步。③拆检液控单向阀 8 直至故障消除。

5.2.6 液压压力机液压系统压力时高时低故障诊断处理

1. 故障现象

用压力机进行工件压制时，系统压力时高时低，各部分运行正常。

2. 故障分析处理

（1）油箱缺油。检查并确保上油箱、下油箱内油液均达正常油位。

（2）其他。应该注意到，故障是在压制阶段发生的，虽然由前面分析知系统压力低的原因是各个元件内漏严重，对于老机器来说更是如此。但是，系统压力又有时高，内漏一般不会时多时少。像这种情况发生的原因通常是各个元件内漏比较严重，系统压力上升缓慢，但是，通过一段时间后还是可以升到调定值。这里就有一个升压的时间问题，升压时间长压力就高，反之压力就低。

在压制阶段，与时间有关的应该是时间继电器，更换合格的时间继电器，故障应该可以得到消除。如果更换合格的时间继电器后，系统压力时高时低，故障虽然消除，但是系统压力达不到调定值，可以调长压制时间，其数值为升压时间加保压时间。

任务实施

（1）把学生分组，每组发一份系统原理图。

（2）教师介绍 COMET 能力模型，包括 8 个二级能力模块和 40 个观测点（参见附录 2）。

（3）教师设置好故障点后，由教师或学生自己开机观察故障现象，运转时间根据实际情况而定。教师给学生布置任务，注意强调本任务采用 COMET 能力模型，按大学二年级学生到技术服务企业实习的要求进行学习。在保证安全的前提下可让学生相互设置故障点，这样更能提升学生的水平及兴趣。

（4）查找故障时要求学生按 COMET 行动维度的 6 个步骤进行，注意观察故障现象和分析故障原因，经教师审查无误后才可以进行故障排除。

(5) 学生排除故障结束，必须经教师检查合格后才能开机调试。

(6) 在学习过程中发现问题，教师应指导学生尽量自己解决。

(7) 请你与小组成员讨论后，描述如图 5-4 所示液压压力机第 1~9 号各元件的名称和作用。

(8) 全班集中，由学生分小组派代表汇报学习情况，教师点评并提出新的要求。

(9) 撰写学习报告。①画出系统原理图，分析系统的工作原理和工作参数要求；②针对实训过程中系统出现的故障现象，分析故障原因及提出解决措施，写出排除故障的方法和过程；③写出调试过程及学习过程中遇到的其他问题及解决方法；④写出自己的感受和建议。

任务评价

评价表见附录 3。

项目小结

(1) 本项目任务 5.1 介绍了液压系统的安装调试、使用维护及故障诊断方法等。油箱、滤油器、蓄能器、压力表、油管、管接头和密封装置在液压系统中属于辅助元件，正确选用及安装这些辅助元件对整个液压系统的使用具有重大意义，液压系统的故障有时是由辅助元件引起的。选用及安装时主要考虑系统使用要求、工作环境、压力大小等因素。液压系统的使用与维护要从液压油、液压缸、液压泵与液压马达、液压阀和管道及密封件各方面考虑，根据它们的各自特点使用与维护，把故障消灭在原始阶段，做到以预防为主。

(2) 液压系统的故障诊断技术尚未成熟，故障很难在早期发现，故在使用液压系统等过程中要及时发现不良现象，及时解决，以免故障扩大。目前故障诊断的方法主要是简易诊断技术，需要技术人员不断积累经验，并结合故障诊断仪器，提高故障诊断水平。本项目把工程技术人员在工作中积累的经验，主要是常见故障现象及排除方法列于表中，供大家参考。在工作中要学会运用分析方法，把他人的经验真正变为自己的经验。本项目以典型机床液压系统为例，由浅入深地介绍系统分析步骤和任务：系统功能原理与组成回路、各回路的走向关系、动作顺序以及回路之间的联系、液压系统故障分析处理的具体过程和方法。让学生学会根据液压系统故障现象分析故障原因，结合液压系统原理图快速查找故障点，熟练掌握中等复杂液压系统故障的分析与处理，并且通过采用 COMET 能力模型对学生提出要求，培养学生的综合职业能力。

复习思考题

5-1 安装液压系统时要注意哪些问题？

5-2 如何调试液压系统？

5-3 如何检测液压系统的压力？

5-4 选用液压元件时要注意什么问题？

5-5 如何安装管道？

5-6 在液压系统的使用中如何防止液压油受到污染？

5-7 液压系统的正常维护要注意什么问题？

5-8 常用的液压系统故障诊断方法有哪些？

5-9 液压油黏度下降的原因是什么？液压油黏度下降会使系统发生哪些故障？

5-10 滤油器堵塞会使液压系统发生哪些故障？

5-11 防止液压系统温升过高的措施有哪些？

5-12 组合机床动力滑台液压系统在哪些方面的设计考虑了机床工作的要求？该系统是如何实现这些要求的？

5-13 分析液压压力机液压系统中哪些元件可以起到安全保护作用？如何起到安全保护作用？

项目6　气压传动典型应用系统装调与分析

项目目标

知识目标
（1）了解常用气动元件的类型、组成和结构特点，理解其工作原理和性能特点。
（2）了解常见气动基本控制回路的类型、组成，理解其原理和应用特点。

素质目标
（1）培养脚踏实地、认真负责、求真务实、团结协作的工作作风。
（2）培养执着专注、科学严谨、精益求精、追求卓越的工匠精神。
（3）培养勇于探索、敢为人先、知难而进、乐于奉献的创新精神。
（4）培养环保意识、经济意识、工作过程导向意识、社会接受意识。

能力目标
（1）能按要求正确拆检常用气动元件。
（2）能根据要求设计和搭建简单的气动系统。
（3）能正确进行气动基本控制回路的组建及装调。

任务6.1　压缩空气站及气动系统辅助元件的拆检

任务目标

了解气源元件和常用气动系统辅助元件的作用和结构特点。理解气源元件和气动系统辅助元件的工作原理，掌握其性能特点和应用。能正确地拆检压缩空气站及气动系统辅助元件。

【课件】
任务6.1

任务描述

某机械厂最近需要对生产车间的供气系统进行全面保养检修，请求小黄实习所在的修理厂帮忙。张师傅让小黄制定工作方案。小黄感到束手无策，因为之前小黄只对液压系统做过保养，未对供气系统做过保养。张师傅告诉小黄，气压传动在工作原理上与液压的相近，应该从了解气源元件和常用气动系统辅助元件的作用和结构特点入手，搞清楚工作原理后再进行具体保养检修。张师傅拿出了相关图纸，包括如图6-1所示的压缩空气站。在张师傅的悉心指导下，小黄经过一番努力，最终完成任务。

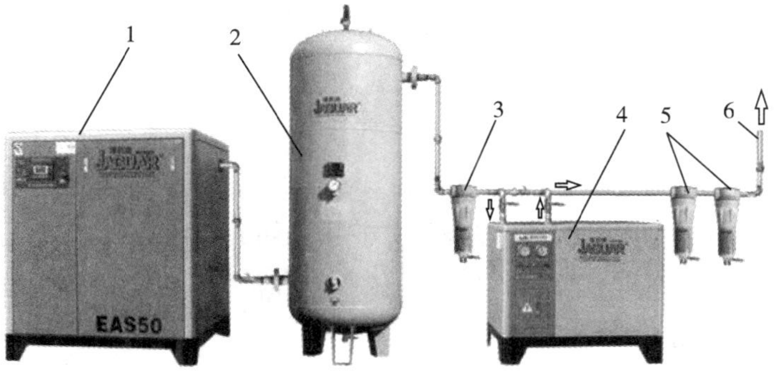

1—压缩柜；2—储气罐；3—油水分离器；4—干燥柜；5—过滤器；6—出气口。

图 6-1 压缩空气站

器材准备

(1) 实物：活塞式空气压缩机、空气过滤器、油雾器、消声器、转换器等；

(2) 工具：钳工常用工具和内六角扳手各1套、耐油橡胶板 1 块、油盆 1 个等。

任务要求

正确拆检气源元件和常用气动系统辅助元件。

(1) 按先外后内的顺序拆卸，将零件进行标号并按顺序摆放在橡胶板上；分析零件之间的连接关系及结构特点。

(2) 注意：①对吸气阀、排气阀、空气过滤器的清洁；②油雾器喷嘴杆上两孔的畅通；③截止阀和节流阀的装配和调节；④保持油杯和视油帽清洁，以便观察。必要时对某些零件进行清洗、涂油后再安装。

(3) 最后按先内后外的顺序正确安装。

(4) 按规定要求装配和调整空气缩压机的卸荷装置。

知识准备

压缩空气站和空气压缩机是目前常采用的两种气源装置。一般规定：若排气量低于 6 m^3/min，可直接使用空气压缩机供气；排气量不小于 6～12 m^3/min 时，应独立设置压缩空气站。为保证正常工作，气压传动系统所使用的压缩空气，必须经降温、净化、减压、稳压等一系列处理后方能输入管路中。

6.1.1 压缩空气站

1. 压缩空气站的组成

如图 6-2 所示为一般压缩空气站的净化装置。空气首先经过过滤器被过滤掉部分灰尘等杂质后进入压缩机 1，压缩机输出的压缩空气温度较高，需先送入后冷却器 2 进行冷却，当温度下降到 40～50℃时，压缩空气中的油气与水汽凝结成油滴和水滴；然后送入油水分离器 3，使大部分油、水和杂质从气体中分离出来并送入储气罐 4 中，完成一次净化。对于要求不高的气压系统，我们可用储气罐 4 直接供气。对仪表用气和质量要求高的工业用气，我们还需要进行二次或多次净化处理。将一次净化处理后的压缩空气再送进干燥器，进一步除去气体中的残留水分和油。在净化系统中，干燥器 5 和 6 交换使用，其中闲置的一个干燥器利用从加热器 10 吹入的热空气进行再生，以备接替使用。四通阀 9 用于转换两个干燥器的工作状态，过滤器 7 的作用是进一步清除压缩空气中的颗粒和油气。经过处理的气体进入储气罐 8，可供气动设备和仪表使用。

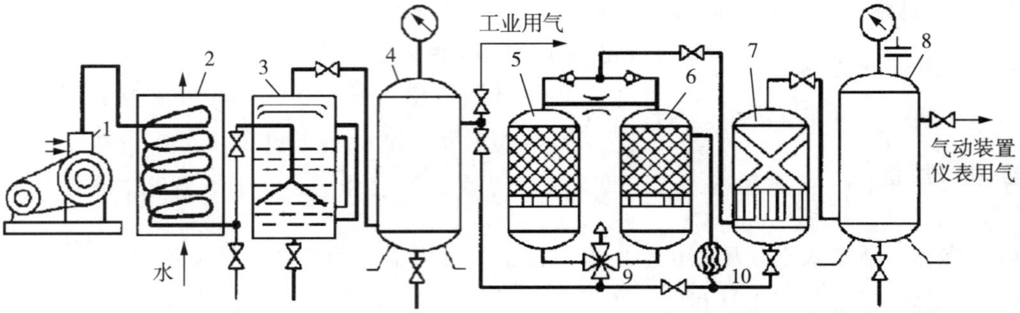

1—压缩机；2—后冷却器；3—油水分离器；4、8—储气罐；5、6—干燥器；7—过滤器；9—四通阀；10—加热器。

图 6－2　一般压缩空气站的净化装置

2. 空气压缩机

空气压缩机是气动系统的动力源，它把电动机输出的机械能转换成气体的压力能，输送给气动系统。空气压缩机主要有容积式和速度式两类。

在容积式压缩机中，气体压力的提高是依赖压缩机内部的工作容积被缩小，使单位体积内气体的分子密度增大而达到的；在速度式压缩机中，气体压力的提高是由于气体分子在高速流动时突然受阻而停滞下来，使动能转化为压力能而达到的。容积式压缩机按结构不同，又可分为活塞式、膜片式和螺杆式等，常用的是活塞式压缩机；速度式压缩机按结构不同，可分为离心式和轴流式等。

活塞式压缩机是通过曲柄连杆机构驱动活塞做往复运动使缸内容积发生变化而实现吸、压气，从而达到提高气体压力的目的。图 6－3 为单级单作用活塞式压缩机的工作原理。它主要由出气阀 1、进气阀 2、缸体 3、活塞 4、活塞杆 5、曲柄连杆机构 6 等组成。

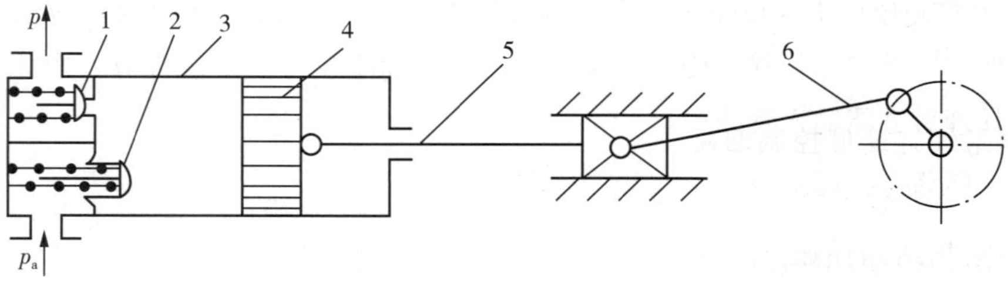

1—出气阀；2—进气阀；3—缸体；4—活塞；5—活塞杆；6—曲柄连杆机构。

图 6－3　单级单作用活塞式压缩机的工作原理

曲柄由原动机（如电动机）带动旋转，从而驱动活塞 4 在缸体内做往复运动。当活塞向右运动时，缸内容积增大，形成部分真空，外界空气在大气压力下推开进气阀 2 而进入缸中；当活塞反向运动时，进气阀 2 关闭，随着活塞的左移，缸内空气受到压缩而使压力升高，当压力升至足够高（即达到排气管路中的压力）时出气阀 1 打开，气体被排出，并经排气管输送到储气罐中。曲柄旋转一周，活塞往复行程一次，即完成一个工作循环。

压缩机的实际工作循环由吸气、压缩、排气和膨胀四个过程组成。实际上，向外输出压缩空气的过程只是排气过程，其余三个过程均为准备过程。所以，为能实现连续不断地向外输出一定流量的压缩空气，大多数空气压缩机都是多缸或多活塞的组合。

6.1.2　气源净化装置

1. 空气过滤器

空气中所含的灰尘等杂质，若进入机体和系统中，将加剧相对滑动件的磨损，加速润滑油的老化，降低密封性能，使排气温度升高、功率损耗增加，从而使压缩空气的质量大为降低。所以空气在进入压缩机之前，必须经过空气过滤器，以滤去灰尘和杂质。过滤的原理是根据固体物质和空气分子的大小和质量不同，利用惯性、阻隔和吸附的方法将灰尘和杂质与空气分离。

一般空气过滤器基本上是由壳体和滤芯所组成的。按滤芯所采用的材料不同，空气过滤器又可分为纸质、织物（麻布、绒布、毛毡）、陶瓷、泡沫塑料和金属（金属网、金属屑）等过滤器。空气压缩机中普遍采用纸质过滤器和金属过滤器。这种过滤器通常称为一次过滤器，其滤灰效率为 50%～70%；在空气压缩机的输出端（即气源装置）使用的为二次过滤器（滤灰效率为 70%～90%）和高效过滤器（滤灰效率大于 99%）。

二次过滤器、减压阀和油雾器通常组合在一起使用，合称气动三联件，用以滤除灰尘、液态油污和水滴，进一步净化压缩空气。其排水方式有手动和自动之分。

如图 6－4 所示为常见的二次过滤器结构。其基本工作原理是间隙过滤，离心分离。从入口流入的压缩空气，在导流片 1 的引导下，沿其切线方向缺口强烈旋转，在离心力作用下，其中所混的油滴、水滴及较大灰尘颗粒被甩到水杯 4 的内壁上，再流到杯底，按动柱塞按钮 7 可将杯底所集油水排出。经过此处理过程的压缩空气，再通过滤芯 2 进一步被除去微小灰尘颗粒，然后从出口流出。挡水板 3 用来防止杯底所集油水重新被卷回气流中。

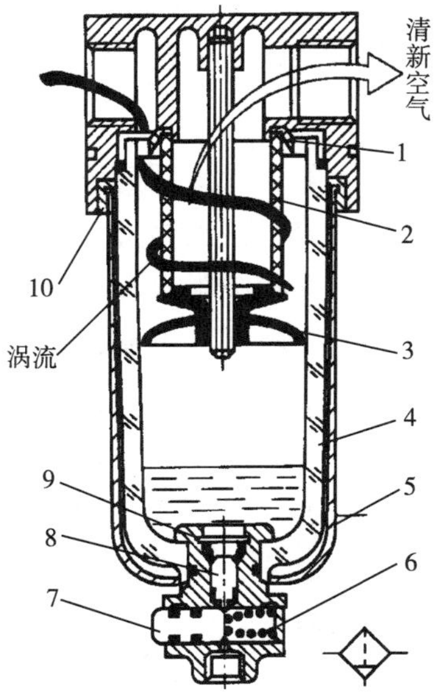

1—导流片；2—滤芯；3—挡水板；4—水杯；5—杯罩；6—弹簧；7—柱塞按钮；8—顶柱；9—排水阀；10—垫圈。

图 6－4　常见的二次过滤器结构

二次过滤器的滤芯有烧结型、纤维聚结型和金属网型三种。选用的依据主要是气动系统所需过滤精度及空气流量。我们应尽可能按标准状态下实际所需的流量选择二次过滤器的额定流量。如果通过过滤器的流量太小、流速太低、离心力太小，就不能有效清除油水和杂质；如果流量太大、压力损失太大，水分离效率也会降低。

二次过滤器应设在用气设备附近温度较低处，安装时要垂直放置，注意排水并定期清洗或更换滤芯，要求二次过滤器的压降小于 0.05 MPa。

2. 除油器

除油器用于分离压缩空气中所含的油分和水分。其工作原理：当压缩空气进入除油器后其流向和速度发生急剧变化，再依靠惯性作用，将密度比压缩空气大的油滴和水滴分离出来。图 6－5 为回转式除油器。压缩空气进入除油器后，气流转折下降，然后上升，依靠转折时的离心力作用析出油滴和水滴。

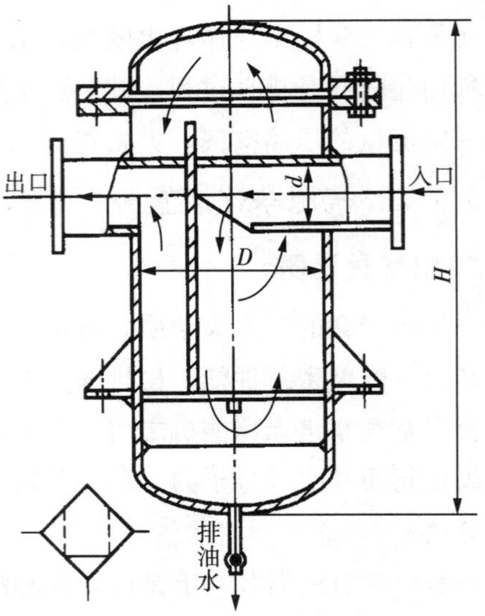

图 6－5　回转式除油器

3. 空气干燥器

对于一些精密机械、仪表等装置，为防止气体中的水分使精密机械、仪表产生锈蚀，经过初步净化处理后的压缩空气还需要进一步净化处理，要进行干燥和精过滤。

压缩空气的干燥方法主要有机械法、离心法、冷冻法和吸附法等。目前在工程实际中常用的干燥方法是冷冻法和吸附法。

（1）冷冻式干燥器。冷冻式干燥器使压缩空气冷却到一定的露点温度，然后析出相应的水分，使压缩空气达到一定的干燥度。此方法适用于处理低压、大流量、对干燥度要求不高的压缩空气。压缩空气的冷却除用冷冻设备外，也可采用制冷剂直接蒸发，或用冷却液间接冷却。

（2）吸附式干燥器。吸附式干燥器主要是利用硅胶、活性氧化铝、焦炭、分子筛等物质表面能吸附水分的特性来清除水分。由于水分和这些干燥剂之间没有化学反应，因此不需要更换干燥剂，但必须定期加热再生干燥。

（3）不加热再生式干燥器。不加热再生式干燥器如图 6－6 所示。有两个填满干燥剂的相同容器，空气从一个容器的下部流到上部，水分被干燥剂吸收而得到干燥，一部分干燥后的空气又从另一个容器的上部流到下部，从饱和的干燥剂中把水分带走并放回大气。这样即实现了不需要外加

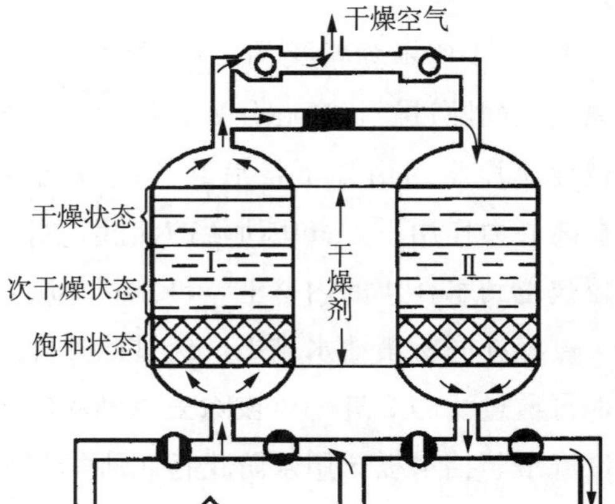

图 6－6　不加热再生式干燥器

热源而使吸附剂再生，两个容器定期地交换工作（周期为 5～10 min），使吸附剂吸附和再生，这样可得到连续输出的干燥压缩空气。

4. 后冷却器

后冷却器用于冷却空气压缩机排出的气体并除去水分。一般采用蛇管式、套管式或列管式冷却器。

（1）蛇管式冷却器。蛇管式冷却器主要由一个蛇状空心盘管（简称“蛇管”）和一只盛装此盘管的圆筒组成。蛇状空心盘管可用铜管或钢管弯制而成，其表面积即冷却器的散热面积。由空气压缩机排出的热空气由蛇管上部进入（见图 6-2），通过管外壁与管外的冷却水进行热交换，冷却后，由蛇管下部输出。这种冷却器结构简单，使用和维修方便，被广泛用于流量较小的场合。

（2）套管式冷却器。套管式冷却器结构如图 6-7 所示。压缩空气在外管与内管之间流动，内管、外管之间的部分由支承架来支撑。这种冷却器流通截面小，易实现高速流动，有利于散热冷却。管间清理也较方便。但其结构笨重，消耗金属量大，主要用在流量不大、散热面积较小的场合。

（3）列管式冷却器。列管式冷却器结构如图 6-8 所示，主要由外壳 3、封头 1、隔板 6、活动板 4、冷却水管 5、固定板 2 所组成。冷却水管与隔板、封头焊在一起。冷却水在管内流动，空气在管间流动，活动板为月牙形。这种冷却器可用于较大流量的场合，具体参数可查阅有关资料，这里不再列出。

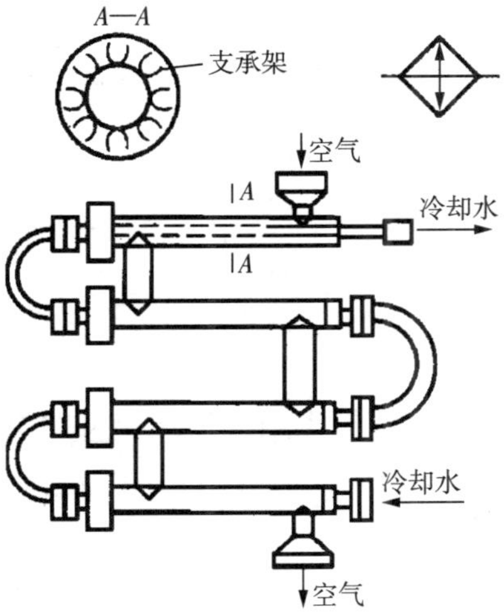

图 6-7　套管式冷却器结构

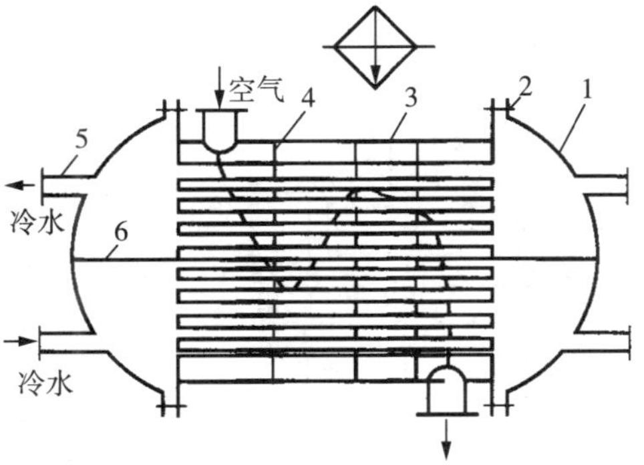

1—封头；2—固定板；3—外壳；
4—活动板；5—冷却水管；6—隔板。

图 6-8　列管式冷却器结构

5. 储气罐

储气罐的作用是储存一定数量的压缩空气以调节用气量，以及设备发生故障时应急使用；消除压力波动，保证输出气流的连续性。另外，储气罐还可进一步分离压缩空气中的水和油。储气罐一般采用圆筒状焊接结构，有立式和卧式两种，一般以立式居多。立式储气罐的高度为其直径的2～3倍，进气管和出气管通常按“出上进下”的原则布置，并尽可能加大两管之间的距离，以利于进一步分离空气中的油和水。同时，每个储气罐应有以下附件：

(1) 安全阀，用以调整极限压力；

(2) 清理、检查用的孔口；

(3) 压力表，指示储气罐罐内空气压力；

(4) 排放油、水的接管，位于储气罐的底部。

在选择储气罐的容积 V_c 时，一般以空气压缩机每分钟的排气量 q 为依据选择。即

当 $q<6\ m^3/min$ 时，取 $V_c=1.2\ m^3$；

当 $6\ m^3/min\leqslant q<30\ m^3/min$ 时，取 $V_c=1.2\sim4.5\ m^3$；

当 $q\geqslant30\ m^3/min$ 时，取 $V_c=4.5\ m^3$。

后冷却器、除油器和储气罐都属于压力容器，应进行水压试验且合格后才能投入使用。目前，在气压传动中，后冷却器、除油器和储气罐三者一体的结构形式已被采用，这使压缩空气站的辅助设备大为简化。

6.1.3 气动系统辅助元件

1. 油雾器

油雾器是气压系统中一种特殊的注油装置，其作用是把润滑油雾化后，使压缩空气携带雾化后的润滑油进入系统中各部位，满足润滑的需要。图6-9是油雾器的结构。当压缩空气进入后，绝大部分压缩空气从主气道流出，一小部分通过小孔 A 进入阀座8的内腔，此时特殊单向阀在压缩空气和弹簧作用下处在中间位置［见图6-9 (e)］。所以，气体又进入储油杯4上部 C 腔，使油液受压后经吸油管7将单向阀6顶起，使油源源不断地进入视油窗5内，

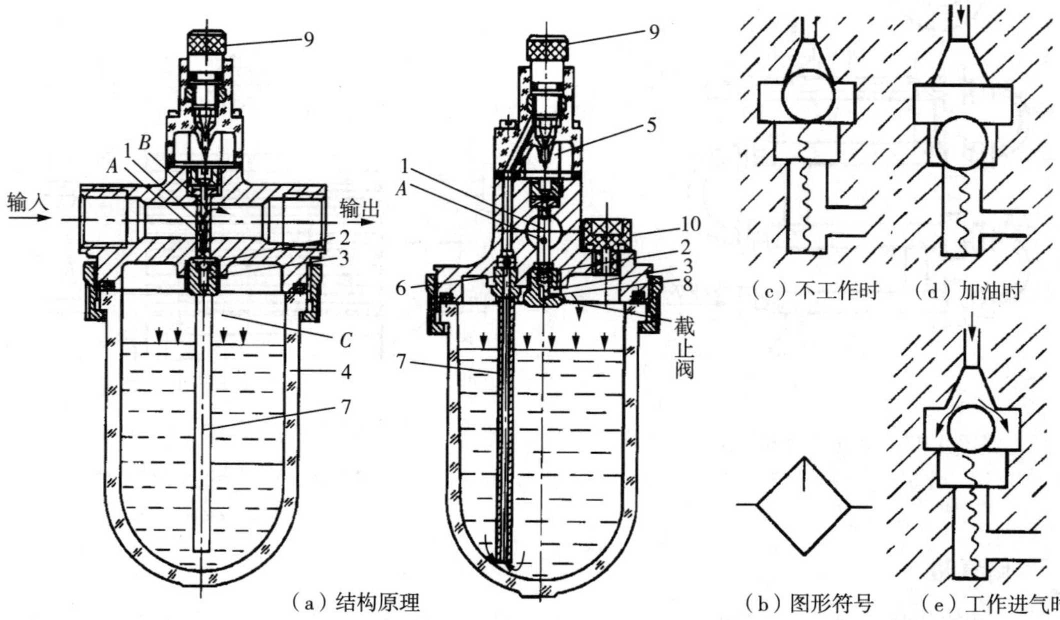

1—喷嘴；2—特殊单向阀；3—弹簧；4—储油杯；5—视油窗；6—单向阀；7—吸油管；8—阀座；9—节流阀；10—油塞。

图6-9 油雾器的结构

再滴入喷嘴1腔内，主气道中的气流从小孔 B 中引射出来。进入气流中的油滴被高速气流击碎雾化后经输出口输出。视油窗上的节流阀9可使滴油量每分钟为0～200滴。当旋松油塞10后，储油杯上部 C 腔与大气相通，此时特殊单向阀2背压降低，输入气体使特殊单向阀2关闭，从而切断了 C 腔通道，单向阀6也由于 C 腔压力降低处于关闭状态，气体也不会从吸油管进入 C 腔。因此，我们可以在不停气源的情况下从油塞口给油雾器加油。

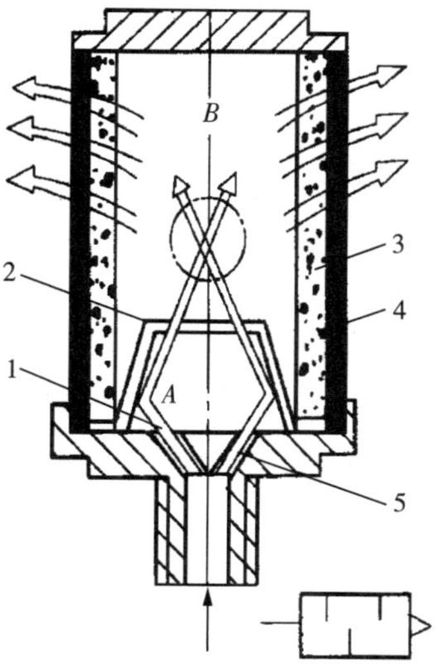

1、5—对称斜孔；2—反射套；

3—消声材料；4—护罩。

图6－10　膨胀干涉吸收型消声器

2. 消声器

消声器的作用是排除压缩气体高速通过气动元件排入大气时产生的刺耳噪声污染。如图6－10所示为膨胀干涉吸收型消声器。气流经对称斜孔被分成多束气流，进入扩散室 A 后膨胀，减速后与反射套碰撞，然后反射到 B 室，在消声器中心处，气流束互相撞击、干涉。当两个声波相位相反时，声波的振幅互相减弱，达到消耗声能的目的。最后声波通过消声器内壁的消声材料，其残余声能由于与消声材料的细孔相摩擦而变成热能，从而达到降低声强的目的。

3. 转换器

气动控制系统也与其他自动控制装置一样，有发信号、控制和执行部分，其控制工作介质为气体，而信号传感部分和执行部分不一定全用气体，可能用电或液体传输，这就需要通过转换器来转换。常用的转换器有气电转换器、电气转换器、气液转换器等。

1）气电转换器

气电转换器是将压缩空气的气信号转变成电信号的装置，即用气信号（气体压力）接通或断开电路的装置，也称之为压力继电器。压力继电器按信号压力的大小分为低压型 $\left[F=Ap=\frac{\pi}{4}(D^2-d^2)p\right]$、中压型 $\left[v=\frac{q}{A}=\frac{4q}{\pi(D^2-d^2)}\right]$ 和高压型（>1.0 MPa）三种。图6－11为高中压型压力继电器，气压 p 进入 A 室后，膜片6受压产生推力 $F=pv_2=\frac{q}{A_2}=\frac{4q}{\pi(D^2-d^2)}D^2/4$。该力推动圆盘5和爪枢4克服弹簧2的弹簧力向上移动，使两个微动开关3发出电信号。旋转调压螺母1，可以调节控制压力范围。这种压力继电器结构简单，调压方便。

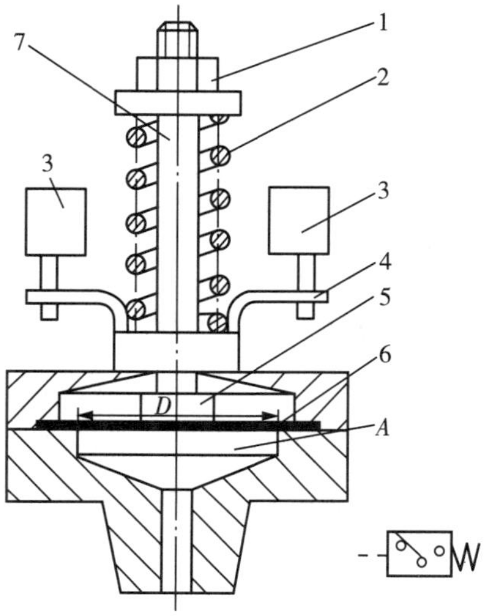

1—调压螺母；2—弹簧；3—微动开关；

4—爪枢；5—圆盘；6—膜片；7—中心杆。

图6－11　高中压型压力继电器

在安装气电转换器时，我们应避免将其安装在振动较大的地方，且不应倾斜和倒置，以免使控制失灵，产生误动作，造成事故。

2）电气转换器

电气转换器是将电信号转换成气信号的装置，其作用正好与气电转换器相反。实际上，各种电磁换向阀都可作为电气转换器。

3）气液转换器

气压系统中常用到气-液阻尼缸，或使用液压缸作为执行元件，以求获得较平稳的速度，如汽车液压悬架系统中的油气弹簧。因而就需要一种把气压信号转换成液压信号的装置，这就是气液转换器。其种类主要有直接作用式和换向阀式两种。直接作用式气液转换器，是在一个筒式容器内，压缩空气直接或通过活塞、隔膜等作用在液面上，以同样的压力推压液体向外输出。如图 6－12 所示为直接作用式气液转换器。压缩空气由上部输入，经过管道末端的缓冲装置后作用在液压油面上，液压油即以相同的压力，由转换器主体下部的排油孔输送给液压执行元件，气液转换器的储油量应不小于液压执行元件最大有效容积的 1.5 倍。换向阀式气液转化器中有一个气控液压换向阀，它需要另外备有液压源。

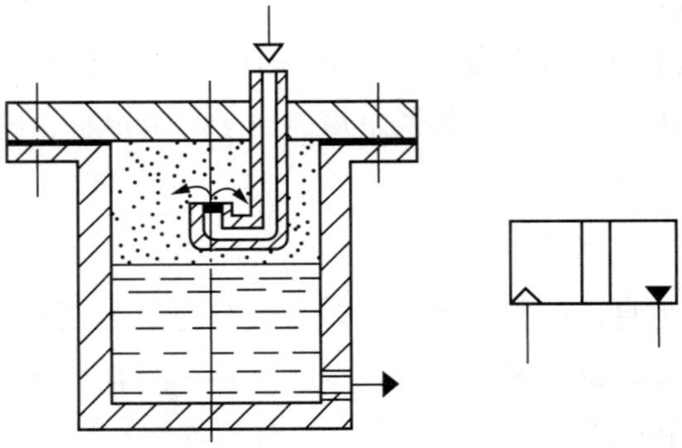

图 6－12　直接作用式气液转换器

任务实施

（1）将学生分成若干组，确定组长。

（2）教师布置任务，让学生用多媒体讲授活塞式空气压缩机及空气过滤器、油雾器、消声器、转换器等元件的功能、结构组成及拆检任务和注意事项。

（3）学生分小组讨论制定拆检方案，经教师核定批准后实施。

（4）根据学习任务要求，讨论制定工作方案后，具体实施气缸拆检。

（5）请你与小组成员讨论后，描述如图 6－1 所示压缩空气站的第 1～5 号零件的名称和作用。

（6）撰写学习报告。注意说明学习方法，叙述气源装置和气动系统辅助元件的组成、作用、主要作用原理、拆检步骤以及心得体会。

任务评价

评价表见附录 3。

任务6.2　气动基本控制回路及其控制实现

任务目标

了解常用气动方向控制阀、压力控制阀、流量控制阀的类型、组成、结构特点和应用，理解其工作原理和性能特点，掌握正确的拆检方法。掌握气动方向、压力、速度等基本控制回路的特点及其应用，学会气动基本控制回路的组建与装调方法。

【课件】

任务6.2

任务描述

某机械厂最近需要检修一台数控加工中心的换刀控制系统，该系统是电-气-液联合的自动化换刀控制系统。数控加工中心气动换刀机械手如图6-13所示。该机械厂里的机械修理人员历来多与电-液打交道，对电-气-液联合控制系统比较陌生，于是请求小黄实习所在的修理厂帮忙。张师傅让小黄制定工作方案，小黄感到迷茫，因为小黄对电-气-液联合控制系统也很陌生。张师傅告诉小黄，应该先从了解气动控制阀入手，进而分析所涉及的控制系统原理图，搞清楚工作原理后再进行具体的安装调试。在张师傅悉心指导下，小黄经过一番努力，最终完成任务。

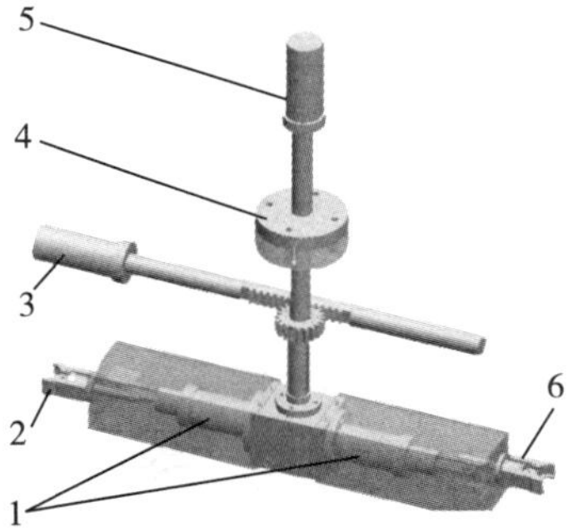

1—抓紧/放松缸；2、6—手爪；3—转位缸；4—中间支承；5—插刀/拔刀缸。

图6-13　数控加工中心气动换刀机械手

器材准备

(1) 实物：常用的气动元件一批，气动综合实训1台等。

(2) 工具：内六角扳手1套、橡胶板1块、钳工常用工具1套等。

任务要求

1. 正确拆检气动控制阀

(1) 查阅相关资料，了解气动控制阀的组成结构。

(2) 尽可能先将弹簧松开后，再进行拆卸。

(3) 安装时注意压缩弹簧及阀座之间的装配关系，注意阀芯与复位弹簧的装配关系。

2. 气动基本控制回路搭建与调试

根据任务要求设计气动基本控制回路，选择元件并连接成回路。启动系统，观察气缸的动作并调节参数。如遇异常，应分析原因，排除故障，直至系统正常。

知识准备

无论气动系统多么复杂，它均是由一些具有不同功能的基本回路组成的。基本回路按其控制目的、控制功能分为方向控制回路、压力控制回路和速度控制回路等几类。而决定回路性能的核心部分，则是气动控制元件；气动控制元件是控制和调节压缩空气的压力、流量、流动方向和发送信号的重要元件，利用它们可以组成各种气动控制回路，使气动执行元件按设计的程序正常地进行工作。气动控制元件按功能和用途，可分为方向控制阀、压力控制阀和流量控制阀三大类。此外，尚有通过改变气流方向和通断实现各种逻辑功能的气动逻辑元件和射流元件等。了解和掌握这些气动元件的性能和基本回路的工作原理是合理设计和应用气动系统的必要基础。

6.2.1 方向控制阀

气动换向阀和液压换向阀相似，分类方法也大致相同。气动换向阀按阀芯结构不同，可分为滑柱式（又称柱塞式，也称滑阀）、截止式（又称提动式）、平面式（又称滑块式）、旋塞式和膜片式。其中以截止式换向阀和滑柱式换向阀应用较多；按其控制方式不同，可以分为电磁换向阀、气动换向阀、机动换向阀和手动换向阀，其中后三类换向阀的工作原理和结构与液压换向阀中相应的阀类基本相同；按其作用特点，可以分为单向型控制阀和换向型控制阀。

1. 单向型控制阀

单向型控制阀包括单向阀、或门型梭阀、与门型梭阀和快速排气阀。

1） 单向阀

单向阀是指气流只能向一个方向流动而不能反向流动的阀。单向阀（图 6 - 14）的工作原理、结构和图形符号与液压阀中的单向阀基本相同，只不过在气动单向阀中，阀芯和阀座之间有一层胶垫（密封垫）。

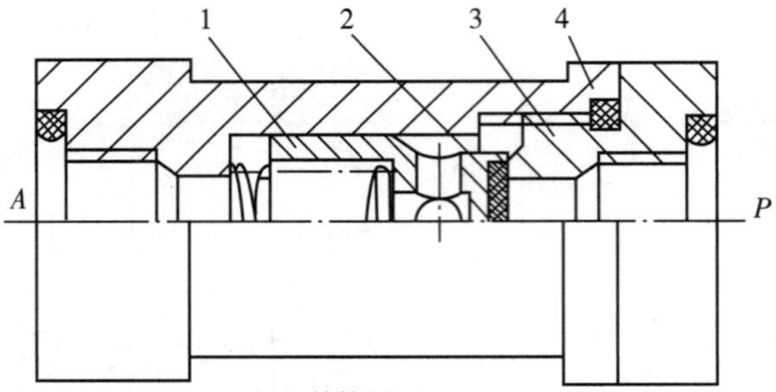

（a）结构原理

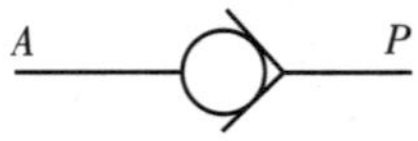

（b）图形符号

1—单向阀芯；2—密封垫；3—单向阀座；4—阀体。

图 6 - 14 单向阀

【微课】

认识逻辑元件

2） 或门型梭阀

或门型梭阀相当于两个单向阀的组合。图 6 - 15 为或门型梭阀的结构，它有两个输入口

P_1、P_2，一个输出口 A，阀芯在两个方向上起单向阀的作用。当 P_1 口进气时，阀芯将 P_2 口切断，P_1 口与 A 口相通，A 口有输出。当 P_2 口进气时，阀芯将 P_1 口切断，P_2 口与 A 口相通，A 口也有输出。如 P_1 口和 P_2 口都有进气时，活塞移向低压侧，使高压侧进气口与 A 口相通。如两侧压力相等，则先加入一侧与 A 口相通，后加入一侧关闭。

3）与门型梭阀（双压阀）

与门型梭阀又称双压阀，它也相当于两个单向阀的组合。图 6－16 为与门型梭阀的结构。它有 P_1 和 P_2 两个输入口和一个输出口 A，只有当 P_1、P_2 同时有输入时，A 口才有输出，否则，A 口无输出；若 P_1 和 P_2 口压力不相等，则关闭高压侧，低压侧与 A 口相通。

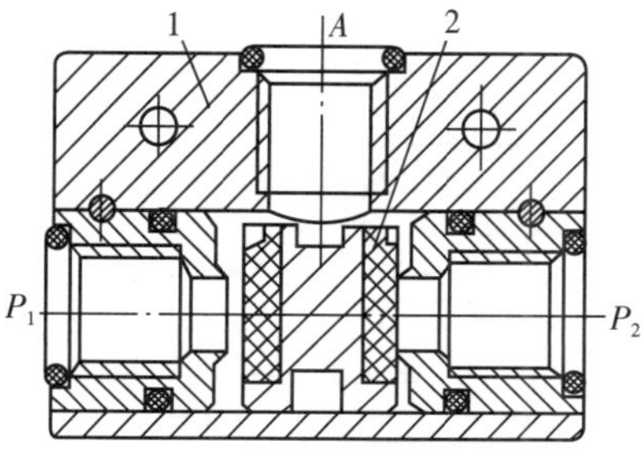

（a）结构原理

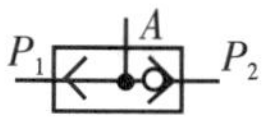

（b）图形符号

1—阀体；2—阀芯。

图 6－15　或门型梭阀的结构

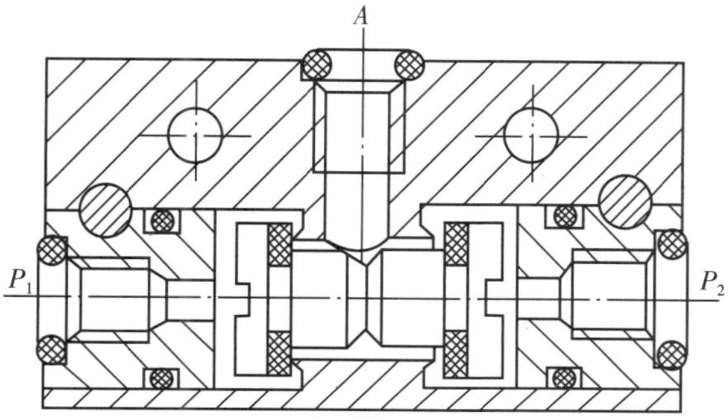

（a）结构原理

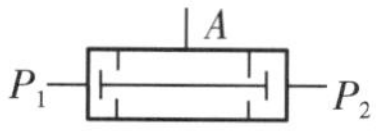

（b）图形符号

图 6－16　与门型梭阀的结构

4）快速排气阀

快速排气阀的作用是使气动元件或装置快速排气。图 6－17 为膜片式快速排气阀的结构。当 P 口进气时，膜片被压下封住排气口，气流经膜片四周小孔、A 口流出。当气流反向流动时，A 口气压将膜片顶起封住 P 口，A 口气体经 O 口迅速排出。

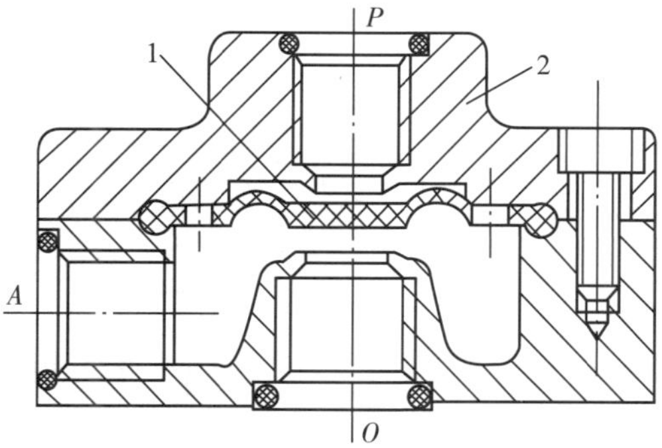

（a）结构原理

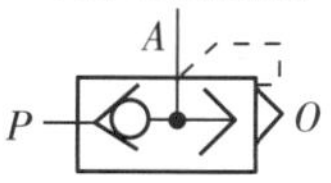

（b）图形符号

1—膜片；2—阀体。

图 6－17　膜片式快速排气阀的结构

2. 换向型控制阀

换向型控制阀可用来改变压缩空气的流动方向，从而改变执行元件的运动方向。根据其控制方式，换向型控制阀分为电磁控制阀、机械控制阀、手动控制阀、时间控制阀等。换向型控制阀的结构和工作原理与液压阀中的方向控制阀基本相似，切换位置和接口数也分几位几通，图形符号也基本相同，在此不再赘述。

6.2.2 压力控制阀

压力控制阀主要用来控制系统中气体的压力，满足各种压力要求或用以节能。压力控制阀主要有溢流阀、减压阀和顺序阀。

1. 溢流阀

溢流阀的作用是当系统压力超过调定值时便自动排气，使系统的压力下降，以保证系统安全，故也称其为安全阀。按控制方式分，溢流阀有直动型和先导型两种。

1）直动型溢流阀

直动型溢流阀如图 6－18 所示，将阀 *P* 口与系统相连接，使 *O* 口通大气，当系统中空气压力升高，一旦大于溢流阀调定压力时，气体推开阀芯，经阀口从 *O* 口排至大气，使系统压力稳定在调定值，保证系统安全。当系统压力低于调定值时，在弹簧的作用下阀口关闭。开启压力的大小与调整弹簧的预压缩量有关。

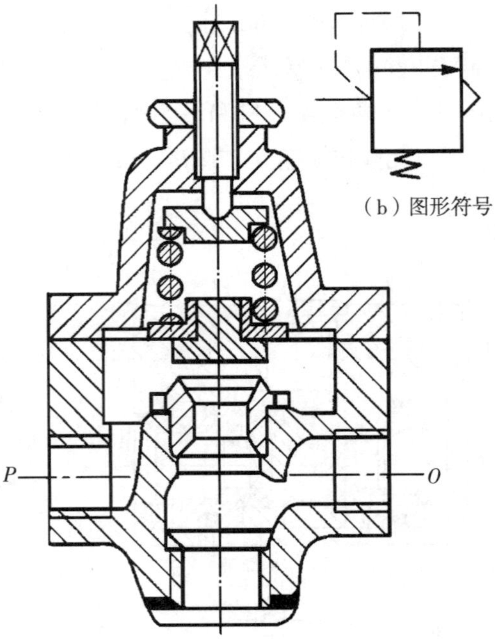

（a）结构原理

（b）图形符号

图 6－18　直动型溢流阀

2）先导型溢流阀

先导型溢流阀如图 6－19 所示，溢流阀的先导阀为减压阀，由它减压后的空气从上部 *K* 口进入阀内，以代替直动型的弹簧控制溢流阀。先导型溢流阀适用于管道通径较大及远距离控制的场合。选用溢流阀时其最高工作压力应略高于所需控制压力。

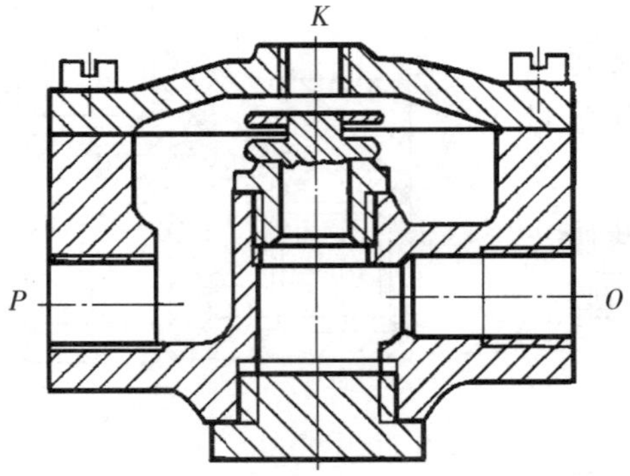

（a）结构原理

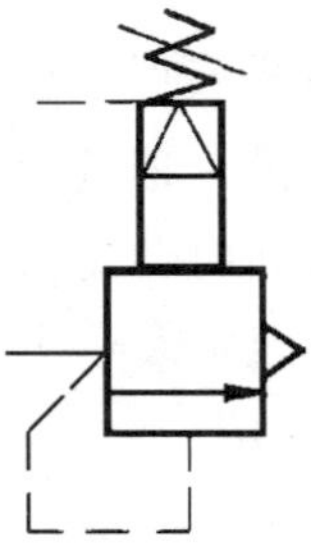
（b）图形符号

图 6－19　先导型溢流阀

2. 减压阀

减压阀的作用是降低由空气压缩机来的气体压力，以满足每台气动设备的需要，并使这一部分压力保持稳定。按调节压力方式不同，减压阀有直动型和先导型两种。

1）直动型减压阀

如图 6－20 所示为直动型减压阀的结构。其工作原理：阀处于工作状态时，压缩空气从左侧入口 P_1 流入，经阀口 11 后再从阀右侧出口 P_2 流出；当顺时针旋转手柄 1，调压弹簧 2、3 推动膜片 5 下凹，再通过阀杆 6 带动阀芯 9 下移，打开阀口 11，压缩空气借助阀口 11 的节流作用，使输出压力低于输入压力，以实现减压作用；与此同时，有一部分气流经阻尼孔 7 进入膜片室 12，在膜片下部产生一个向上的推力；当推力与弹簧的作用力相互平衡后，阀口开度稳定在某一值上，减压阀就输出一定压力的气体；阀口 11 开度越小，节流作用越强，压力下降也越多。

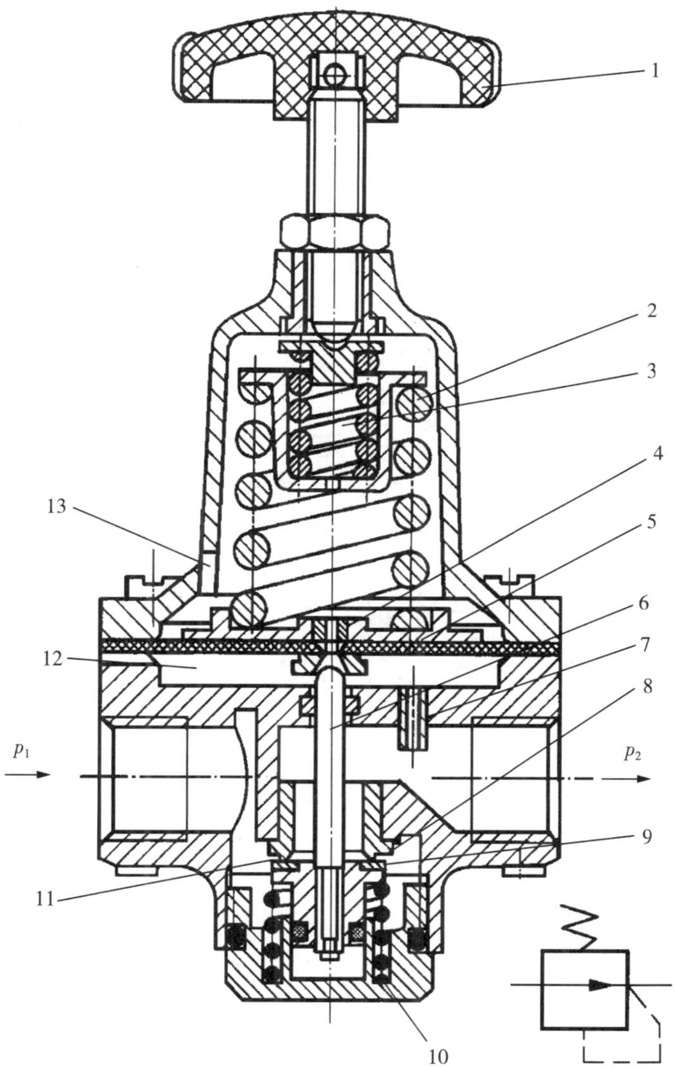

（a）结构原理　（b）图形符号

1—手柄；2、3—调压弹簧；4—溢流孔；5—膜片；6—阀杆；7—阻尼孔；8—阀座；9—阀芯；10—复位弹簧；11—阀口；12—膜片室；13—排气口。

图 6－20　直动型减压阀的结构

若输入压力瞬时升高，经阀口 11 以后的输出压力随之升高，使膜片气室内的压力也升高，破坏了原有的平衡，膜片上移，有部分气流经溢流孔 4、排气口 13 排出。在膜片上移的同时，阀芯在复位弹簧 10 的作用下也随之上移，减小阀口 11 的开度，节流作用增强，输出压力下降，直至膜片两端作用力重新平衡，输出压力基本上又回到原数值上。相反，输入压力下降时，进气节流阀口开度增大，节流作用减弱，输出压力上升，使输出压力基本回到原数值上。

2）先导型减压阀

如图 6-21 所示为先导型减压阀的结构，它由先导阀和主阀两部分组成。当气流从左端流入阀体后，一部分经进气阀口 9 流向输出口，另一部分经固定节流孔 1 进入中气室 5，经喷嘴 2、挡板 3、孔道反馈至下气室 6，再经阀杆 7 中心孔及排气孔 8 排至大气。

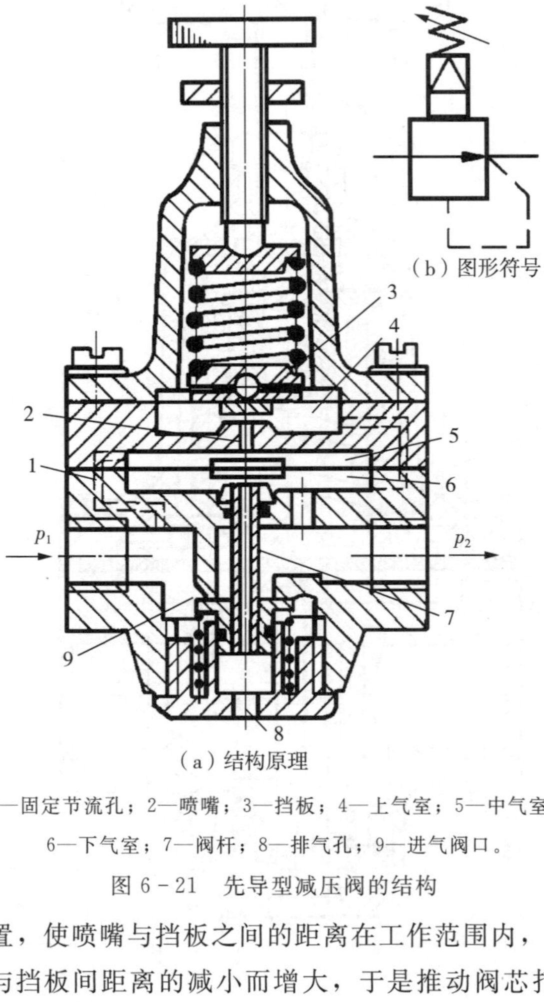

（b）图形符号

（a）结构原理

1—固定节流孔；2—喷嘴；3—挡板；4—上气室；5—中气室；
6—下气室；7—阀杆；8—排气孔；9—进气阀口。

图 6-21　先导型减压阀的结构

把手柄旋到一定位置，使喷嘴与挡板之间的距离在工作范围内，减压阀就进入工作状态。中气室 5 的压力随喷嘴与挡板间距离的减小而增大，于是推动阀芯打开进气阀口 9，即有气流流到出口，同时经孔道反馈到上气室 4，与调压弹簧相平衡。

若输入压力瞬时升高，输出压力也相应升高，通过孔口的气流使下气室 6 的压力也升高，破坏了膜片原有的平衡，使阀杆 7 上升，节流阀口减小，节流作用增强，输出压力下降，使膜片两端作用力重新平衡，输出压力恢复到原来的调定值。

当输出压力瞬时下降时，喷嘴挡板的放大作用也会引起中气室 5 的压力较明显升高，而使阀芯下移，阀口开大，输出压力升高，并稳定到原数值上。

选择减压阀时应根据气源压力确定阀的额定输入压力，气源的最低压力应高出减压阀最高输出压力 0.1 MPa 以上。减压阀一般安装在空气过滤器之后、油雾器之前。

3. 顺序阀

顺序阀的作用是依靠气路中压力的大小来控制执行机构按顺序动作。顺序阀常与单向阀并联结合成一体，这称为单向顺序阀。图 6－22 为单向顺序阀的结构。

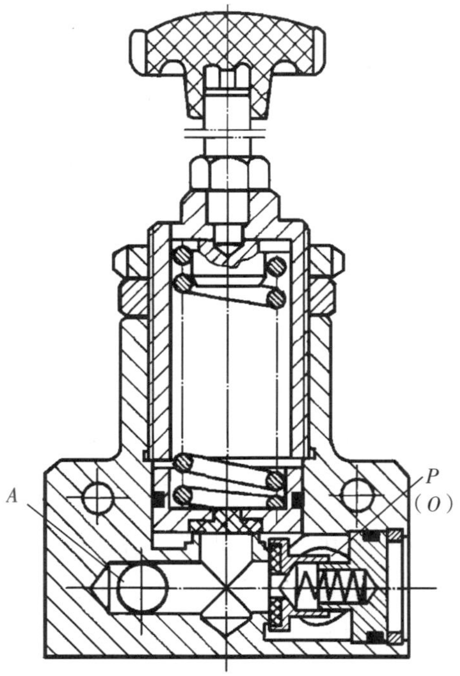

图 6－22　单向顺序阀的结构

如图 6－23 所示为单向顺序阀的工作原理。当压缩空气由 P 口进入阀左腔 4 后，作用在活塞 3 上的力小于弹簧 2 上的力时，阀处于关闭状态。而当作用于活塞上的力大于弹簧力时，活塞被顶起，压缩空气经阀左腔 4 流入阀右腔 5，再由 A 口流出，然后进入其他控制元件或执行元件，此时单向阀关闭。当切换气源时［关闭状态，图 6－23（b）］，阀左腔 4 压力迅速下降，顺序阀关闭，此时阀右腔 5 压力高于阀左腔 4 压力，在气体压力差作用下，打开单向阀，压缩空气由阀右腔 5 经单向阀 6 流入阀左腔 4 并向外排出。

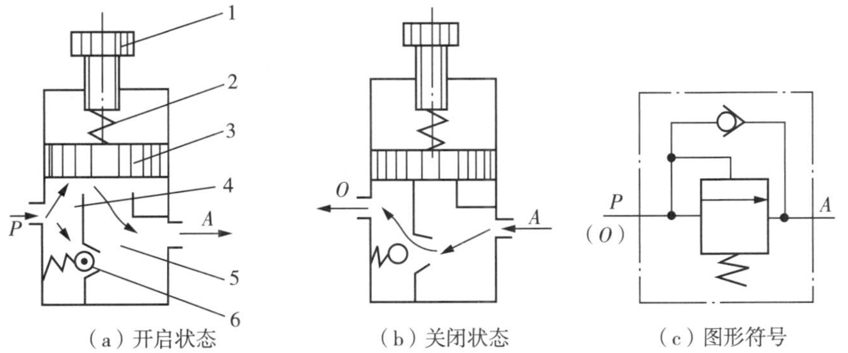

（a）开启状态　（b）关闭状态　（c）图形符号

1—调节螺钉；2—弹簧；3—活塞；4—阀左腔；5—阀右腔；6—单向阀。

图 6－23　单向顺序阀的工作原理

6.2.3　流量控制阀

在气压传动系统中，人们经常要求控制气动执行元件的运动速度，这要靠调节压缩空气的流量来实现。凡用来控制气体流量的阀，都被称为流量控制阀。流量控制阀就是通过改变阀的通流截面积来实现流量控制的元件，它包括节气阀、单向节流阀、排气节流阀和柔性节流阀等。由于节气阀和单向节流阀的工作原理与同类型液压阀相似，在此不再重复。本节仅对排气节流阀和柔性节流阀做简要介绍。

1. 排气节流阀

排气节流阀的节流原理和节流阀一样，也是靠调节通流面积来调节阀的流量的。它们的区别是，节流阀通常被安装在系统中调节气流的流量，而排气节流阀只能安装在排气口处，调节排入大气的流量，以此来调节执行机构的运动速度。图 6－24 为排气节流阀的结构。气流从 A 口进入阀内，由节流口 1 节流后经消声套 2 排出。因而它不仅能调节执行元件的运动速度，还能起到降低排气噪声的作用。排气节流阀通常安装在换向阀的排气口处与换向阀联用，起单向节流阀的作用。它实际上是节流阀的一种特殊形式。由于其结构简单，安装方便，能简化回路，故应用日益广泛。

2. 柔性节流阀

如图 6－25 所示为柔性节流阀的结构。它依靠阀杆 3 夹紧柔韧的橡胶管 2 而产生节流作用，也可以利用气体压力来代替阀杆压缩橡胶管。柔性节流阀结构简单，压力小，动作可靠性高，对污染不敏感，通常工作压力范围为 0.3～0.63 MPa。应当指出，用流量控制阀控制气动执行元件的运动速度，其精度远不如液压控制高。特别是在超低速控制中，要按照预定行程变化来控制速度，只用气动是很难实现的。在外部负载变化较大时，仅用气动流量阀也不会取得满意的调速效果。为提高其运动平稳性，建议用气液联动的方式。

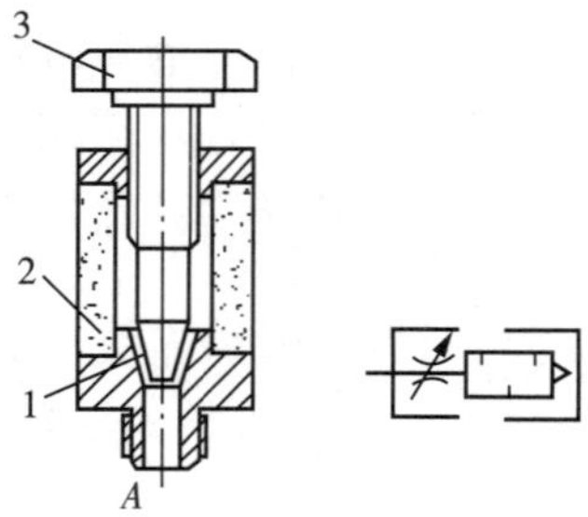

（a）结构原理图　　（b）职能图

1—节流口；2—消声套；3—阀杆。

图 6－24　排气节流阀

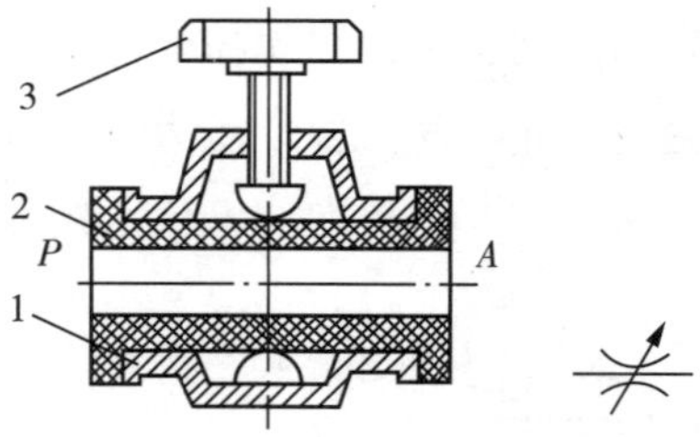

（a）结构原理图　　（b）职能图

1—阀体；2—橡胶管；3—阀杆。

图 6－25　柔性节流阀的结构

6.2.4　气动基本控制回路

1. 单作用汽缸换向回路

图 6－26 为单作用汽缸换向回路。在图 6－26（a）回路中，当电磁铁得电时，气压使活塞伸出工作；而电磁铁失电时，活塞杆在弹簧作用下缩回。在图 6－26（b）回路中，电磁铁失电后能自动复位，故能使汽缸停留在行程中的任意位置。

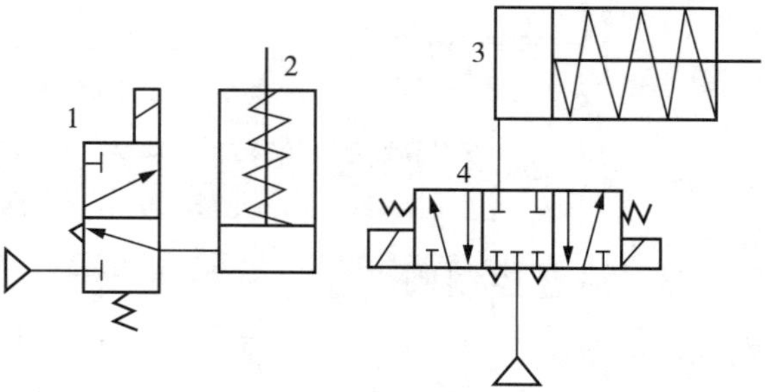

（a）回路1　　（b）回路2

1、4—电磁阀；2、3—单作用汽缸。

图 6－26　单作用汽缸换向回路

2. 双作用汽缸换向回路

图 6－27 为双作用汽缸换向回路。在图 6－27（a）回路中，通过在换向阀左、右两侧输入控制信号，使汽缸活塞杆伸出和缩回。此回路不许在左、右两侧同时输入等压控制信号。在图 6－27（b）回路中，除控制双作用缸换向外，还可在行程中的任意位置停止运动。

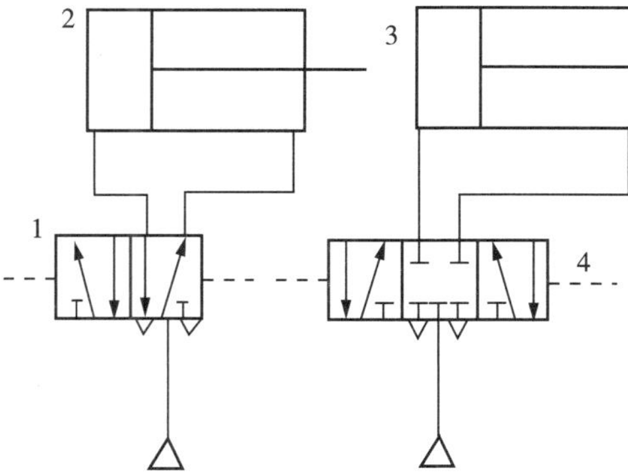

（a）回路1　　（b）回路2

1、4—气动换向阀；2、3—双作用汽缸。

图 6－27　双作用汽缸换向回路

3. 调压回路

图 6－28（a）为常用的一种调压回路。它利用减压阀来实现对气动系统气源的压力控制。图 6－28（b）为可提供两种压力的调压回路。汽缸有杆腔压力由调压阀 1 调定，无杆腔压力由调压阀 2 调定。采用此回路符合工作中的活塞杆伸出和退回、负载不同的实际情况。

4. 过载保护回路

如图 6－29 所示为过载保护回路。当活塞右行遇到障碍或因其他原因而使汽缸过载时，左腔压力升高；当超过预定值时，打开顺序阀 3，使换向阀 4 换向，换向阀 1、2 同时复位，汽缸返回，保护设备安全。

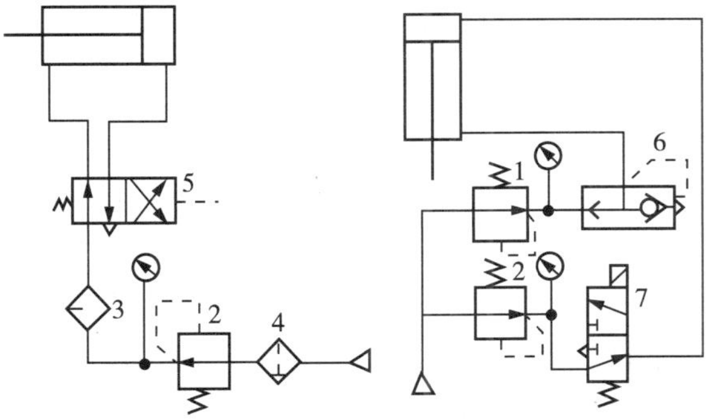

（a）常用的一种调压回路（b）可提供两种压力的调压回路

1，2—调压阀；3—油雾器；4—过滤器；

5—气动换向阀；6—快速排气阀；7—电磁阀。

图 6－28　调压回路

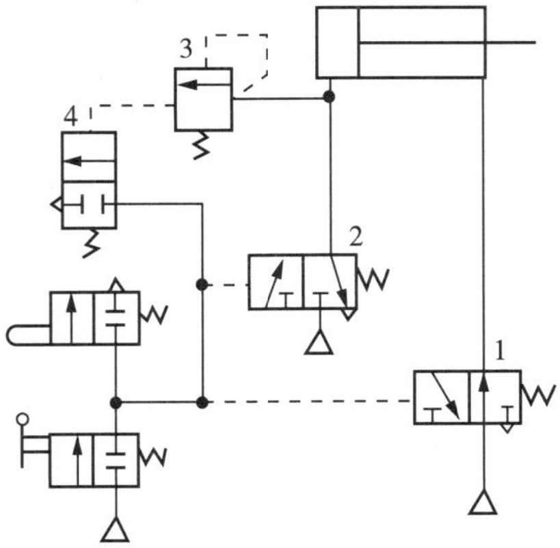

1、2、4—换向阀；3—顺序阀。

图 6－29　过载保护回路

5. 单作用气缸速度控制回路

如图 6－30 所示为单作用气缸速度控制回路。在图 6－30（a）中，升、降均通过节流阀调速，两个相反安装的单向节流阀可分别控制活塞杆的伸出及缩回速度。在图 6－30（b）所示的回路中，气缸上升时可调速，下降时则通过快速排气阀（简称“快排气阀”）排气，使气缸快速返回。

6. 双作用气缸速度控制回路

1）单向调速回路

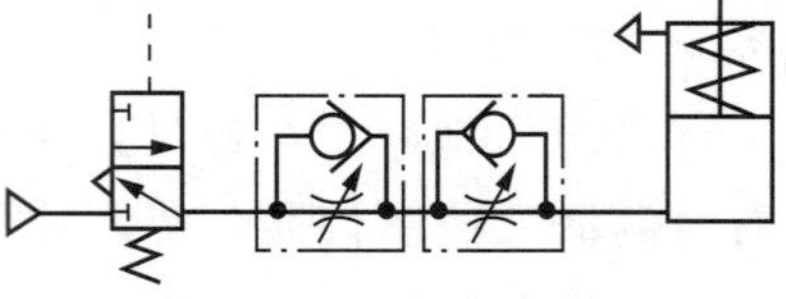

（a）双向节流调速回路

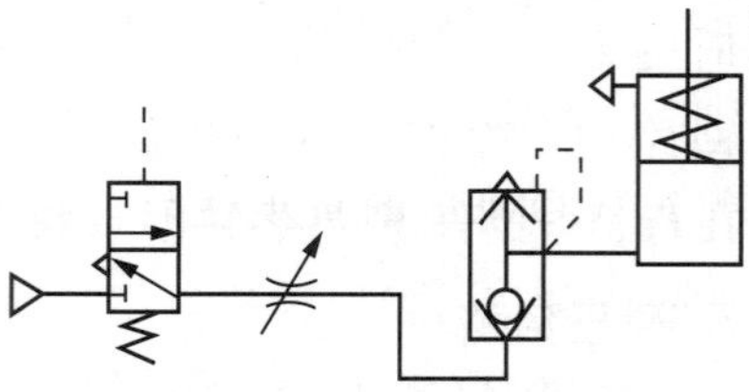

（b）单向节流调速回路

图 6-30　单作用气缸速度控制回路

双作用气缸有节流供气和节流排气两种调速方式。

（1）节流供气调速回路。如图 6-31（a）所示为节流供气调速回路。在图示位置，当气控换向阀不换向时，进入气缸 A 腔的气流流经节流阀，B 腔排出的气体直接经换向阀快排。当节流阀开度较小时，由于进入 A 腔的流量较小，压力上升缓慢，当气压高到能克服负载时，活塞伸出，此时 A 腔容积增大，使压缩空气膨胀，压力下降，使作用在活塞上的力小于负载，因而活塞停止外伸；待压力再次上升时，活塞才继续外伸。这种由于负载及供气使活塞忽走忽停的现象，叫气缸的"爬行"。节流供气的不足之处的主要表现：①当负载方向与活塞运动方向相反时，活塞运动易出现不平稳现象，即"爬行"现象；②当负载方向与活塞运动方向一致时，由于排气经换向阀快排，几乎没有阻尼，负载易产生"跑空"现象，使气缸失去控制。所以节流供气，多用于垂直安装的气缸的供气回路中。

（2）节流排气的调速回路。在水平安装的气缸的供气回路中，我们一般采用如图 6-31（b）所示的节流排气调速回路。由图示位置可知，当气控换向阀不换向时，从气源来的压缩空气，经气控换向阀直接进入气缸的 A 腔，而 B 腔排出的气体必须经节流阀到气控换向阀再排入大气。因节流阀和换向阀的压力损失而使 B 腔中的气体具有一定的压力。此时活塞在 A 腔与 B 腔的压力差作用下外伸，减少了"爬行"发生的可能性。调节节流阀的开度，可控制不同的排气速度，从而也就控制了活塞的运动速度。排气节流调速回路具有下述特点：①气缸速度随负载变化较小，运动较平稳；②能承受与活塞运动方向相同的负载（反向负载）。

以上的讨论，适用于负载变化不大的情况。由于气体有可压缩性，负载突然增大，就将迫使气缸内的气体压缩，使活塞运动速度减慢；反之，当负载突然减小时，气缸内被压缩的空气必然膨胀，使活塞运动加快，这被称为气缸的"自走"现象。因此，在要求气缸具有准确而平稳的速度的场合（尤其是在负载变化较大的场合）中，我们应采用气液相结合的调速方式。

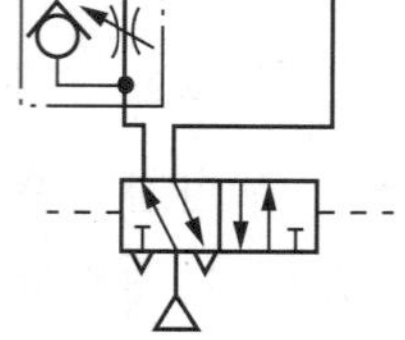

（a）节流供气调速回路

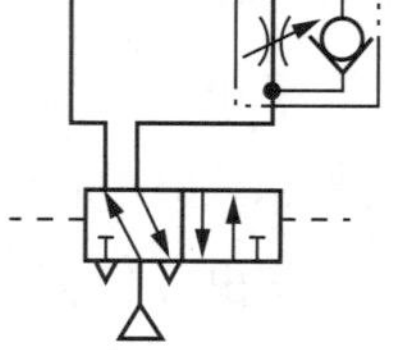

（b）节流排气调速回路

图 6-31　双作用气缸速度控制回路

2）快速往复运动回路

若将图 6-32（a）中两个单向节流阀换成快速排气阀，就构成了快速往复回路。若欲实现气缸单向快速运动，可只采用一个快速排气阀。

3）速度换接回路

如图 6-33 所示的速度换接回路中，两个二位二通阀与单向节流阀并联，当撞块压下行程开关时，发出电信号，使二位二通阀换向，改变排气通路，从而改变气缸速度。行程开关的位置，可根据需要选定。图 6 - 33 中二位二通阀也可改用行程阀。

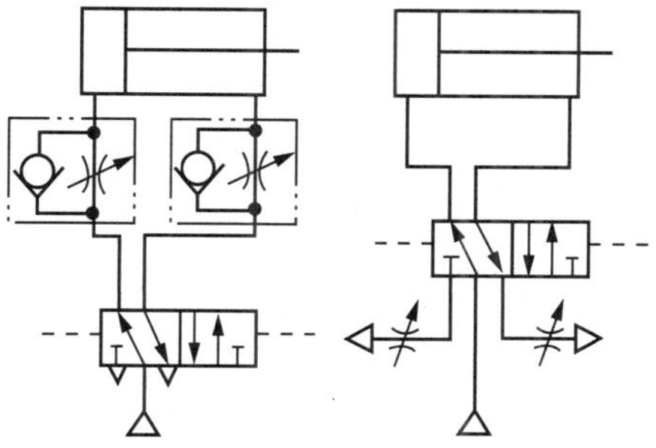

（a）回路1　　（b）回路2

图 6 - 32　双向调速回路

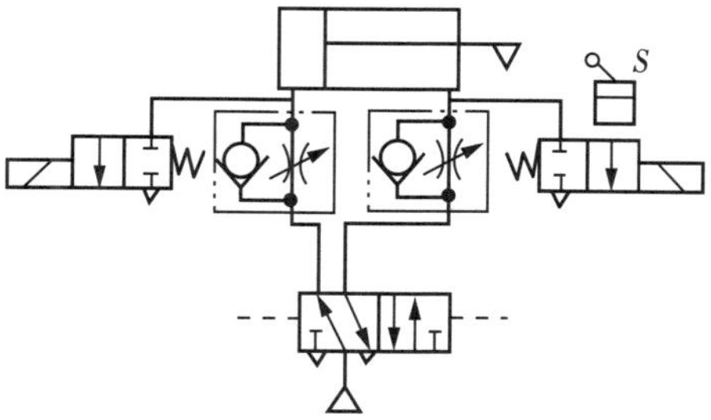

图 6 - 33　速度接换回路

6.2.5　气压传动应用实例：数控加工中心气动换刀系统

数控加工中心气动换刀系统如图 6 - 34 所示。工作循环：主轴定位、主轴松刀、机械手拔刀、主轴锥孔吹气、机械手插刀。

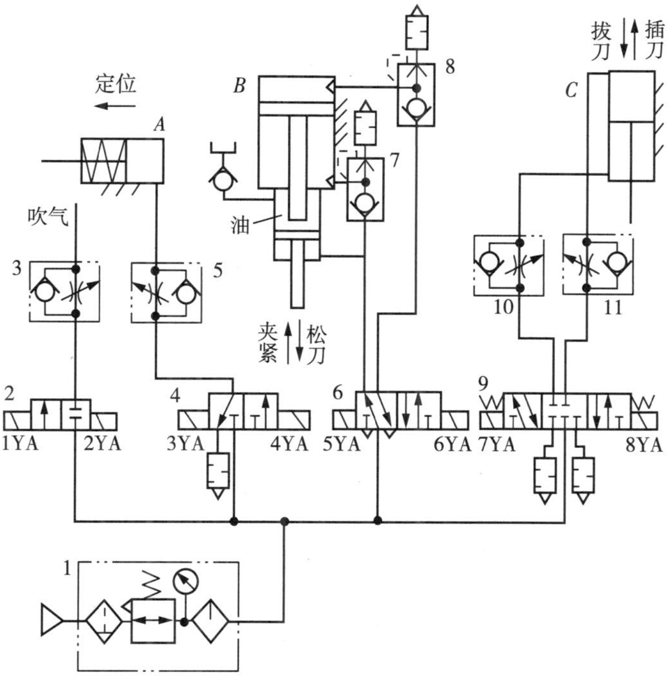

1—气动三联件；2、4、6、9—电磁换向阀；3、5、10、11—单向节流阀；7、8—梭阀。

图 6 - 34　数控加工中心气动换刀系统

工作过程：

（1）主轴定位。压缩空气经气动三联件 1、电磁换向阀 4、单向节流阀 5 进入主轴定位缸 *A* 右腔，活塞左移则主轴自动定位。

（2）主轴松刀。主轴定位后压下无触点开关，使 6YA 通电，压缩空气经电磁换向阀 6、梭阀 8 进入气液增压缸 *B* 的上腔，气液增压腔的高压油使活塞伸出，实现主轴松刀。同时使

8YA 通电，压缩空气经电磁换向阀 9、单向节流阀 11 进入缸 C 的上腔，活塞下移实现机械手拔刀。

（3）主轴锥孔吹气。回转刀库交换刀具的同时 1YA 通电，压缩空气经电磁换向阀 2、单向节流阀 3 向主轴锥孔吹气。

（4）机械手插刀。1YA 断电、2YA 通电，停止吹气，8YA 断电、7YA 通电，压缩空气经电磁换向阀 9、单向节流阀 10 进入缸 C 的下腔，活塞上移机械手插刀。

（5）刀具夹紧。6YA 断电、5YA 通电，压缩空气经电磁换向阀 6 进入气液增压缸 B 的下腔，使活塞退回，主轴的机械机构使刀具夹紧。

（6）定位缸复位。4YA 断电、3YA 通电，缸 A 的活塞在弹簧力作用下复位。

任务实施

（1）将学生分成若干组，确定组长。

（2）教师布置任务，用多媒体讲授气动方向控制阀、压力控制阀等元件的功能、结构组成及拆检任务和注意事项。

（3）学生分小组讨论制定拆检方案和回路搭建调试方案，经教师核定批准后实施。

（4）根据学习任务要求，讨论制定工作方案后，具体实施元件拆检和回路搭建调试。

（5）请你与小组成员讨论后，描述图 6－13 中第 1～5 号零件的名称和作用。

（6）撰写学习报告。注意说明学习步骤及注意事项，叙述所涉及控制阀的工作原理、性能特点和应用、拆装方法步骤、技术要求；记录实验实际情况，分析回路中各元件的动作及回路运行是否正常，并说明异常的原因；写出心得体会。

任务评价

评价表见附录 3。

项目小结

气压传动的动力来自压缩空气，由于空气中含有油、水和尘埃等，压缩后空气不能直接送进传动系统使用，更不能直接排放到大气中。否则，会影响系统正常工作和加快系统元件的损坏或污染环境。

通过拆装空气压缩机和过滤器，引出空气压缩站及净化装置，介绍其基本原理，训练机械拆装技能；通过对典型气动系统辅助元件的拆装，理解油雾器、消声器、转换器等气动系统辅助元件的工作原理，掌握其性能特点和应用。

无论气动系统多么复杂，它均是由一些具有不同功能的基本回路组成的。基本回路按其控制目的、控制功能分为方向控制回路、压力控制回路和速度控制回路等几类。气动控制元件是控制和调节压缩空气的压力、流量、流动方向和发送信号的重要元件，利用它们可以组成各种气动控制回路，使气动执行元件按设计的程序正常地工作。本项目通过拆装典型气动控制阀和在实训台上对气缸进行运动控制和压力控制，介绍了常用的气动方向控制阀、压力控制阀、流量控制阀等的工作原理、类型、组成、结构特点和应用，让学生学会气动基本控制回路的分析、组建和拆装方法。

复习思考题

6-1 常用的气压辅助装置有哪些？各有何作用？

6-2 气动系统对压缩空气有哪些质量要求？主要依靠哪些设备保证气动系统的压缩空气质量？简述这些设备的工作原理。

6-3 空气压缩机有哪些类型？简述活塞式压缩机的结构组成和工作原理？

6-4 什么是气动三联件？各起什么作用？

6-5 常用的气动辅件有哪些？如何选择？

6-6 简述直动式溢流阀和先导式溢流阀的工作原理。

6-7 减压阀的调压弹簧为何要采用双弹簧结构？这两根弹簧串联时和并联时有什么不同？

6-8 梭阀的作用是什么？一般用于什么场合？

6-9 换向型方向控制阀有哪几种控制方式？简述其主要特点。

6-10 用一个电控二位五通阀、一个单向节流阀、一个快速排气阀，设计一个可使双作用气缸完成“慢进—快速退回”的控制回路。

参考文献

[1] 左健民．液压与气压传动［M］.5 版．北京：机械工业出版社，2016.

[2] 胡海清，王骅．气压与液压传动控制技术基本常识［M］.2 版．北京：高等教育出版社，2012.

[3] 兰建设．液压与气压传动［M］.2 版．北京：高等教育出版社，2010.

[4] 苏启训，杨建东．气动与液压控制项目训练教程［M］．北京：高等教育出版社，2010.

[5] 周进民，杨成刚．液压与气动技术［M］．北京：机械工业出版社，2012.

[6] 崔培雪，冯宪琴．典型液压气动回路［M］．北京：化学工业出版社，2011.

[7] 梅荣娣．液压与气压传动控制技术［M］．北京：北京理工大学出版社，2012.

[8] 冷更新，张雨新．液压与气动控制技术［M］．北京：电子工业出版社，2015.

[9] 崔学红，孙余一．液压与气动系统及维护［M］．北京：机械工业出版社，2012.

[10] 潘玉山．液压与气动技术［M］．北京：机械工业出版社，2008.

[11] 张利平．液压阀原理、使用与维护［M］.4 版．北京：化学工业出版社，2022.

[12] 张勤，徐钢涛．液压与气压传动技术［M］．北京：高等教育出版社，2009.

[13] 冯锦春．液压与气压传动技术［M］．北京：人民邮电出版社，2009.

[14] 陈宽．气动与液压技术［M］．北京：电子工业出版社，2016.

[15] 李新德，孙海燕．液压与气动技术［M］．郑州：黄河水利出版社，2011.

[16] 黄志坚，吴百海．液压设备故障诊断与维修案例精选［M］，北京：化学工业出版社，2008.

[17] 刘海丽，李华聪．液压机械系统建模仿真软件 AMESim 及其应用［J］．机床与液压，2006（6）：124－126.

[18] 董霞，孙振强．液压与气压传动技术［M］．上海：同济大学出版社，2009.

[19] 孙簃．气动与液压技术［M］．北京：高等教育出版社，2015.

[20] 胡海清，徐岳清，邸静妍．气压与液压传动控制技术［M］.6 版．北京：北京理工大学出版社，2022.

[21] 杨成刚．液压气动技术与应用［M］．北京：化学工业出版社，2021.

附录1 常用液压与气动元（辅）件的图形符号

附表1 符号要素、功能要素及管路连接

元件名称	图形符号	元件名称	图形符号	元件名称	图形符号
工作管路、回油管路	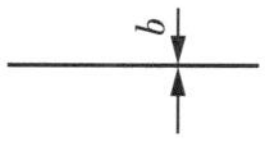	电磁操纵器		连续放气装置	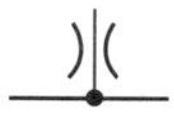
控制管路、泄油管路或放气管路	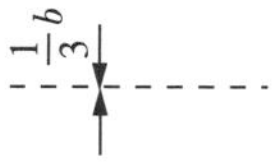	温度指示或温度控制		间断放气装置	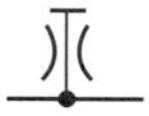
组合元件框线		原动机	M	单向放气装置	
液压符号	▶	弹簧		直接排气口	
气压符号	▷	节流		带连接措施的排气口	
流体流动通路和方向	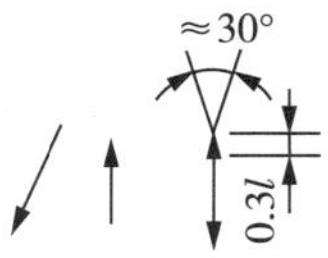	单向阀简化符号的阀座		不带单向阀的快换接头	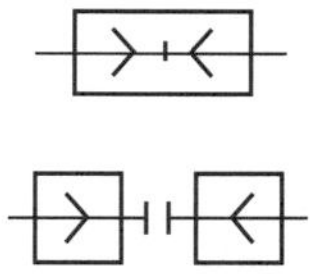
可调性符号		固定符号		带单向阀的快换接头	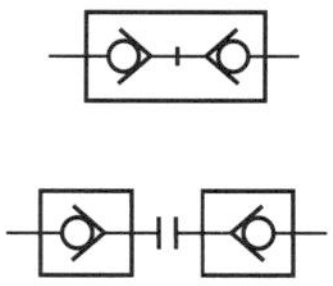
旋转运动符号	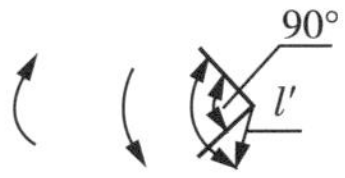	连接管路			
电气符号		交叉管路		单通路旋转接头	
封闭油、气路和油、气口	⊥	柔性管路		三通路旋转接头	

附表 2　控制方式和方法

元件名称	图形符号	元件名称	图形符号	元件名称	图形符号
定位装置	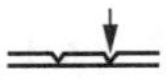	单向滚轮式机械控制	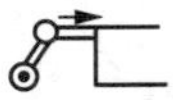	液压先导加压控制	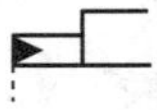
按钮式人力控制	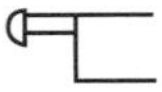	单作用电磁铁控制		液压二级先导加压控制	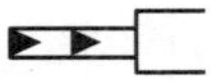
拉钮式人力控制	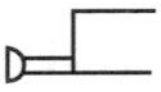	双作用电磁铁控制	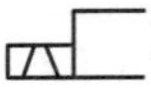	气压-液压先导加压控制	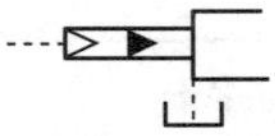
按-拉式人力控制	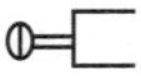	单作用可调电磁操纵器	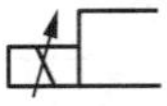	电磁-液压先导加压控制	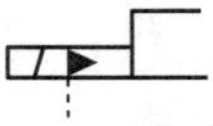
手柄式人力控制		双作用可调电磁操纵器		电磁-气压先导加压控制	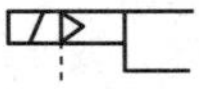
单向踏板式人工控制	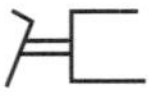	电动机旋转控制	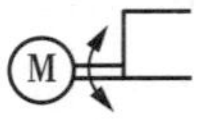	液压先导缸压控制	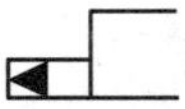
双向踏板式人工控制	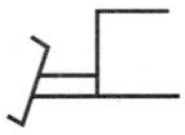	直接加压或缸压控制	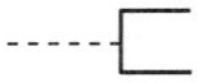	电磁-液压先导卸压控制	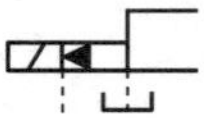
顶杆式机械控制	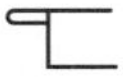	直接差动压力控制	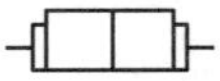	先导型压力控制阀	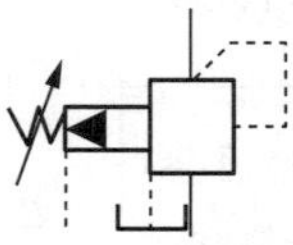
可变行程控制式机械控制	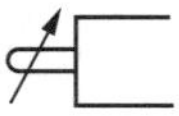	内部压力控制	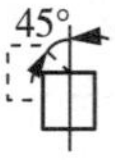	先导型比例电磁式压力控制阀	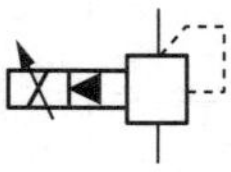
弹簧控制式机械控制		外部压力控制		电外反馈	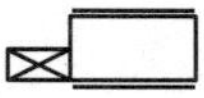
滚轮式机械控制	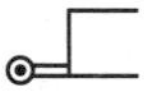	气压先导加压控制	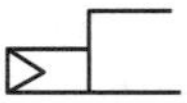	机械内反馈	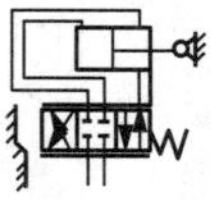

附表 3　泵、马达及缸

元件名称	图形符号	元件名称	图形符号
泵、马达（一般符号）	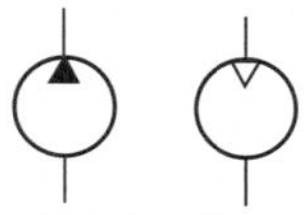 液压泵　气马达	液压整体式传动装置	

（续表）

元件名称	图形符号	元件名称	图形符号
单向定量液压泵空气压缩机	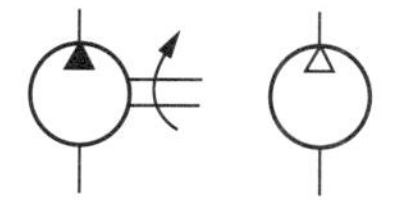	双作用单杆活塞缸	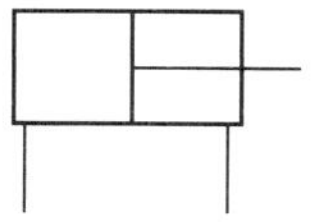
双向定量液压泵	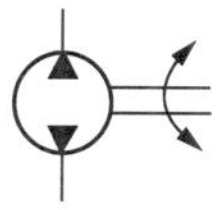	单作用单杆活塞缸	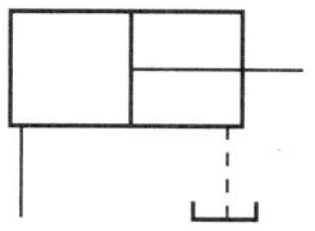
单向变量液压泵	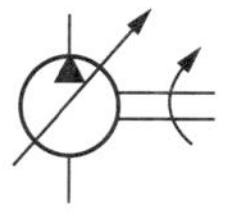	单作用伸缩缸	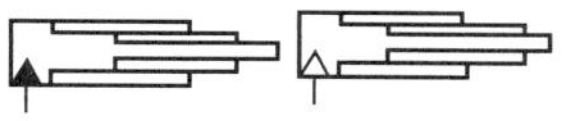
双向变量液压泵	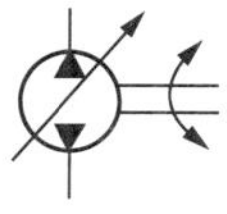	双作用伸缩缸	
定量液压泵-马达	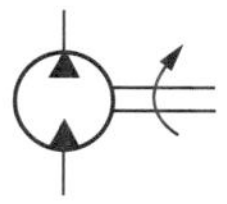	单作用单杆弹簧复位缸	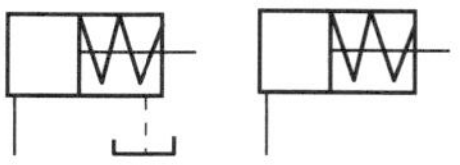
单向定量马达	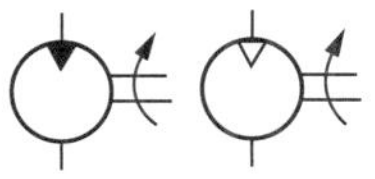	双作用双杆活塞缸	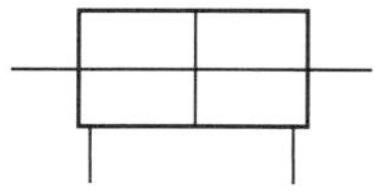
双向定量马达	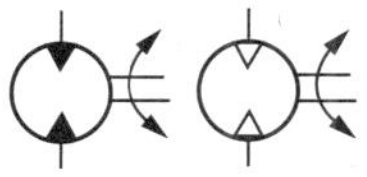	双作用不可调单向缓冲缸	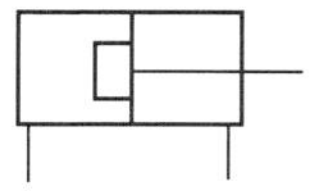
单向变量马达	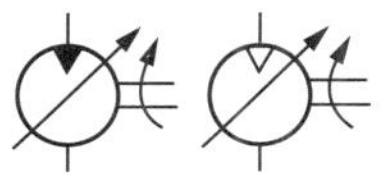	双作用可调单向缓冲缸	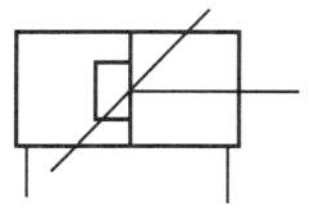
双向变量马达	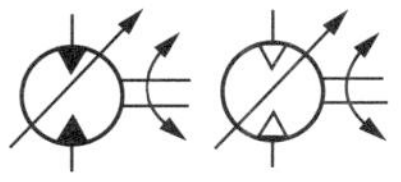	双作用不可调双向缓冲缸	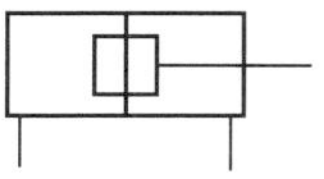
变量液压泵-马达		双作用可调双向缓冲缸	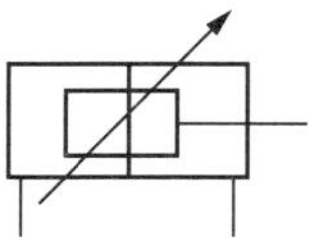
摆动马达	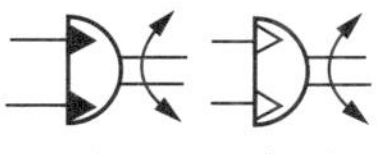 液压 气动	气-液转换器	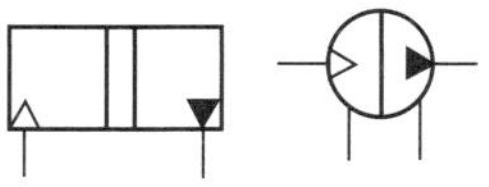

附表 4 方向控制阀

元件名称	图形符号	元件名称	图形符号
单向阀	 （简化符号）	常开式二位三通电磁换向阀	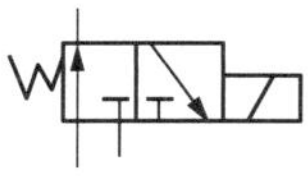

（续表）

元件名称	图形符号	元件名称	图形符号
液控单向阀（控制压力关闭）	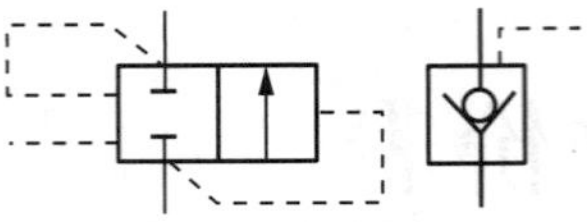	二位四通换向阀	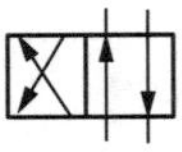
液控单向阀（控制压力打开）	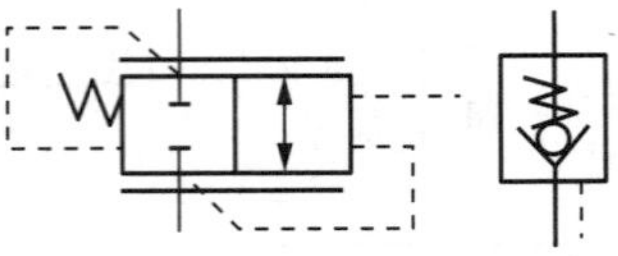	二位五通换向阀	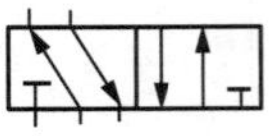
或门型梭阀	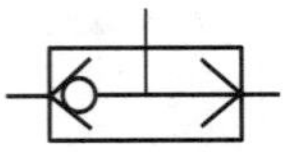 （简化符号）	二位五通液动换向阀	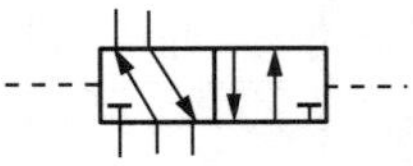
与门型梭阀	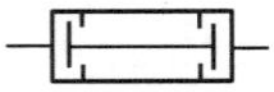 （简化符号）	三位三通换向阀	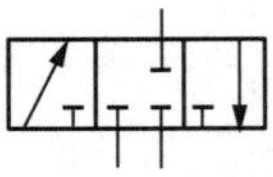
快速排气阀	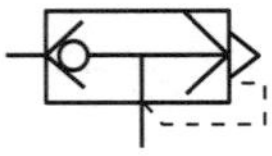 （简化符号）	三位四通换向阀（中间封闭式）	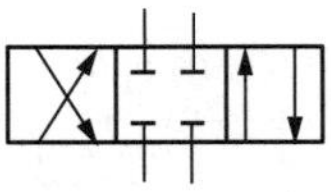
常闭式二位二通换向阀	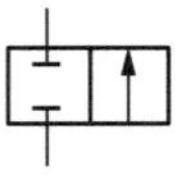	三位四通手动换向阀（中间封闭式）	
常开式二位二通换向阀	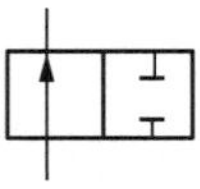	伺服阀	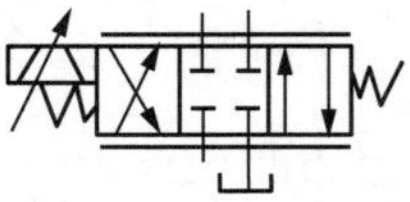
二位二通人力控制换向阀	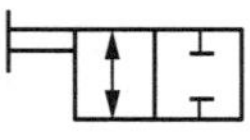	二位四通电液伺服阀	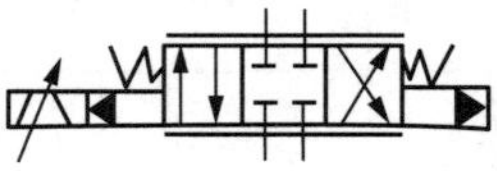
常开式二位三通换向阀	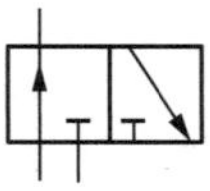	液压锁	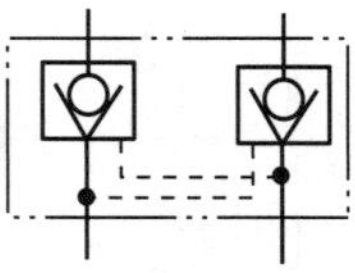
三位四通压力与弹簧对中并用外部压力控制电液换向阀（详细符号）	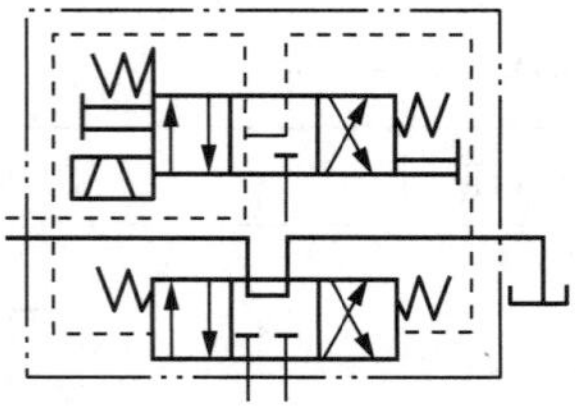	三位五通换向阀	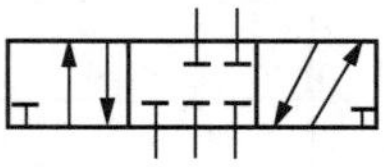

（续表）

元件名称	图形符号	元件名称	图形符号
三位四通压力与弹簧对中并用外部压力控制电液换向阀（简化符号）	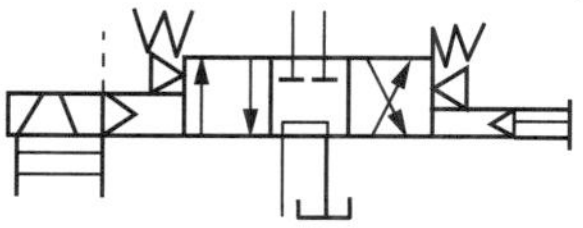	三位六通换向阀	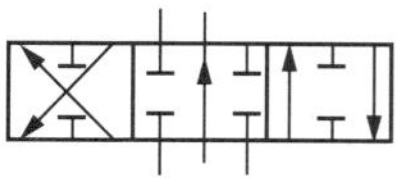

附表5　压力控制阀

元件名称	图形符号	元件名称	图形符号
直动内控溢流阀	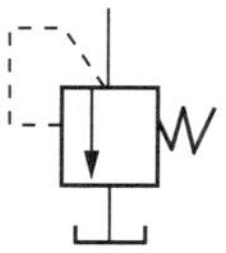	溢流减压阀	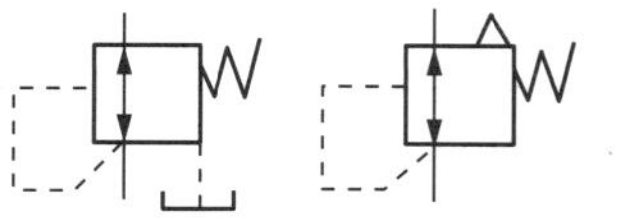
直动外控溢流阀	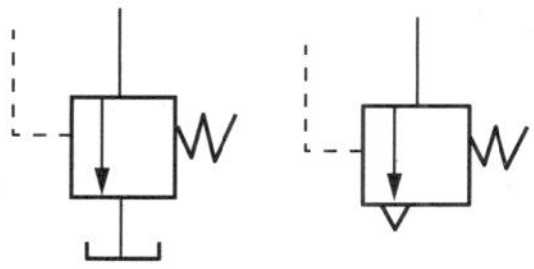	先导型比例电磁式溢流减压阀	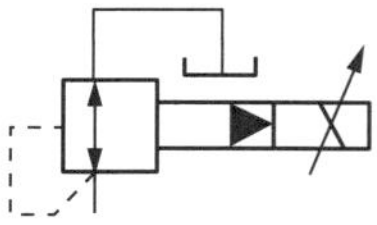
带遥控口先导溢流阀	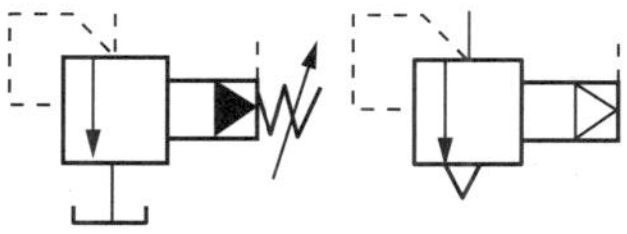	定比减压阀	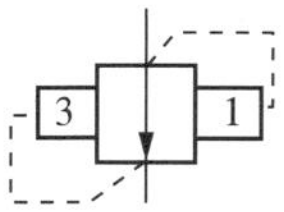 减压比1/3
先导型比例电磁式溢流阀	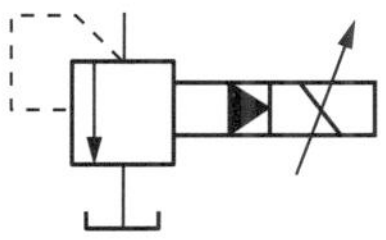	定差减压阀	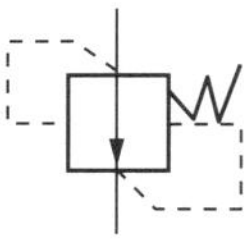
双向溢流阀	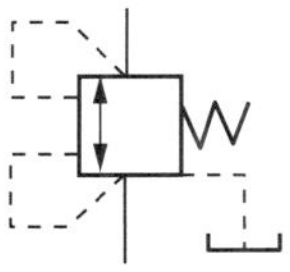	内控内泄直动顺序阀	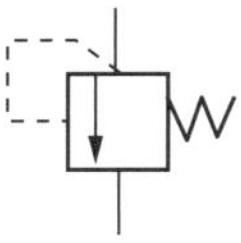
卸荷溢流阀	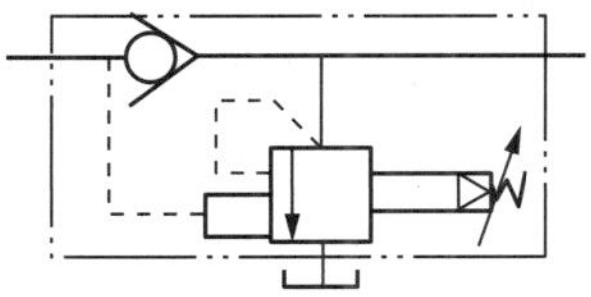	内控外泄直动顺序阀	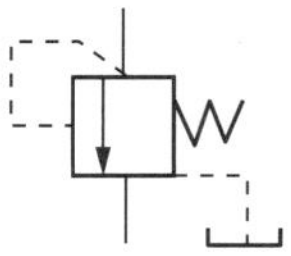
直动内控减压阀	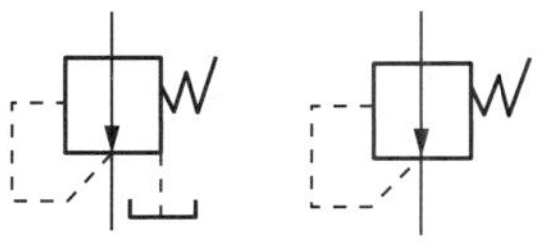	外控外泄直动顺序阀	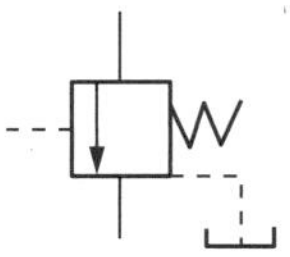
先导型减压阀	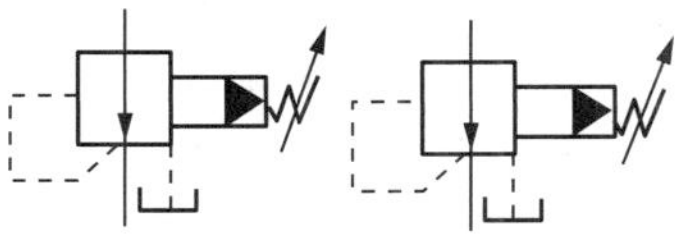	先导顺序阀	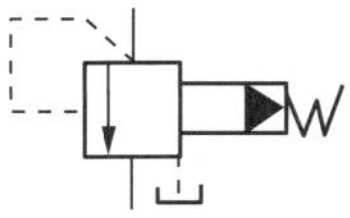

（续表）

元件名称	图形符号	元件名称	图形符号
直动卸荷阀	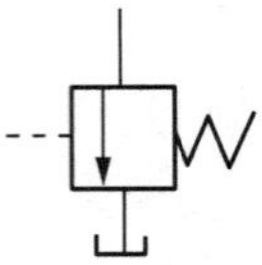	单向顺序阀（平衡阀）	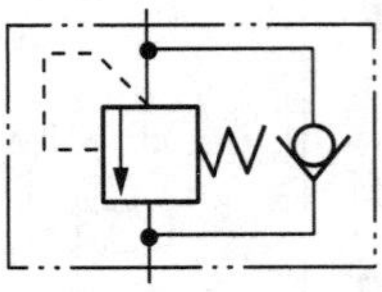
压力继电器	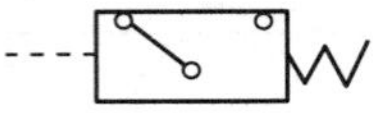	制动阀	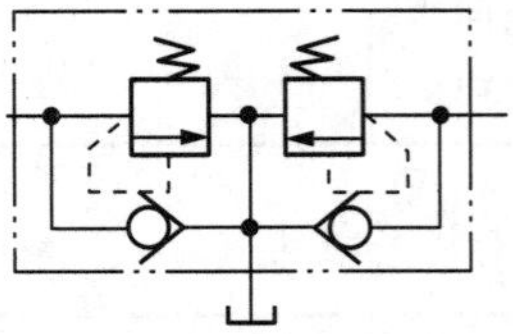

附表 6　流量控制阀

元件名称	图形符号	元件名称	图形符号		
不可调节流阀		带消声器的节流阀		单向调速阀	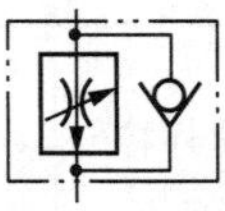
可调节流阀		减速阀	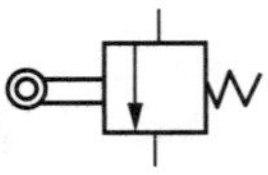	分流阀	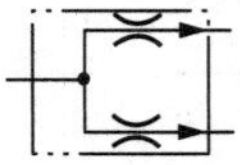
截止阀		普通型调速阀		集流阀	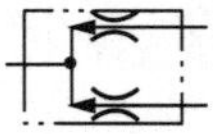
可调单向节流阀	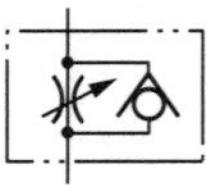	温度补偿型调速阀		分流集流阀	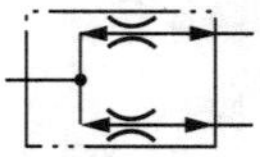
滚轮控制可调节流阀	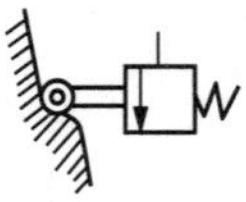	旁通型调速阀			

附表 7　液压辅件和其他装置

元件名称	图形符号	元件名称	图形符号	元件名称	图形符号
管端在液面以上的通大气式油箱	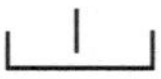	局部泄油或回油	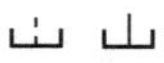	带磁性滤芯过滤器	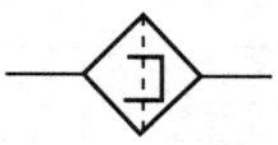
管端在液面以下的通大气式油箱	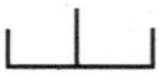	密闭式油箱	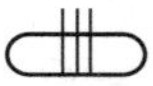	带污染指示器过滤器	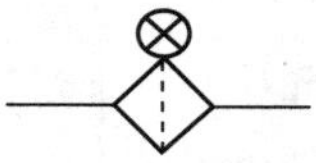

（续表）

元件名称	图形符号	元件名称	图形符号	元件名称	图形符号
管端连接于油箱底部的通大气式油箱	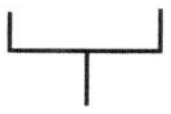	过滤器	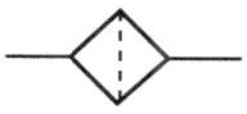	冷却器	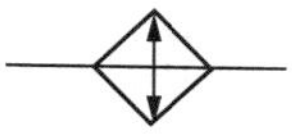
带冷却剂管路指示冷却器	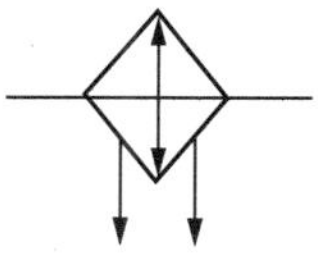	油雾器	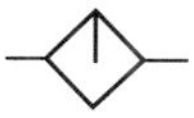	气体隔离式蓄能器	
加热器	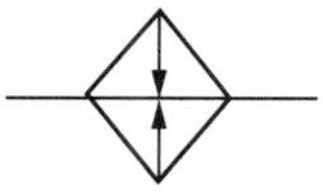	气源调节装置	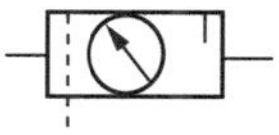	重锤式蓄能器	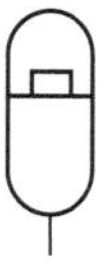
温度调节器	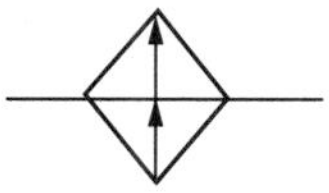	液位计		弹簧式蓄能器	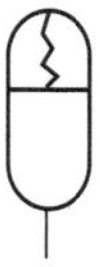
压力指示器		温度计		气罐	
压力计		流量计	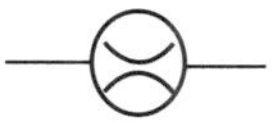	电动机	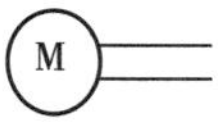 M
压差计		累计流量计	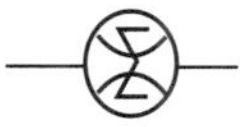	原动机	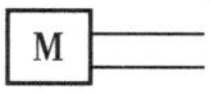 M （电动机除外）
分水排水器	 （人工排出）  （自动排出）	转速仪	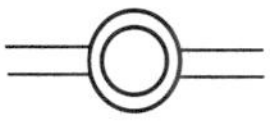	报警器	
空气过滤器	 （人工排出）  （自动排出）	转矩仪	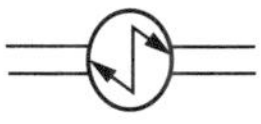	行程开关	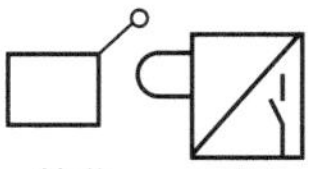 简化　详细
除油器	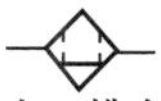 （人工排出）  （自动排出）	消声器	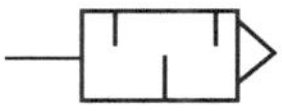	液压源	 （一般符号）
干燥器	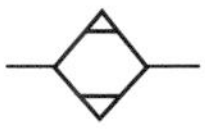	蓄能器		气压源	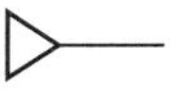 （一般符号）

附录 2　职业能力测评工具——COMET

1. COMET 能力模型简介

借鉴国际职业教育培训普遍做法，引进的源于德国的 COMET 测评方法，成为学校的教学质量诊改的重要工具。引进的源于德国的 COMET 测评方法，结合我国的实情设计与实际的评分指标体系和能力测评题，以笔试形式评价被测试者的职业能力，即“处理和完成一组任务时所需要的主观能力的潜力”，形成高效率、高信度、低成本且符合国情的职业能力测评方案。COMET，德文缩写，中文的意思是“职业能力与职业认同感测评”。COMET 项目起源于德国，采用大规模标准化心理诊断技术，以笔试形式进行。

以德国不来梅大学 Felix Rauner 教授为首的，由中国、南非、瑞士、挪威等多国科研人员组成的研究团队，开发建立了 COMET 职业能力模型（见附图 2－1），在我国北京、四川和广州等地进行了测评技术的验证，并在金砖国家和国内竞赛中多次应用。

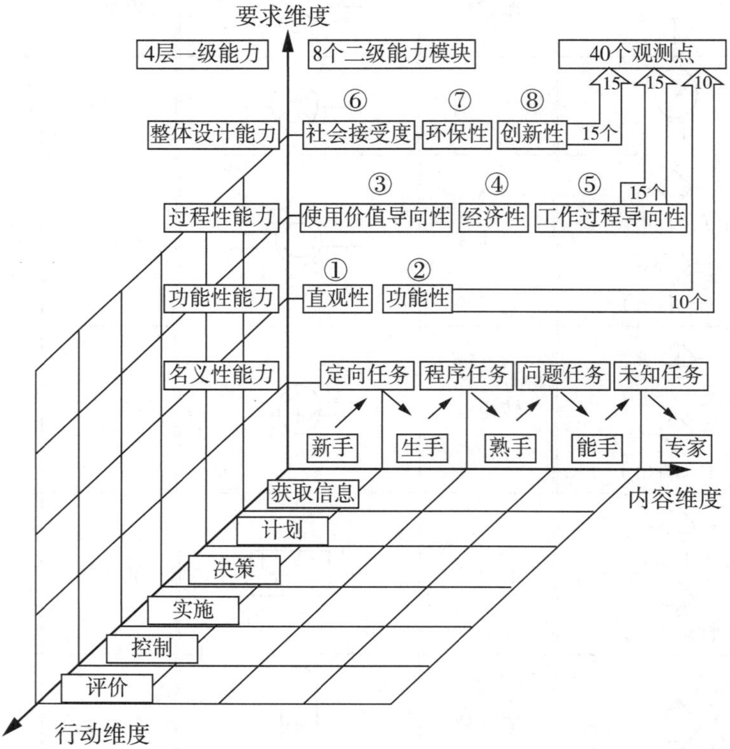

附图 2－1　COMET 职业能力模型

COMET 职业能力模型由三个维度构成，分别是职业的“内容维度”“要求维度”和“行动维度”。

（1）内容维度：包括“职业定向性的任务”“程序化的任务”“蕴含问题的特殊任务”和“不可预见的未知任务”四个职业工作范围，对应四个学习范围，即“定向和概括性知识”“关联性知识”“具体与功能性知识”和“学科系统化的深入知识”。

（2）能力要求维度：包括 4 个能力级别，即名义性能力、功能性能力、过程性能力和整体化设计能力。

（3）行动维度：包括获取信息、制订计划、做出决策、实施计划、控制、评价六个阶段。

2. COMET 职业能力模型的理论基础

（1）COMET 职业能力模型建立在一系列现代职业教育的理论基础之上，如情境学习和行动导向的学习理论、多元智能和发展性任务的心理学理论、设计导向的职业教育指导思想、从“初学者到专家”（from novice to expert）职业成长逻辑规律的专家智能理论以及工作过程知识的工业社会学理论等。

（2）设计导向（Gestaltungsorientierung）思想：20 世纪 80 年代由劳耐尔（F. Rauner）提出并在德国发展起来的人文主义职业教育思想，其核心理念是人不仅要有适应能力，更重要的是要有能力本着对社会、经济和环境负责的态度，参与设计未来工作世界的发展。

（3）行动导向教学（Handlungsorientierung）：指师生共同确定行动产品来引导的教学组织过程，学生通过主动和全面的学习，达到脑力劳动和体力劳动相统一的学习形式。这里的行动不仅仅是日常生活中的行动、活动或劳动，还是为了达到学习目标而进行的有意识的行为。

（4）职业能力发展的逻辑规律（development logic）：心理学家德莱弗斯兄弟（H. L. Dreyfus 和 S. E. Dreyfus）在人工智能研究中提出，专业人员在“从初学者到专家”的职业能力发展过程中会经历初学者、提高者、有能力者、熟练者和专家五个阶段，每一个阶段的知识都有特殊的形态，从一个阶段到另一个阶段需要完成特定的发展性任务（developmental task）。

（5）工作过程知识：由社会学者克鲁斯（W. Kruse）提出，由劳耐尔（F. Rauner）和费舍尔（M. Fisher）等发展起来的职业教育理论。工作过程知识指有丰富经验的技术工人所特有的、与生产劳动过程相关的知识。它不但是在工作过程中直接需要的（区别于学科系统化的知识），而且是需要在工作过程中自我获得的，特别需要在经验性学习后，在工作经验与理论反思间的特定关系中产生。

3. 职业能力测评的测试工具

COMET 职业能力测评按照专业类别，以笔试形式进行，目的是评价被试者的职业（认知）能力，即“完成和处理一组任务时所需要的主观能力的潜力”。测试中，每位被试者共完成三项任务：测试任务卷、背景情况调查问卷和测试动机问卷。监考老师需完成教师关于学生测试动机的问卷，即考场情况问卷。

测试任务卷是 COMET 测评的主要测试工具，测试任务为一道开放性的测试题目。测试题目因职业的不同而异。它的基础是职业的典型工作任务，通过一个职业及其职业描述而定，且符合职业教育培养目标的要求。测试题目具有足够的复杂性和综合性，能体现职业工作和学习内容。能力测评考查的是“冰冻三尺非一日之寒”的能力，被试者无须做过多准备，但监考老师应该告知被试者需要考虑周全地遵循工作过程规律去做问题的解决方案。每个专业的测试任务卷分为 A 卷、B 卷、C 卷和 D 卷，由监考老师随机选择发给被试者，被试者需要提出完成任务的解决方案，并用易于理解的方式给出采取该方案的理由。在解决方案中，可以利用草图、文字描述、表格和清单等技术语言说明，并向客户详细阐述其理由。测试任务是开放性的，允许被试者给出不同的答案。

参加测评的被试者需填写一份背景情况调查问卷，用于搜集和确定职业能力发展的背景条件，包括被试者的背景特征、职业学校和实习实训企业状况。背景情况问卷的主要内容见附表 2 - 1 所列。背景情况问卷还包括用于测试职业认同感的题目，对职业认同感的发展以及在此基础上建立的职业承诺进行评价。

附表 2 - 1　背景情况问卷的主要内容

个人背景状况	实习实训企业的特点	职业学校的特点
社会经济背景	企业的一般特征	职业学校的基本数据
在校成绩水平和就业前学历	企业实习的工作过程导向	教学情境特征
接受职业教育动机	企业内的实习情况	工作过程导向

测试动机问卷用于了解被测者的测试动机，涉及完成测评任务的时间、对测试任务的兴趣和认识，以及付出努力的程度。

监考老师也要填写一份考场情况问卷，用于了解该班级被试者的测试动机和测试氛围。

4. COMET 要求维度与职业能力测评

为了解释和评价被试者提供的任务解决方案，COMET 建立了针对四个一级能力级别、由八个二级能力指标组成的指标体系。一级能力级别的功能性能力分成“直观性”和“功能性”两个二级能力指标（或称能力模块），一级能力级别的过程性能力分成“使用价值导向性”“经济性”和“工作过程导向性”三个二级能力指标，一级能力级别的整体设计能力分成“社会接受度”“环保性”和“创新性”三个二级能力指标。COMET 职业能力的水平级别与评价指标如附图 2 - 2 所示。

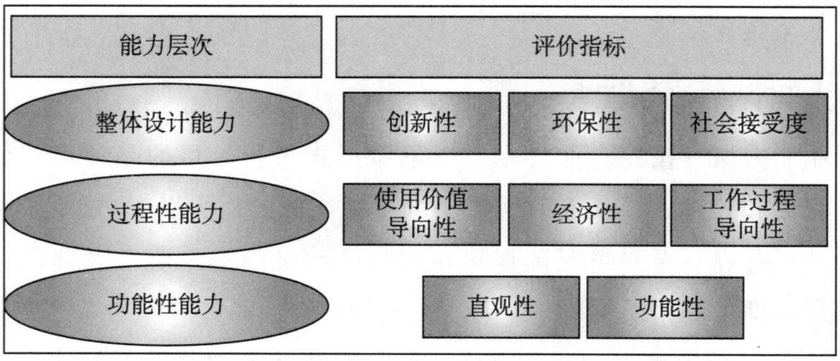

附图 2 - 2　COMET 职业能力的水平级别与评价指标

八个二级能力指标组成的指标体系中，每一个二级能力指标又通过五个观测点进一步细分，共有四十个观测点。

由于只具备名义性能力的人工作起来往往出状况，还不能独立工作，必须在师傅的监视下工作。因此，名义性能力不再分二级能力。其学习的知识范围是职业入门教育，核心是学习本职业（专业）的基本工作内容，了解职业轮廓，完成从职业选择向职业工作世界的过渡并初步建立职业认同感。该层次的学习任务是日常或周期性的工作、设备装配制造和简单修理技术等，目的是了解本职业的基本概念、标准化要求和典型工作过程。

4.1 COMET 的直观性能力指标

要求通过语言或文字描述，利用图纸、草图等工具，形象直观、条理清楚、结构合理地展示任务解决方案，使委托方知晓任务完成后的结果。其五个观测点如下：

（1）对委托方来说，解决方案的表述是否容易理解？

（2）对专业人员来说，是否恰当地描述了解决方案？

（3）是否形象直观地说明了任务的解决方案？（如用图、表）

（4）解决方案的层次结构是否分明？描述解决方案时是否条理清晰？

（5）解决方案是否与专业规范或技术标准相符合？（用理论、实践、制图、数学和语言）

4.2 COMET 的功能性能力指标

要求提出的解决方案能满足任务要求，实现应有的功能。需要具备工具性的专业能力、与具体情境无关的学科知识及专业技能。其五个观测点如下（将四十个观测点进行总排序，下同）：

（1）解决方案是否满足功能性要求？

（2）是否达到“技术先进水平”？

（3）解决方案是否可以实施？

（4）是否（从职业活动的角度）说明了理由？

（5）表述的解决方案是否正确？

4.3 COMET 的使用价值导向性能力指标

要求完成工作任务的行动过程始终以顾客为导向，除了满足用户的直接使用要求和减少使用中的故障外，还要考虑后期保养和维修的便利性，以及解决方案的持久性和扩展性。其五个观测点如下：

（1）解决方案是否提供方便的保养和维修？

（2）解决方案是否考虑到功能扩展的可能性？

（3）解决方案中是否考虑到如何避免干扰并且说明了理由？

（4）对于使用者来说，解决方案是否方便、易于使用？

（5）对于委托方（客户）来说，解决方案（如设备）是否具有使用价值？

4.4 COMET 的经济性能力指标

要求能够将解决方案放到整个工作环境中去考察它的经济性，权衡支出与收益之间的关系，并考虑未来可能产生的后续成本；此外，需要关注国民经济发展宏观态势，具有经济责任感。其五个观测点如下：

(1) 解决方案实施的成本是否较低?

(2) 时间与人员配置是否满足实施方案的要求?

(3) 是否考虑到投入与收益之间的关系并说明理由?

(4) 是否考虑到后续成本并说明理由?

(5) 是否考虑到实施方案过程（工作过程）的效率?

4.5 COMET 的工作过程导向性能力指标

要求提出的解决方案能考虑与上、下游过程之间的衔接，还能考虑跨越每个人的工作领域的部门之间的合作。其五个观测点如下：

(1) 解决方案是否适应企业的生产流程和组织架构（包括自己企业和客户）?

(2) 解决方案是否以工作过程知识为基础?（而不仅是书本知识）

(3) 是否考虑到上游和下游的生产流程并说明理由?

(4) 解决方案是否反映出与职业典型的工作过程相关的能力?

(5) 解决方案中是否考虑到超出本职业工作范围的内容?

4.6 COMET 的社会接受度能力指标

要求进行人性化的工作设计，考虑那些超越工作本身的社会因素，如考虑劳动安全、事故防范以及解决方案对社会环境造成的影响等。其五个观测点如下：

(1) 解决方案在多大程度上考虑到人性化的工作设计和组织设计方面的可能性?

(2) 是否考虑到健康保护方面的内容? 并说明理由。

(3) 是否考虑到人体工程学方面的要求? 并说明理由。

(4) 是否注意到工作安全和事故防范方面的规定与准则?

(5) 解决方案在多大程度上考虑了对社会造成的影响?

4.7 COMET 的环保性能力指标

要求在解决方案中遵守环保对生产过程和生产结果的特定要求，考虑解决方案在多大程度上使用了对环境无害的材料，以及完成工作的计划多大程度上符合环保要求；此外，在解决方案中应考虑节约能源和废物回收与再利用。其五个观测点如下：

(1) 是否考虑到环境保护方面的相关规定? 并说明理由。

(2) 解决方案中是否考虑到所用材料是否符合环境可持续发展的要求?

(3) 解决方案在多大程度上考虑到环境友好的工作设计?

(4) 是否考虑到废物的回收和再利用? 并说明理由。

(5) 是否考虑到节能和能量效率的控制?

4.8 COMET 的创新性能力指标

要求对问题情境有足够的敏感性，在完成任务目标的前提下有独特的设计空间。其五个观测点如下：

(1) 解决方案是否包含特别的和有意思的想法?

(2) 是否形成一个既有新意同时又有意义的解决方案?

(3) 解决方案是否具有创新性？

(4) 解决方案是否显示出对问题的敏感性？

(5) 解决方案中，是否充分利用了任务所提供的设计（创新）空间？

4.9 评分规则

评分者按照观测评分点给被试者的测评解决方案打分。每个观测评分点设有“完全不符合”“基本不符合”“基本符合”和“完全符合”四个档次，对应的得分为0分、1分、2分、3分。

(1) 一般来说，如果解决方案里没有提及该评分点的相关内容，则判定为“完全不符合”，计0分；

(2) 简单提及但没有说明的判定为“基本不符合”，计1分；

(3) 提及并说明怎么做的判定为“基本符合”，计2分；

(4) 明确提及且解释理由的则评定为“完全符合”，计3分。

5. 能力水平的确定

5.1 关于子能力、能力维度和能力水平

一直以来，我们接受的培训或者我们的关注点都集中在“COMET能力模型”的“能力水平”上。实际上这里涉及三个概念：子能力、能力维度和能力水平。

5.1.1 子能力

COMET能力模型中的八个二级能力模块，代表八个子能力，这八个子能力的集合就构成“职业能力的整体”。当人们想突出能力特征的整体性时，通常将子能力称作职业能力指标。于是，COMET能力模型中的八个子能力，也被称为八个能力指标。

5.1.2 能力维度

能力轮廓图（也称雷达图）呈现了八个子能力的特征，同时也呈现了三个能力维度的特征。

(1) 功能性能力，由两个子能力组成：K1-直观性/展示性、K2-功能性。

(2) 过程性能力，由三个子能力组成：K3-使用价值导向性、K4-经济性、K5-工作过程导向性。

(3) 整体设计能力，由三个子能力组成：K6-社会接受度、K7-环保性、K8-创新性。

5.1.3 能力水平

在COMET能力模型中，能力水平被分成四个层次：名义性能力、功能性能力、过程性能力、整体设计能力。应该注意到，后面三个“能力水平”与前述的三个“能力维度”恰好有相同的名称（或说有相同的表述）。但是，“能力水平”和“能力维度”的三个同名名称“功能性能力、过程性能力、整体设计能力”却有着截然不同的内涵。

“能力水平”和“能力维度”的三个同名名称的主要区别：

(1)“能力维度”：其三个维度是相对独立的，并无级别或层次关系。

(2)“能力水平”：是三个依次提高的能力特征级别，整体设计能力包含了功能性能力和过程性能力，过程性能力包含了功能性能力。或者可以理解为功能性能力是过程性能力的基

础，过程性能力是整体设计能力的基础。换言之，达到整体设计能力者必然具备功能性能力和过程性能力，达到过程性能力者必然具备功能性能力。

5.2 能力指标和能力维度的分数值

(1) 能力指标的分数值。八个能力指标的每一个指标又细分有五个评分点，共有四十个评分点。每个评分点按 0 分、1 分、2 分、3 分四级赋分，每次评分至少有两人评分并取评分者结果的算术平均值为该点得分；每个能力指标的“评分结果”是五个评分点得分的算术平均值，并采用四舍五入法则且只保留小数点后一位。为去掉小数点，又把“评分结果”乘以 10 当作每个能力指标的分数值。由此，每个能力指标的分数值满分为 30 分。

(2) 能力维度的分数值。各个能力维度的分数值是组成该能力维度的各项能力指标分数值的算术平均值。显然，能力维度的分数值的满分也是 30 分。

5.3 职业能力水平的确定

5.3.1 各层能力特征的分数值

各层能力特征的分数值是组成该层能力特征的各项能力指标分数值的算术平均值，每层能力特征分数值的满分也是 30 分。每项能力特征分为完全不符合、基本不符合、基本符合、完全符合共四个分值区，每个分值区占分为 30÷4＝7.5（分）。于是，若一个人某层能力特征的分数值不少于 22.5 分，则其该层的能力就进入“完全符合”区。另外，通常规定达到“完全符合”的 50％就视为该层能力的考核“通过”。因此，一个人要通过某层能力考核，其在该层能力特征的分数值应不少于 22.5×0.5≈11.3（分）（四舍五入且只保留小数点后一位）。

5.3.2 各层职业能力水平的确定

1) 职业能力级别 0：名义性能力

被试者没有达到功能性能力的视为不具备职业能力，其职业能力级别为 0。

2) 职业能力级别 1：功能性能力

(1) 直接认定。被试者获得的功能性能力分数值不少于 11.3 分，且未达到职业能力级别 2 的，直接被认定为职业能力级别 1。

(2) 补偿认定。被试者获得的功能性能力分数值低于 11.3 分、大于 8.3 分时，可以通过另外两个维度的得分来补偿。规则是对（KP＋KG）有最低分值要求：①功能性能力得分 KF＝8.3～9.2时，（KP＋KG）不低于 9；②KF＝9.3～10.2 时，（KP＋KG）不低于 6；③KF＝10.3～11.2时，（KP＋KG）不低于 3。

3) 职业能力级别 2：过程性能力

(1) 直接认定。被试者获得的过程性能力分数值不少于 11.3 分，且未达到职业能力级别 3 的，直接被认定为职业能力级别 2。

(2) 补偿认定。被试者获得的过程性能力分数值低于 11.3 分、大于 8.3 分时，可以通过 KG 的得分来补偿。规则是对 KG 有最低分值要求：①过程性能力得分 KP＝8.3～9.2 时，KG 不低于 9；②KP＝9.3～10.2 时，KG 不低于 6；③KP＝10.3～11.2 时，KG 不低于 3。

4) 职业能力级别 3：整体设计能力

被试者获得的 KF、KP、KG 分数值都不少于 11.3 分，就被认定为职业能力级别 3。

6. 观测点在机械领域的内涵理解

在COMET建立的能力指标体系中，共有四十个观测点（或称评分点），每个观测点用一段简练的语句描述其内涵。而在我们近几年的实际应用中，发现有不少专家对其中的描述提出修改建议，并且不同专业领域的专家对有的观测点提出了不同的修改建议。出现这种情况实属正常，因为原来的描述是要满足不同专业领域的，但同一个观测点的内涵在不同的专业领域可能存在不同的更为贴切的描述。为此，在这里我们根据近几年的实践，对四十个观测点在机械领域的内涵给出自己的进一步理解，供同行们参考。

（以下按四十个观测点进行总排序，并按“原描述：×××××？进一步理解：×××××。”的格式给出。）

6.1 直观性模块

（1）对委托方来说，解决方案的表述是否容易理解？要提供具体的解决方案。解决方案应该用通俗易懂的语言表述（除术语外），以便非专业人员理解方案内容。对于专业术语，要有备注说明。

（2）对专业人员来说，解决方案是否恰当？解决方案应该符合企业的生产工作流程，如工作的前后顺序、操作流程等应符合该工作的实际流程要求等。

（3）是否直观形象地说明了任务的解决方案（如用图、表/用图画）？应该尽量用图、表等直观元素来说明解决方案。如通过流程图表示工作的前后顺序，通过示意图表示工作原理，用表格的形式表达相应工作的时间、地点、人员安排，原材料列表、成本清单等。

（4）解决方案的层次结构是否分明？描述解决方案是否条理清晰？解决问题的方案描述应该有主次、有层次、逻辑顺序明确、工作步骤容易理解、便于操作。

（5）解决方案是否与专业规范或技术标准相符合？专业理论、专业实践、工程制图、数学和语言，应该符合机械行业的规范要求。例如，图形应符合机械制图规范和机械行业技术规范等。

6.2 功能性模块

（1）解决方案是否满足功能性要求？解决方案应该保证满足任务最基本的功能要求，而且采用所提出的解决措施能够实现这个功能。

（2）解决方案是否达到技术先进水平？为了满足功能性要求，解决方案中应该使用当前行业的主流或前沿技术成果，如互联网＋技术、大数据技术、3D打印技术、智能制造、4G/5G技术、工业视觉技术、数字控制技术等。

（3）解决方案是否可以实施？所提出的解决方案，应该在当前技术、经费、社会环境、人员、工艺装备、生产设备等条件下能够实施。

（4）解决方案是否（从职业活动的角度）说明了理由？解决方案应该从本专业职业活动的角度说明为了实现该功能所做的工作及原因。

（5）表述的解决方案是否正确？为了达到任务所描述的功能要求，解决方案的结果应该达到客户期望，工作流程安排、技术规范等应该符合行业技术要求。

6.3 使用价值导向性模块

(1) 解决方案能否提供了方便的保养和维修？解决措施中，应该充分考虑后续的保养和维修便利性。例如，工具的使用良好、装调方便并从技术层面给出维保说明书等。

(2) 解决方案是否考虑到了功能扩展的可能性？解决方案应该考虑到为后续的使用、维修保养、产品改造、技术升级预留相应的空间。例如，设备控制模块预留端口、配件安装预留平台，方便后续进行技术升级或增加其他的设备以便增加使用功能等。

(3) 解决方案中是否考虑到如何避免干扰并且说明了理由？解决方案应该已经考虑到任务施工、生产过程或交付使用后，可能遇到的干扰问题，并采取了避免这些干扰的措施及其理由说明。这里的干扰，主要指的是外界对本项目的干扰，比如非施工人员/车辆经过、刮风/下雨/打雷、腐蚀性物资/温度/噪声等对施工或使用的影响。

(4) 对于使用者来说，解决方案是否方便、易于使用？从使用者角度考虑，交付使用的施工方案/生产方案应该方便操作、易于使用。

(5) 对于委托方（客户）来说，解决方案（如设备）是否具有使用价值？所交付的解决方案应该具有（满足）使用价值，重点是能达到客户预想的功能要求。

6.4 经济性模块

(1) 实施解决方案的成本是否较低？“是否较低”，意思是至少有两个解决方案，对所提出的方案做性价比分析或成本分析，最后从多方面考量并与客户协商决定采用的方案成本是否较低。注意是较低而不是最低，因为要从多方面考量而不是仅仅从经济上考量，而且是“顾客至上”，即执行方案最后是由客户选定的。

(2) 时间与人员配置是否满足实施方案的要求？要提供具体的实施方案，明确时间和人员的安排，并从经济、工期/工序/工作量、质量等方面综合考量去满足任务要求。

(3) 解决方案是否考虑到企业投入与收益之间的关系并说明理由？应该说明投入的成本和产出的效益。效益可以是经济效益，也可以是社会效益，注意这里是经济性模块，重点是经济效益。特别是要说明投入（含人员、设计、成本、设备折旧等费用）和收益的关系。

(4) 解决方案是否考虑到后续成本并说明理由？交付给客户使用后，后续的维修保养费用、保修期限、响应时间、配件价格等要有预算和相关说明。

(5) 解决方案是否考虑到实施方案的过程（工作过程）的效率？在制定的实施方案中，应该考虑到人员工作、环境和生产条件限制或设备运行的速度、时间等效率问题。

6.5 工作过程导向性模块

(1) 解决方案是否适应企业的生产流程和组织架构（包括自己企业和客户）？应该根据本单位和客户实际情况来确定生产流程（工作过程/施工流程）和组织机构（具体的管理人员、工作人员安排等）。语言上应该有“根据本公司……”“根据客户……”等。

(2) 解决方案是否以工作过程知识为基础（而不仅是书本知识）？解决方案应该用职业岗位能力要求和贴合实际的生产流程来表述任务的实施过程，并符合循序渐进的工作原则。例如：指明任务的传递方向和顺序、任务的交接标准及具体过程、各人员/环节/部门之间的内在协调与控制机制等。

（3）解决方案是否考虑到上游和下游的生产流程并说明理由？应该考虑到上道工序/环节与下道工序/环节的相互影响/干扰及对任务完成的影响、上下游的衔接等，并提出规避措施。

（4）解决方案是否反映出与典型的职业工作过程相关的能力？在解决方案中，应该有能体现完成该任务所需要的基础职业胜任能力。比如，方案中如果涉及3D打印技术，相关人员应该具备3D打印的编程、故障排除等基本能力；方案中如果涉及汽车空调维修，相关人员就应该具备汽车空调结构和制冷工作原理的基本知识以及故障分析排除能力。

（5）解决方案中是否考虑到超出本职业工作范围的内容？主要是指考虑了超出本部门职责/能力范围的工作，如何完成跨部门的工作任务等。例如，本部门负责机电类的任务，则汽车维保、智能制造、电工电控、土木建筑等内容超出了本部门的职责/能力，应该明确指出/协调相关部门协助完成任务。

6.6 社会接受度模块

（1）解决方案在多大程度上考虑到了人性化的工作设计和组织设计方面的可能性？方案成果使用户感觉安全、舒适、有效、快乐。结构设计以工作自由度和效果反馈为原则，整合任务，拓展工作领域，激励人员实现自我价值，达到任务有完整性、技能多样化、丰富工作内容的目的；组织设计从权、责、利与能力匹配，强化激励，人际关系构建，发展路径设计，个人价值实现等多方面做出努力。

（2）解决方案是否考虑到健康保护方面的内容并说明理由？方案中应该考虑实施人员、用户的健康防护和设备安全运行，并给出相应的理由说明。

（3）解决方案是否考虑到人体工程学方面的要求并说明理由？这主要是指交付给客户的产品或服务的效果应该考虑到用户在使用中能满足身心活动要求，以取得最佳的使用效果。例如：解决方案给出的作业/生活环境，含活动空间、时间维度和心理空间，应该符合人的动作域、视野、视觉、听觉、触觉、力觉等要求。

（4）解决方案是否注意到工作安全和事故防范方面的规定与准则？这包含任务实施过程中和交付使用后两个方面的安全、事故防范规定和准则、举措等。

（5）解决方案在多大程度上考虑到了对社会造成的影响？这包含任务实施过程中和交付使用后两个方面对环境保护、交通安全、公众健康、社会秩序等方面的影响。

6.7 环保性模块

（1）解决方案是否考虑到环境保护方面的相关规定并说明理由？开工前应该按相关规定编制详细的环境保护计划和防止因施工造成环境污染和破坏的措施，如道路施工、机械加工的粉尘、噪声、油污等。

（2）解决方案中是否考虑到所用材料是否符合环境可持续发展的要求？所使用的材料应该考虑到现有库存、循环利用、绿色环保、先进性等方面的要求。

（3）解决方案在多大程度上考虑到环境友好的工作设计（主要是人与自然和谐相处的工作设计）？任务实施及成果等各方面要考虑维护良好的环境、改善环境，与环境和谐相处、融为一体、共同发展。

（4）解决方案是否考虑到废物的回收和再利用并说明理由？解决方案中要有相关废物利

用及其回收的措施和说明。尤其是涉及修复/改造类的任务，一些物品、零部件等应优先考虑再利用或按相关环保规定（废气、废油、粉尘、热气等）做相应处理。

(5) 解决方案是否考虑到节能和能量效率的控制？在任务实施过程中和项目交付后，解决方案要考虑到节能环保和能量利用率问题，如热能循环利用、太阳能发电等。应该注意到，节能就减少了生产能量所需要的排碳量，就是对环保做出贡献。

6.8 创新性模块

(1) 解决方案是否包含特别的和有意思的想法？解决方案中要有一些新颖的想法，比如创意外形、互联网+、人工智能、虚拟仿真等技术的应用。

(2) 解决方案是否形成一个既有新意同时又有意义的解决方案？解决方案不仅要考虑创新性，还要注意到对社会、环境、科技等方面有所贡献。例如，最终成果与环境融为一体，符合社会稳定、和谐发展的理念以及新技术的应用与推广等。

(3) 解决方案是否具有创新性？任务完成过程及其成果应考虑合理突破常规，要有新的思路、理念、方法或手段方面的创意。例如，利用无线网络、声控、温控等与众不同的方案、设计思路取得的最终成果，让人耳目一新。

(4) 解决方案是否显示出对问题的敏感性？任务完成过程及成果要对任务书/客户提出的问题、预置条件、需求等有所分析回应，并给出相应的解决办法。

(5) 解决方案是否充分利用了任务所提供的设计（创新）空间？任务完成过程及成果应利用任务书/客户所提供的设计（创新）空间、已知条件、隐含要素等，尽可能在思路、理念、方法、手段、工艺等诸多方面进行创新设计。

附录3 评价表

<table>
<tr><td>班 级</td><td></td><td>项 目</td><td colspan="4"></td></tr>
<tr><td>姓 名</td><td></td><td>教 师</td><td colspan="4"></td></tr>
<tr><td>学 期</td><td></td><td>评分日期</td><td colspan="4"></td></tr>
<tr><td colspan="4">评分内容（满分 100 分）</td><td>学生自评</td><td>同学互评</td><td>教师评价</td></tr>
<tr><td rowspan="4">专业技能
（60 分）</td><td colspan="3">任务实施完成进度（30 分）</td><td></td><td></td><td></td></tr>
<tr><td colspan="3">对理论知识的掌握程度（10 分）</td><td></td><td></td><td></td></tr>
<tr><td colspan="3">对理论知识的应用能力（10 分）</td><td></td><td></td><td></td></tr>
<tr><td colspan="3">改进能力（10 分）</td><td></td><td></td><td></td></tr>
<tr><td rowspan="4">综合素养
（40 分）</td><td colspan="3">遵守现场操作的职业规范（10 分）</td><td></td><td></td><td></td></tr>
<tr><td colspan="3">信息获取的途径（10 分）</td><td></td><td></td><td></td></tr>
<tr><td colspan="3">按时完成学习和工作任务（10 分）</td><td></td><td></td><td></td></tr>
<tr><td colspan="3">团队合作精神（10 分）</td><td></td><td></td><td></td></tr>
<tr><td colspan="4">总分</td><td></td><td></td><td></td></tr>
<tr><td colspan="4" rowspan="2">综合得分
（自评 10%、小组 10%、教师 80%）</td><td></td><td></td><td></td></tr>
<tr><td colspan="3"></td></tr>
</table>